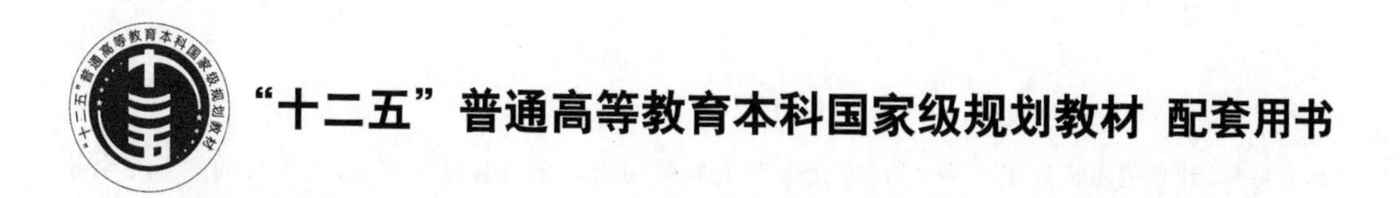

"十二五"普通高等教育本科国家级规划教材 配套用书

21世纪大学本科计算机专业系列教材

计算机组成原理教师用书

(第4版)

蒋本珊 编著

清华大学出版社

北京

内 容 简 介

本书是与《计算机组成原理》(第4版)完全配套的教师用书。全书共分9章,与主教材的章节完全相同,每章都按基本内容要求、教师授课参考、误点疑点解惑、相关知识介绍和教材习题解答5个板块进行组织。

本书概念清楚,通俗易懂,由浅入深,其核心内容是每章的误点疑点解惑和相关知识介绍两大版块。各章中都以专题的形式对有关问题进行了比较详细和深入的讨论,并且通过一些例题来帮助读者加深对"计算机组成原理"课程所学知识的理解。

本书是教师讲授"计算机组成原理"课程的教学参考书,也可作为学生学习本课程的参考书。

图书在版编目(CIP)数据

计算机组成原理教师用书/蒋本珊编著.—4版.—北京:清华大学出版社,2020.7
21世纪大学本科计算机专业系列教材
ISBN 978-7-302-55482-0

Ⅰ.①计… Ⅱ.①蒋… Ⅲ.①计算机组成原理－高等学校－教学参考资料 Ⅳ.①TP301

中国版本图书馆CIP数据核字(2020)第083935号

责任编辑:张瑞庆 常建丽
封面设计:何凤霞
责任校对:焦丽丽
责任印制:宋 林

出版发行:清华大学出版社
网 址:http://www.tup.com.cn, http://www.wqbook.com
地 址:北京清华大学学研大厦A座 **邮 编**:100084
社 总 机:010-62770175 **邮 购**:010-62786544
投稿与读者服务:010-62776969, c-service@tup.tsinghua.edu.cn
质量反馈:010-62772015, zhiliang@tup.tsinghua.edu.cn
课件下载:http://www.tup.com.cn,010-83470236
印 装 者:北京嘉实印刷有限公司
经 销:全国新华书店
开 本:185mm×260mm **印 张**:17.25 **字 数**:413千字
版 次:2005年8月第1版 2020年7月第4版 **印 次**:2020年7月第1次印刷
定 价:49.90元

产品编号:083934-01

第 4 版前言

FOREWORD

本书是与主教材《计算机组成原理》(第 4 版)完全配套的教师用书，是“十二五”普通高等教育本科国家级规划教材《计算机组成原理》(第 4 版)的配套教师参考书。2011 年，本书第 2 版与《计算机组成原理》(第 2 版)及配套参考书《计算机组成原理学习指导与习题解析》(第 2 版)一并被评为北京高等教育精品教材。

随着主教材的正式出版，与主教材配套的辅助教材的修订工作也开始启动。本次修订保留了原书的框架和风格，修改补充了“误点疑点解惑”和“相关知识介绍”版块的部分内容。

本书是作者多年来教学经验和体会的结晶，其读者对象定位于“计算机组成原理”课程的主讲与辅导老师，当然也可以供学生学习“计算机组成原理”课程时参考，但不赞成学生把本书单纯当作主教材习题的解答。

作　者

2020 年 2 月于北京理工大学

第3版前言

FOREWORD

本书是“十二五”普通高等教育本科国家级规划教材《计算机组成原理》(第3版)的配套教师参考书。2011年,本书第2版与《计算机组成原理》(第2版)及配套参考书《计算机组成原理学习指导与习题解析》(第2版)一并被评为北京高等教育精品教材。

随着主教材的正式出版,与主教材配套的辅助教材的修订工作也开始启动。本次修订主要的变化有:

(1) 保留了原书的框架和风格,与主教材相同,增加了总线一章,使全书的总章数由8章变为9章。

(2) 修改补充了“误点疑点解惑”和“相关知识介绍”版块的部分内容。

(3) 针对全国硕士研究生入学统一考试计算机科学与技术学科联考计算机学科专业基础考试大纲的变化,对“教师授课参考”版块进行了适当的调整。

本书是作者多年来教学经验和体会的结晶,其读者对象定位于“计算机组成原理”课程的主讲与辅导老师,当然也可以供学生学习“计算机组成原理”课程时参考,但不赞成学生把本书单纯当作主教材习题的解答。

本书在编写过程中,欧阳凌、潘海军帮助整理了“教材习题解答”版块,对全部习题及解答进行了审校,在此表示感谢。

作　者

2014年3月于北京理工大学

第2版前言

FOREWORD

本书与主教材《计算机组成原理》和辅助教材《计算机组成原理学习指导与习题解析》一起入选教育部普通高等教育"十一五"国家级规划教材。目前,《计算机组成原理》的相关教材已经形成一个比较完整的教材教学体系,可以适应大多数高校的计算机及相关专业"计算机组成原理"课程教学的需要,受到广大教师和学生的欢迎。

《计算机组成原理》(第2版)于2008年9月正式出版,2009年4月,该书获得兵工高校优秀教材一等奖。随后,《计算机组成原理学习指导与习题解析》(第2版)正式出版,对教师用书的修订需求也提上了议事日程。此次修订保留了原书的框架和风格,但每章都增加了"教师授课参考"版块,其目的之一是为本课程的主讲教师提供一些教学建议,目的之二是因为计算机学科研究生入学考试从2009年开始实行联合命题,统一考试,所以在此版块中对《全国硕士研究生入学统一考试计算机科学与技术学科联考计算机学科专业基础考试大纲》进行了介绍,并与主教材的章节进行了对照,以便教师在教学中注意相关的知识点。

希望本书能成为主讲教师讲授"计算机组成原理"课程时的指南和助手。本书也可供学生学习"计算机组成原理"课程时参考。

本书在编写过程中,欧阳凌帮助整理了"教材习题解答"版块,对全部习题及解答进行了审校,在此表示感谢。

本书第1版自面市以来,收到许多同行和读者发来的电子邮件,对于读者的来信,本人均给予了回复和解答。希望修订之后的本书能对您有所帮助,欢迎来信提出意见和建议。电子邮箱:bs.jiang@163.com。

作　者

2009年8月于北京理工大学

第 1 版前言

FOREWORD

"计算机组成原理"是计算机各类专业学生的必修核心课程之一，主要讨论计算机各大部件的基本组成原理、各大部件互连构成整机系统的技术。本课程在计算机学科中处于承上启下的地位，具有内容多、难度大等特点。本书根据作者近 20 年来从事"计算机组成原理"课程教学的经验和体会整理编写而成，以满足讲授"计算机组成原理"课程教师的需要。本书的使用将有助于教师对主教材和相关背景知识的理解，对于改进教学方法，提高教学质量都有积极的作用。

本书是与已列入中国计算机学会和清华大学出版社共同规划的"21 世纪大学本科计算机专业系列教材"之一的《计算机组成原理》一书完全配套的教师参考用书。全书共分 8 章，与主教材的章节完全相同，每章都按基本内容要求、误点疑点解惑、相关知识介绍和教材习题解答 4 个版块进行组织。

第一版块按照了解、理解、掌握 3 个不同的层次对各章节的教学内容提出了基本要求，既方便教师在教学过程中根据实际的教学时数合理安排教学内容，也方便学生在学习过程中把握重点。

第二版块结合本人的教学经验和体会，对本课程学习过程中容易出现的误点与疑点问题进行答疑解惑，指出了教学过程中需要特别注意的问题。

第三版块对主教材中由于篇幅原因没有展开讲解的内容以及与本课程密切相关的背景知识进行介绍和讨论，以丰富读者的视野。

第四版块给出了主教材中所附全部习题较详细的解答过程与参考答案，这是应一些读者的要求而写的。

本书是根据中国计算机学会教育委员会制订的中国计算机科学与技术学科教程 2002 (CCC2002)对课程教学内容的要求，结合作者讲授本课程近 20 年的教学经验和体会"磨"出来的。全书概念清楚、由浅入深。全书的核心内容是每章的误点疑点解惑和相关知识介绍两大版块，每章中都以专题的形式对有关问题进行了比较详细和深入的讨论，并且还有一些例题帮助读者加深对有关知识点的理解。

考虑到本书的主要读者对象是讲授本课程的教师，所以本书每章的最后一个版块给出了主教材中全部习题的详解，以供讲授和辅导时参考。需要注意的是，有些习题的答案并不唯一，设计也不一定最优，读者可以根据解题思路自己解答，不要受参考答案的限制和束缚。还需要特别指出的是，建议学生在学习过程中最好不提前看这部分内容，要给自己留一个独立思考的空间。

"计算机组成原理"课程的教材在国内已经出版了多种，近年来也出现一些面向学生的学习指导用书,但目前还没有针对主讲和辅导教师编写的教师用书面世,本书的出现可以说是填补了一个空白,相信它会为广大讲授该课程的教师提供真正的帮助。

主教材《计算机组成原理》一书至2004年3月出版以来,受到读者的欢迎和专家的认可,并已于2004年底被评为北京市精品教材,与主教材配套的《计算机组成原理学习指导与习题解析》一书也于不久前面世,此次本书的面世将会使这套书锦上添花,它们将与《计算机组成原理电子教案》一起构成一个本课程的立体教材体系。

本书既与主教材有紧密的关系,又独立成书,可以单独使用。本书既可作为教师讲授"计算机组成原理"课程时的参考书,也可作为学生学习"计算机组成原理"课程时的参考书。

在本书编写过程中,"21世纪大学本科计算机专业系列教材"编委会的老师给予了指导,清华大学出版社的编辑们也为本书的出版做了许多工作,在此对他们辛勤的工作和热情的支持表示诚挚的感谢!

由于时间的原因以及个人水平的限制,书中难免出现错误和不妥之处,欢迎同行和广大读者批评指正。如有问题,可通过邮箱 bs.jiang@163.com 联系作者。

作　者

2005年4月于北京理工大学

目 录

CONTENTS

第 1 章 概论

1.1 基本内容要求

本章将从存储程序的概念入手，讨论计算机的基本组成与工作原理，使读者对于计算机系统先有一个简单的整体概念，为今后深入讨论计算机各个部件打下基础。

学习要求

- 了解存储程序概念。
- 掌握 CPU 和主机两个术语的含义。
- 理解五大基本部件的功能。
- 理解总线概念和总线分时共享的特点。
- 了解大、中型计算机的典型结构。
- 理解冯·诺依曼结构和哈佛结构的区别。
- 理解计算机系统的含义。
- 理解硬件与软件的关系。
- 了解系列机和软件兼容概念。
- 了解计算机系统的多层次结构。
- 了解实际机器和虚拟机器概念。
- 理解计算机中的主要性能指标（如基本字长、数据通路宽度、存储容量和运算速度等）。

1.2 教师授课参考

本章内容是本课程的绪论，是学习本课程的开始，属于非重点章。本章不要求学生掌握更深入的具体知识，而是强调尽早从层次的观点理解计算机系统硬件、软件的完整组成，硬件和软件之间的关系；理解计算机硬件系统五大部件的基本功能，以及通过总线实现互连的连接关系；理解计算机的主要性能指标，并了解一些概念和术语的解释。本章总体难度不大，不必花费很多时间讲授。

根据教育部发布的《全国硕士研究生入学统一考试计算机科学与技术学科联考计算机学科专业基础考试大纲》（以下简称考研大纲）对计算机组成原理部分的要求，本章内容对应考研大纲中的第一部分——计算机系统概述，主要涉及以下知识点：

(一) 计算机发展历程

(二) 计算机系统层次结构

1. 计算机硬件的基本组成

2. 计算机系统的基本组成

3. 计算机软件和硬件的关系

4. 计算机的工作过程

(三) 计算机性能指标

吞吐量、响应时间;CPU 时钟周期、主频、CPI、CPU 执行时间;MIPS、MFLOPS、GFLOPS、TFLOPS、PFLOPS。

这部分内容的试题多以选择题形式出现,其中有些知识点(如性能指标的计算等)也会与后续各部分内容相结合,出现在综合应用题中。

1.3 误点疑点解惑

1. 主机

主机=CPU+主存储器

主机是一个简单的基本概念,但经常会有学生回答:主机=CPU+存储器。这个答案对早期的计算机来说不能算错,但对现代的计算机来说就不能算对了,起码这个答案是不完整的。因为存储器有主存储器和辅助存储器之分,主机中只包括主存储器,而不包括辅助存储器。主存储器由 RAM 和 ROM 组成,对于微型计算机而言,是指插在主板上的内存条和其他存储芯片。辅助存储器则是硬盘、软盘、光盘等存储器的总称,它们处于主板之外,属于外部设备。

2. 总线结构

总线结构是小型、微型计算机的典型结构,它可以将五大基本部件连接成硬件系统。最简单的总线结构是单总线结构。单总线(系统总线)按总线上传送信息的不同,又可以细分为地址总线、数据总线和控制总线。地址总线用来传输由 CPU 向主存、外设发送的地址信息,其位数决定了系统能够使用的最大的存储容量;数据总线用来传输各功能部件之间的数据信息,其位数是决定系统总体性能的关键因素;控制总线上传输的是控制信息,包括 CPU 送出的控制命令和主存(或外设)返回 CPU 的反馈信号。

一提到地址总线、数据总线和控制总线,不少人可能会把它们误认为是 3 组不同的总线。事实上,地址总线、数据总线和控制总线都是系统总线的一部分,只是根据总线上传送的信息不同而分别定名,不能仅因为它们的名称不同,而认为它们是 3 组不同的总线。所以,由地址总线、数据总线和控制总线构成的系统总线是单总线,而不是三总线。

3. 完整的计算机系统

一个完整的计算机系统包含硬件系统和软件系统两大部分。

硬件系统包括运算器、控制器、存储器、输入设备和输出设备五大基本部件。

软件系统分为系统软件和应用软件两大类。系统软件包括操作系统、诊断程序和计算机语言处理程序等;应用软件包括厂家出售的通用软件和用户自己编写的应用程序。

这是一个简单的基本概念，但经常会有学生误认为计算机的硬件系统就是计算机系统。应当强调指出硬件和软件是相辅相成、不可分割的整体，计算机是一个完整的系统，是由硬件和软件共同组成的，切不可把硬件和软件完全割裂开。

软件是计算机系统的灵魂，没有软件的计算机称为“裸机”，它犹如一堆废铁，是不能提供给用户使用的。

4. 硬件、软件的功能划分与逻辑上的等价

硬件是躯体，是物质基础；软件是灵魂，是硬件功能的完善和补充。没有硬件，或者没有良好的硬件，运行软件就无从谈起，也就无法计算、处理某一方面的问题。没有软件，或者没有优秀的软件，计算机就是一个空壳，无法工作，或者不能高效率地工作。因此，硬件与软件具有相互渗透、相互依存、互相配合、互相促进的关系，二者缺一不可。

硬件与软件之间的功能分配关系常常随着技术的进步而变化，哪些功能分配给硬件，哪些功能分配给软件是没有固定模式的。计算机中实际上有许多功能既可以直接由硬件实现，也可以在硬件的支持下依靠软件实现，也就是说，硬件和软件在逻辑功能上是等价的。例如，乘法运算既可以用硬件乘法器实现，也可以用乘法子程序实现。设计一台计算机时，硬件和软件功能如何分配取决于选定的设计目标和系统的性能价格比，也与当时的技术水平有关。

早期较多采用“硬件软化”的技术策略。为了降低计算机的造价，只让硬件完成比较简单的指令操作，如传送、加法、减法、移位和基本逻辑运算，而乘法、除法、浮点运算等比较复杂的功能则交给软件完成。随着集成电路技术的飞速发展，“软件硬化”已成为常用的技术策略。将原来依靠软件才能实现的一些功能改由大规模或超大规模集成电路直接实现，如浮点运算、存储管理等。

微程序控制技术的出现使计算机结构和硬、软件功能分配发生了变化，对指令的解释与执行是通过运行微程序实现的，因而又出现了另一种技术策略——“软件固化”。利用程序设计技术可使原来属于软件级的一些功能纳入微程序一级。微程序类似于软件，但被固化在只读存储器中，属于硬件中 CPU 的范畴，称为固件。人们也常采用软件固化的策略，将系统软件的核心部分(如操作系统的内核、常用软件中固定不变的部分等)固化在存储芯片中。

5. 机器字长、存储字长和数据字长

机器字长也称基本字长，是指参与运算的数的基本位数，即 CPU 在同一时间内能一次处理的二进制数的位数。机器字长标志着计算精度，也反映寄存器、运算部件和数据总线的位数。机器字长越长，操作数的位数越多，计算精度也就越高，但相应部件的位数也会增多，使硬件成本随着增高。为了较好地协调计算精度与硬件成本的制约关系，针对不同需求，大多数计算机允许采用变字长运算，即允许硬件实现以字节为单位的运算以及某种基本字长或双字长的运算，通过软件实现多字长运算。

数据通路宽度是指数据总线一次能并行传送信息的位数，它影响计算机的有效处理速度。数据通路宽度分为 CPU 内部和 CPU 外部两种情况。CPU 内部数据通路宽度一般等于机器字长，即内部数据线的位数；而 CPU 外部数据通路宽度则等于系统数据总线一次能并行传送的信息位数，即 CPU 与主存、输入输出设备之间一次数据传送的信息位数，也称为存储字长。有的 CPU 内、外数据通路宽度一样，而有的 CPU 内、外数据通路宽度则不同。例如,Pentium 微处理器的内部数据线为 32 位,而外部数据线为 64 位。

还需要说明的一个概念是字(Word)。字实际上只能算作一个计量单位,对于系列机来说,字的长度是固定的。例如,在 80x86 系列中,一个字等于 16 位,所以将 16 位的数据称为单字,32 位的数据称为双字,64 位的数据称为四倍字。在 IBM 303X 系列中,一个字等于 32 位,所以将 16 位的数据称为半字,32 位的数据称为单字,64 位的数据称为双字。这里说的字也可以称为数据字。

对于同一个微处理器,机器字长、存储字长和数据字长可以相等,也可以不相等,最典型的例子是 8086 微处理器和 Pentium 微处理器。8086 的机器字长、存储字长和数据字长都是 16 位,而 Pentium 的机器字长是 32 位,存储字长是 64 位,因为 Pentium 属于 80x86 系列,所以它的数据字长只有 16 位。学生很容易将这 3 种字长混为一谈,认为所有字长一定是相等的,因此有必要强调这 3 种字长的区别。

6. 运算速度指标

MIPS 表示每秒执行指令的条数,机器的主频越高,CPI 越少,其 MIPS 就越高。但是,MIPS 很大程度依赖于机器的指令系统,同时还与机器硬件的实现有关,所以用 MIPS 衡量标量处理机的性能比较合适。

MFLOPS 反映机器执行浮点操作的性能,它是基于浮点操作,而不是基于指令。同一程序,不同计算机运行所需的指令数会不同,但运算用到的浮点运算的次数却是相同的。

MFLOPS 与 MIPS 的折算没有统一的标准。一般认为,在标量计算机上执行一次浮点操作平均需要 3 条指令,所以一般可按以下公式折算:

$$1\text{MFLOPS} \approx 3\text{MIPS}$$

过去,人们多用 MFLOPS 作为衡量向量机的运算速度指标,随着巨型计算机运算速度的不断提升,再用 MFLOPS 作为衡量运算速度的指标就显得太小了,GFLOPS、TFLOPS、PFLOPS,甚至 EFLOPS 等指标就应运而生了。这些指标与 MFLOPS 实质是相同的,只是单位的变化,就像毫米、厘米等不同的长度单位一样。需要注意的是 M、G、T、P、E 的定义和它们之间的关系。

一个 MFLOPS(MegaFLOPS)等于每秒 100 万($=10^6$)次的浮点运算。

一个 GFLOPS(GigaFLOPS)等于每秒 10 亿($=10^9$)次的浮点运算。

一个 TFLOPS(TeraFLOPS)等于每秒 1 万亿($=10^{12}$)次的浮点运算。

一个 PFLOPS(PetaFLOPS)等于每秒 1000 万亿($=10^{15}$)次的浮点运算。

一个 EFLOPS(ExascaleFLOPS)等于每秒 100 亿亿($=10^{18}$)次的浮点运算。

根据 2018 年 11 月公布的全球超级计算机 TOP 榜单,美国的 Summit 名列榜首,峰值速度达到 187.7PFLOPS;中国的"神威·太湖之光"峰值速度达到 125.4PFLOPS,位列第三;中国的天河 2 号峰值速度达到 33.9PFLOPS,位列第四。

1.4 相关知识介绍

1. 冯·诺依曼型计算机及其计算机系统结构的发展

1945 年,冯·诺依曼等 3 人共同发表一篇题为《电子计算机装置逻辑结构初探》的论文,详细描述了计算机的逻辑设计、指令修改的概念以及计算机的电子电路,提出一个完整的现代计算机雏形，它由运算器、控制器、存储器、输入设备和输出设备组成，如图1-1所示。

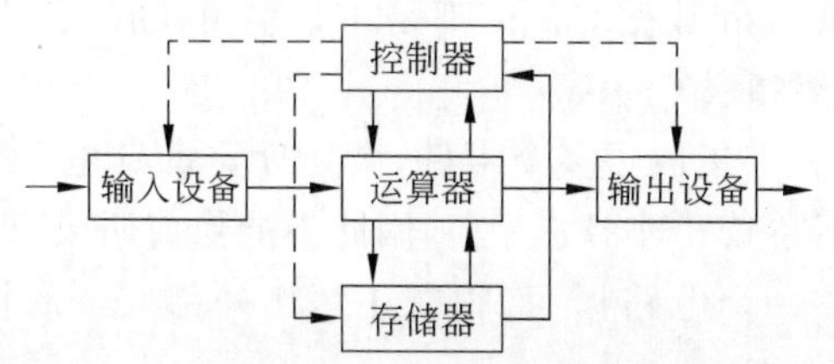

图1-1　早期的冯·诺依曼型计算机组成框图

冯·诺依曼结构规定控制器是根据存放在存储器中的程序工作的，即计算机的工作过程就是运行程序的过程。为了使计算机能正常工作，程序必须预先存放在存储器中。这就是存储程序的概念。

现代计算机与早期计算机相比在结构上还是有不少变化的，如从以运算器为中心改为以存储器为中心。但就其结构原理来说，目前绝大多数计算机仍建立在存储程序概念的基础上。冯·诺依曼型计算机的这种工作方式称为控制驱动，控制驱动是由指令流驱动数据流的。

随着计算机技术的不断发展，计算机系统结构有了许多改进，主要包括以下几方面：

(1) 从基于串行算法变为适应并行算法，出现了向量计算机、并行计算机、多处理机等。

(2) 高级语言与机器语言的语义距离缩小，出现了面向高级语言的计算机和直接执行高级语言的计算机。

(3) 硬件子系统与操作系统和数据库管理系统软件相适应，出现了面向操作系统的计算机和数据库计算机等。

(4) 从传统的控制驱动型改变为数据驱动型和需求驱动型，出现了数据流计算机和归约机。

(5) 为适应特定应用环境而出现各种专用计算机，如快速傅里叶变换机器、过程控制计算机等。

(6) 为获得高可靠性而研制了容错计算机。

(7) 计算机系统功能分散化、专业化，出现了各种功能分布计算机，包括外围处理机、通信处理机等。

(8) 出现了与大规模、超大规模集成电路相适应的计算机系统结构。

(9) 出现了处理非数值化信息的智能计算机，如处理自然语言、声音、图形和图像等信息的计算机。

2. 微处理器

通常将运算器和控制器合称为中央处理器(CPU)。在由超大规模集成电路构成的微型计算机中，往往将CPU制成一块芯片，称为微处理器。在现代的微处理器芯片中，还包含浮点处理部件(FPU)、内部高速缓冲存储器(L1 Cache)和存储管理部件(MMU)，以加快计算机执行指令的速度。典型的微处理器芯片如图1-2所示。

随着集成电路技术的发展，在一些微处理器中，将L2 Cache也嵌入在微处理器内或将L2 Cache与其他部件一起封装在被称为CPU模块的金属盒内。

浮点处理部件(FPU)	内部高速缓冲存储器(L1 Cache)
中央处理器(CPU)	存储管理部件(MMU)

图1-2　典型的微处理器芯片

Intel的Itanium微处理器最大限度地采用了多级Cache。在它的芯片上,一级Cache是分离的Cache,指令Cache和数据Cache都是4路组相联的,它的二级Cache也嵌入在芯片上,但它是统一的6路组相联Cache。

Itanium在单一电路板上集成了多个组件,微处理器本身是一个组件,三级Cache也是一个组件。三级Cache不在微处理器芯片上,因此不能像前两级Cache那样快地提供数据,但因为与微处理器制作在一个电路板上,所以还是比外部Cache快。除这3种Cache外,Itanium还支持外部的四级Cache。

3. 系列机与兼容机

系列机是指同一生产厂家生产的具有相同的系统结构,但具有不同组成和实现的一系列不同型号的计算机。

兼容机是指不同生产厂家生产的具有相同系统结构的计算机。它的思想与系列机的思想一致。

4. 计算机的多层次结构

计算机系统由硬件、固件和软件组成,按功能可划分成多级层次结构。每一级对应一种机器,其作用和组成如图1-3所示。这里,"机器"只对一定的观察者存在。它的功能体现在广义语言上,能对该语言提供解释手段,如同一个解释器,然后作用在信息处理和控制对象上。从某一级观察者来看,他只是通过该级的语言了解和使用计算机,不必关心下层机器级是如何工作和实现的。

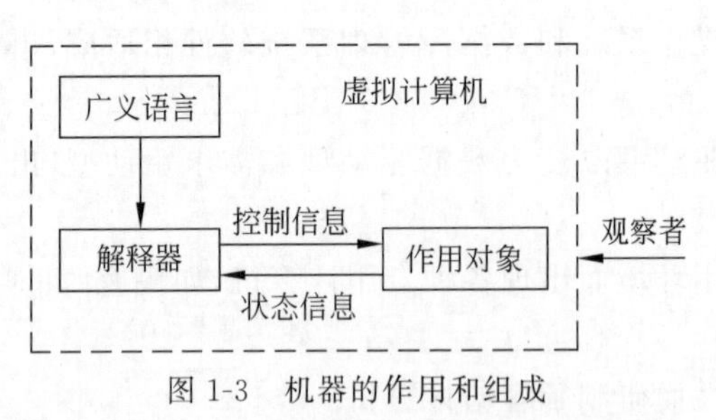

图1-3　机器的作用和组成

把计算机系统按功能划分成多级层次结构有几个优点:首先,有利于正确理解计算机系统的工作,明确软件、硬件和固件在计算机系统中的地位和作用;其次,有利于理解各种语言的实质及其实现;最后,还有利于探索虚拟机器新的实现方法,设计新的计算机系统。

5. 广义语言与计算机程序

广义语言包括机器语言、汇编语言、高级语言和应用语言等。

机器语言(机器指令)是计算机能直接识别和执行的语言,但用机器语言编写程序、阅读程序非常困难。为了提高编程序、读程序的效率,产生了与机器语言对应的符号(助记符)语言,这种符号语言后来就发展成汇编语言。因为机器不认识汇编语言,所以必须通过叫作汇编程序的软件把它转换为机器语言。其转换过程如图1-4所示。

图1-4　汇编语言程序转换成机器语言程序的过程

高级语言是不针对具体机器的计算机语言，编写程序和阅读程序都比较容易。用高级语言编写的程序也必须转换成机器语言才能执行，实现这种转换的程序是编译程序和解释程序。

编译程序的功能是把高级语言编写的源程序翻译成目标程序，然后经过链接生成可执行程序，并保存起来。有的高级语言以汇编语言作为中间输出，汇编程序把汇编语言的中间输出变成机器语言(目标程序)，链接程序再把目标程序和存放在程序库里的有关信息链接装配在一起，最终产生可执行程序。其转换过程如图1-5所示。

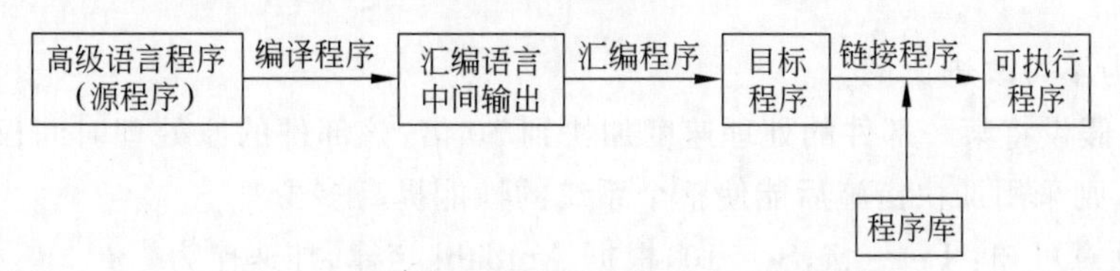

图1-5 高级语言程序变成可执行程序的过程

解释程序的功能是对高级语言编写的源程序逐句解释并立即执行，不保留目标程序，不生成可执行程序。

6. 透明性

在计算机中，客观存在的事物或属性从某个角度看不到，就称为“透明”。这与日常生活中的“透明”的含义正好相反。日常生活中的“透明”是要公开，让大家看得到，而计算机中的“透明”则是指看不到的意思。

所谓透明，实际上是指不属于自己管的部分(不会出现和不需要了解的部分)。通常，在一个计算机系统中，下层机器级的概念性结构和功能特性对上层机器语言的程序员来说就是透明的。例如，浮点数表示和乘法指令对高级语言程序员和应用程序员透明，而对汇编语言程序员和机器语言程序员则不透明；再如，数据总线宽度、微程序对汇编语言程序员和机器语言程序员透明，而对硬件设计者和计算机维修人员则不透明。

7. Amdahl 定律

Amdahl定律是计算机系统设计的重要定律之一，于1967年由IBM360系列机的主要设计者Amdahl首先提出。Amdahl定律指出：当对一个系统中的某个部件进行改进后，所能获得的整个系统性能的提高受限于该部件的执行时间占总执行时间的比例。

首先，Amdahl定律定义了加速比的概念。假设对机器进行某种改进，那么机器系统的加速比为

$$加速比=\frac{改进后的性能}{改进前的性能}=\frac{改进前的总执行时间}{改进后的总执行时间}$$

系统加速比告诉我们改进后的机器比改进前快多少。Amdahl定律使我们能快速得出改进获得的效益。系统加速比依赖于两个因素：

(1) 可改进比例(Fe)，它总是小于1。

$$Fe=\frac{可改进部分占用的时间}{可改前整个任务的执行时间}$$

(2) 性能提高比(Se)，它总是大于1。

$$Se=\frac{改进前改进部分的执行时间}{改进后改进部分的执行时间}$$

部件改进后,整个任务的执行时间为

$$T_n = T_0 \times \left(1 - \text{Fe} + \frac{\text{Fe}}{\text{Se}}\right)$$

其中 T_0 为改进前的整个任务的执行时间。

改进后整个系统的加速比为

$$S_n = \frac{T_0}{T_n} = \frac{1}{(1 - \text{Fe}) + \frac{\text{Fe}}{\text{Se}}}$$

其中 1−Fe 为不可改进比例。

例 1-1 假设将某一部件的处理速度加快到 10 倍,该部件的原处理时间仅为整个运行时间的 40%,则采用加快措施后能使整个系统的性能提高多少?

解:由题意可知:Fe=0.4,Se=10,根据 Amdahl 定律,加速比为

$$S_n = \frac{1}{(1 - \text{Fe}) + \frac{\text{Fe}}{\text{Se}}} = \frac{1}{(1 - 0.4) + \frac{0.4}{10}} = \frac{1}{0.64} \approx 1.56$$

例 1-2 某计算机系统采用浮点运算部件后,使浮点运算速度提高到原来的 25 倍,而系统运行某一程序的整体性能提高到原来的 4 倍,试计算该程序中浮点操作所占的比例。

解:由题意可知:Se=25,S_n=4,根据 Amdahl 定律:

$$4 = \frac{1}{(1 - \text{Fe}) + \frac{\text{Fe}}{25}}$$

由此可得:Fe≈78.1%。

实际上,Amdahl 定律还表达了一种性能增加的递减规则:如果仅对计算机中的一部分做性能改进,则改进越多,系统获得的效果越小。Amdahl 定律的一个重要推论:如果只针对整个任务的一部分进行优化,那么获得的加速比不大于$\frac{1}{(1-\text{Fe})}$。

1.5 教材习题解答

1-1 电子数字计算机和电子模拟计算机的区别在哪里?

解:电子数字计算机中处理的信息是在时间上离散的数字量,运算的过程是不连续的;电子模拟计算机中处理的信息是连续变化的物理量,运算的过程是连续的。

1-2 冯·诺依曼计算机的特点是什么?其中最主要的一点是什么?

解:冯·诺依曼计算机的特点如下:

(1) 计算机(指硬件)应由运算器、存储器、控制器、输入设备和输出设备五大基本部件组成。

(2) 计算机内部采用二进制表示指令和数据。

(3) 将编好的程序和原始数据事先存入存储器中,然后再启动计算机工作。

其中第(3)点最重要。

1-3 计算机的硬件由哪些部件组成?它们各有哪些功能?

解：计算机的硬件应由运算器、存储器、控制器、输入设备和输出设备五大基本部件组成。它们各自的功能如下。

(1) 输入设备：把人们编好的程序和原始数据送到计算机中，并且将它们转换成计算机内部能识别和接受的信息方式。

(2) 输出设备：将计算机的处理结果以人或其他设备所能接受的形式送出计算机。

(3) 存储器：用来存放程序和数据。

(4) 运算器：对信息进行处理和运算。

(5) 控制器：按照人们预先确定的操作步骤，控制整个计算机的各部件有条不紊地自动工作。

1-4　什么叫总线？简述单总线结构的特点。

解：总线是一组能为多个部件服务的公共信息传送线路，它能分时发送与接收各部件的信息。单总线结构即各大部件都连接在单一的一组总线上，这个总线被称为系统总线。CPU 与主存、CPU 与外设之间可以直接进行信息交换，主存与外设、外设与外设之间也可以直接进行信息交换，无须经过 CPU。

1-5　简单描述计算机的层次结构，说明各层次的主要特点。

解：现代计算机系统是一个硬件与软件组成的综合体，可以把它看成按功能划分的多级层次结构。

第零级是硬联逻辑级，这是计算机的内核，由门、触发器等逻辑电路组成。

第一级是微程序级。这级的机器语言是微指令集，程序员用微指令编写的微程序一般直接由硬件执行。

第二级是传统机器级。这级的机器语言是该机的指令集，程序员用机器指令编写的程序可以由微程序解释。

第三级是操作系统级。从操作系统的基本功能看，一方面它要直接管理传统机器中的软硬件资源，另一方面它又是传统机器的延伸。

第四级是汇编语言级。这级的机器语言是汇编语言，完成汇编语言翻译的程序叫作汇编程序。

第五级是高级语言级。这级的机器语言就是各种高级语言，通常用编译程序完成高级语言翻译的工作。

第六级是应用语言级。这级是为了使计算机满足某种用途而专门设计的，因此这级语言就是各种面向问题的应用语言。

1-6　计算机系统的主要技术指标有哪些？

解：计算机系统的主要技术指标有机器字长、数据通路宽度、主存容量和运算速度等。

机器字长是指参与运算的数的基本位数，由加法器和寄存器的位数决定。

数据通路宽度是指数据总线一次所能并行传送的信息位数。

主存容量是指主存储器所能存储的全部信息量。

运算速度与机器的主频、执行什么样的操作、主存本身的速度等因素有关。

第 2 章 数据的机器层次表示

2.1 基本内容要求

数据是计算机加工和处理的对象。数据的机器层次表示直接影响计算机的结构和性能。本章主要介绍无符号数和带符号数的表示方法、数的定点与浮点表示方法、字符和汉字的编码方法和数据校验码等。熟悉和掌握本章的内容是学习计算机原理的最基本要求。

学习要求

- 了解无符号数与带符号数的区别。
- 了解真值和机器数概念。
- 掌握原码、补码、反码表示法和 3 种机器数之间的区别。
- 理解定点数表示法。
- 掌握定点数的表示范围。
- 理解浮点数表示法。
- 掌握浮点数的表示范围。
- 理解规格化浮点数的概念。
- 掌握最小规格化正数与最小正数的区别。
- 理解浮点数阶码的移码表示法。
- 掌握 IEEE 754 浮点数标准和特点。
- 理解常见的字符编码方法(ASCII 码)。
- 了解汉字的表示方法。
- 掌握汉字国标码、区位码、机内码和字形码的特点和区别。
- 了解二-十进制编码的原理。
- 掌握 8421 码、2421 码和余 3 码的特点。
- 了解十进制数的 Gray 码。
- 理解奇偶校验码检错的原理。
- 掌握奇偶校验位的形成方法。
- 理解汉明校验码检错的原理。
- 了解循环冗余校验码。

2.2 教师授课参考

计算机中的数据信息分为两大类：数值型数据和非数值型数据。其中，数值型数据用来表示具有数量概念的信息，数的各位之间有位权关系。而非数值型数据没有数量的大小，各位之间也没有关联，如字符和汉字的编码等。不管哪种类型的数据，在计算机中只能用0或1组成的数串表示。

本章内容是学习“计算机组成原理”课程最基本的要求，所以在教学中需要花费一定时间和精力，以便为后续章节的教学打下良好的基础。假设本课程有相应的前导课程，如计算机科学导论/大学计算机基础、数字电路/数字逻辑等，有关进位计数制及其不同数制之间的相互转换问题在前导课程中已经进行了详细的讨论。从“计算机组成原理”课程的角度来说，进位计数制等问题已属于应知应会的内容，要求学生掌握，本课程中不再讲解。

根据教育部发布的《全国硕士研究生入学统一考试计算机科学与技术学科联考计算机学科专业基础考试大纲》对计算机组成原理部分的要求看，本章对应考研大纲中的第二部分——数据的表示和运算中的部分内容。

（一）数制与编码
1. 进位计数制及其相互转换
2. 真值和机器数
3. BCD码
4. 字符与字符串
5. 校验码
（二）定点数的表示和运算
1. 定点数的表示
2. 无符号数的表示
3. 带符号整数的表示
（三）浮点数的表示和运算
1. 浮点数的表示
2. IEEE 754标准

主教材中，对于定点数和浮点数问题，本章只涉及它们的表示，关于它们的运算将在第4章中详细讨论。

这一部分内容既可能独立命题，也可能与第4章的运算相结合，即使是定点数和浮点数计算方面的试题，也可能以选择题的形式出现。

2.3 误点疑点解惑

1. 真值和机器数的区别

在日常生活中，常用＋、－号加绝对值表示数值的大小，以这种形式表示的数值在计算机技术中称为“真值”。

由于+或−号在计算机中是无法识别的,因此需要把数的符号数码化。通常,约定二进制数的最高位为符号位,0 表示正号,1 表示负号。这种在计算机中使用的表示数的形式称为机器数。常见的机器数有原码、补码和反码等。

为了能正确区别真值和各种机器数,本套教材中用 X 表示真值,$[X]_{原}$ 表示原码,$[X]_{补}$ 表示补码,$[X]_{反}$ 表示反码。

初学者通常容易将真值与原码、补码等机器数混淆。提醒学生注意:二进制真值前面带有正、负号,虽然正号通常略去不写,但也不要忘记,尤其是纯整数时。二进制机器数的最高位为 0 表示正数,最高位为 1 表示负数。

2. 模与补码表示法

模是引出补码表示法的一个重要概念。以时钟为例是说明模的最好方法,如现有时钟正指向 10 点整,但是当前标准时间是 6 点整,为了校准时钟,可顺时针方向拨过 8 个小时(+8),也可逆时针方向拨过 4 个小时(−4),其效果是相同的,如图 2-1 所示。也就是说,−4=+8(mod 12)。

由此可以得出,一个负数可以用一个与它互为补数的正数代替。将补数的概念用到计算机中,便出现了补码表示法。

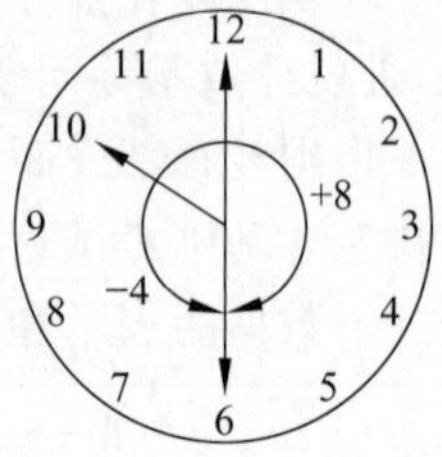

图 2-1 时钟以 12 为模

计算机本身是一个模数系统,这是因为机器字长是有限的。当运算结果的位数超过机器字长时,向更高位的进位就会被丢失,这就是该计算机的"模"。

对于 $n+1$ 位的定点小数来说,可表示为

$$X_s.X_1X_2\cdots X_n$$

其中,X_s 是符号位,它的位权为 2^0。符号位向更高位的进位会被丢失,所以定点小数以 $2^1=2$ 为模。

对于 $n+1$ 位的定点整数来说,可表示为

$$X_sX_1X_2\cdots X_n$$

其中,X_s 仍是符号位,但它的位权为 2^n。符号位向更高位的进位会被丢失,所以定点整数(字长 $n+1$ 位)以 2^{n+1} 为模。

讨论定点小数和定点整数"模"的概念时,应当首先清楚每位二进制数的位权。当这个二进制数为全 1,再加"1"(即在二进制数的最低位上加 1)时,向最高位的进位就是模,定点小数和定点整数的模分别由图 2-2(a)、(b)所示。

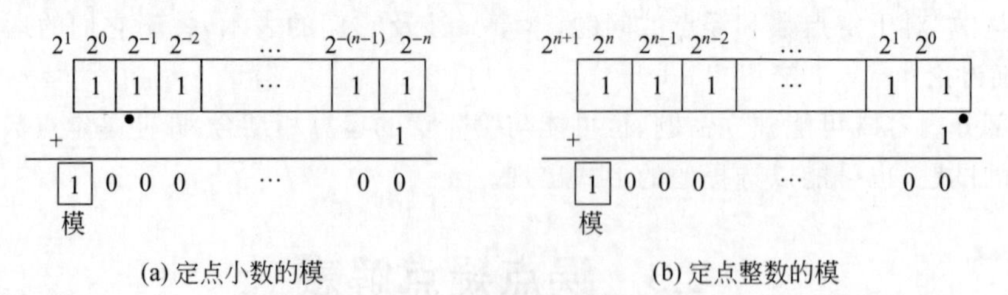

图 2-2 定点小数和定点整数模的表示

3. 原码和补码的区别

计算机中用得最多的机器数是原码和补码。对于正数,原码和补码没有任何区别;对于

负数,原码和补码的表示形式完全不同,且补码比原码多表示一个绝对值最大的负数(最负的数)。造成这一现象的直接原因是:对于真值0,原码有两种表示形式,而补码只有一种表示形式。

假设有一个字长为8位的二进制代码10000000,若其为原码,则表示−0;若其为补码,则不再表示−0,而表示一个绝对值最大的负数。此时最高位的1有两个含义,既代表负号,又代表这一位的位权。如果这是一个定点整数,其值等于$-2^7=-128$;如果这是一个定点小数,其值等于$-2^0=-1$。

4. 定点数的表示范围

数的表示范围是学生学习中的一个重点和难点,尤其浮点数的表示范围更复杂,但是切不可因此把注意力仅放在浮点数的学习上。应当明确浮点数是由定点小数和定点整数组成的,所以首先要清楚定点小数和定点整数的表示范围,否则对浮点数表示范围的学习就无法下手。

建议在这部分内容的教学过程中不要仅告诉学生相关的几个知识点,如最大正数——数轴上最右边的点,最小正数——数轴上正数区最接近于零的点,绝对值最大的负数(也有的书中称为最小负数)——数轴上最左边的点的值,而让学生死记硬背。一定要给学生讲清楚这几个点在原码表示和补码表示时的代码形式,并介绍如何根据二进制数的位权得到对应的数值,否则学生没有举一反三的能力,一旦题目稍微变化,就不会做了。

下面首先看定点小数的表示范围。图2-3给出了最大正数和最小正数的表示形式。由于同一正数的原码和补码表示形式完全相同,所以这里就不再区分原码和补码了。注意:在图2-3中,每位二进制数上都标出了这一位的位权,小数点在符号位和最高有效数位之间。

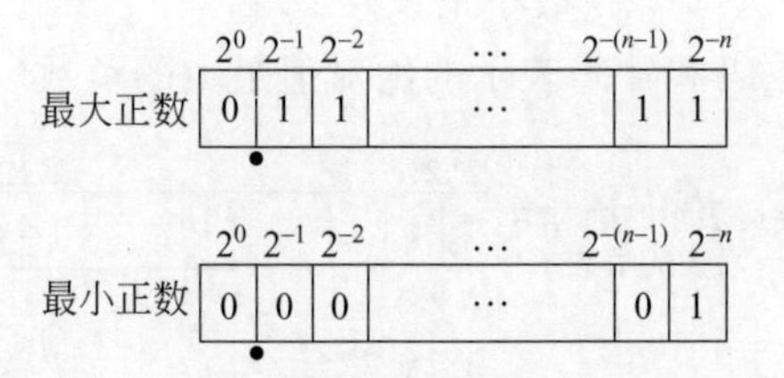

图2-3 定点小数表示的最大正数和最小正数

从图2-3可以看出,最大正数的数值位部分全部为1,如果要写出它的真值,则应该是

$$最大正数=2^{-1}+2^{-2}+\cdots+2^{-n}$$

这个值显得复杂了点,不妨用一个更简单的方法表述它,即

$$最大正数=1-2^{-n}$$

这个简化了的值是根据如下关系得到的:

$$\begin{array}{rl} 100\cdots00 & 2^0=1 \\ -\ 000\cdots01 & 2^{-n} \\ \hline 011\cdots11 & 1-2^{-n} \end{array}$$

同理,从图2-3可以看到最小正数的数值位的最低位为1,其真值等于2^{-n}。

图2-4给出了原码和补码绝对值最大负数的表示形式。显然,原码与补码表示的绝对值最大的负数是有区别的。

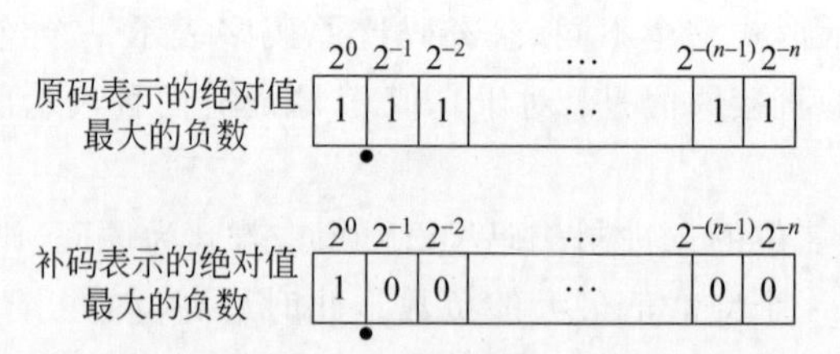

图 2-4　原码和补码表示的绝对值最大的负数(定点小数)

因为在原码表示时,正数和负数的范围是对称的,所以绝对值最大的负数等于最大正数值加上"－"号,其真值等于$-(1-2^{-n})$。

从图 2-4 中很容易看出,补码表示的绝对值最大的负数值等于-1。

接下来看定点整数的表示范围。图 2-5 给出了最大正数和最小正数的表示形式。在图 2-5 中,每位二进制数上也都标出了这一位的位权,此时小数点在最低有效数位之后。

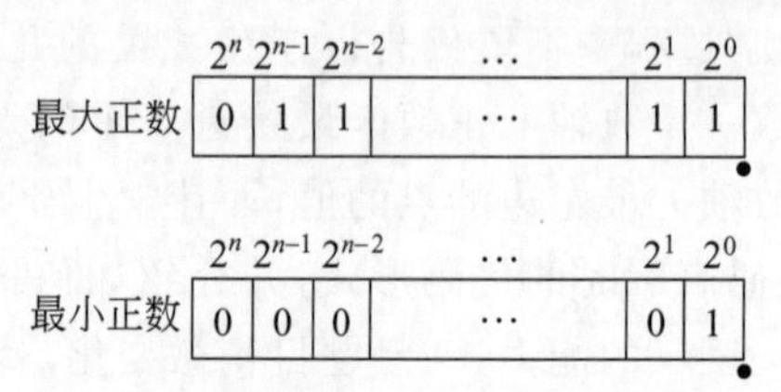

图 2-5　定点整数表示的最大正数和最小正数

根据前述定点小数的结果,很容易推出:

$$最大正数 = 2^n - 1$$

$$最小正数 = 1$$

图 2-6 中分别给出了原码和补码表示的绝对值最大的负数。

	2^n	2^{n-1}	2^{n-2}	…	2^1	2^0
原码表示的绝对值最大的负数	1	1	1	…	1	1
补码表示的绝对值最大的负数	1	0	0	…	0	0

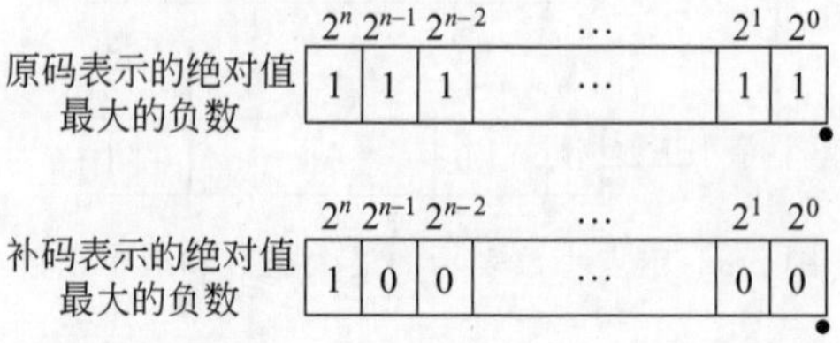

图 2-6　原码和补码表示的绝对值最大的负数(定点整数)

不难推出:

原码表示的绝对值最大的负数$=-(2^n-1)$。

补码表示的绝对值最大的负数$=-2^n$。

需要说明的是,现代计算机中大多定点数只采用整数数据表示,而小数则通过浮点数表示实现。但我们不能因此就不讨论定点小数的表示范围,因为理解了定点小数的表示范围,将有助于理解浮点数的表示范围。

5. 浮点数的表示范围

$$N = M \times r^E$$

式中,N 为浮点数;r 是浮点数阶码的底,也称为尾数基数,通常 $r=2$;E(阶码部分)和 M

(尾数部分)都是带符号的定点数。在大多数计算机中,尾数为纯小数,常用原码或补码表示;阶码为纯整数,常用移码或补码表示。

假设浮点数的尾数部分($n+1$ 位)和阶码部分($k+1$ 位)均用补码表示。有了前述的定点小数和定点整数的基础,推出浮点数的表示范围应该是容易的。图 2-7 分别给出浮点数的最大正数、最小正数和绝对值最大的负数。

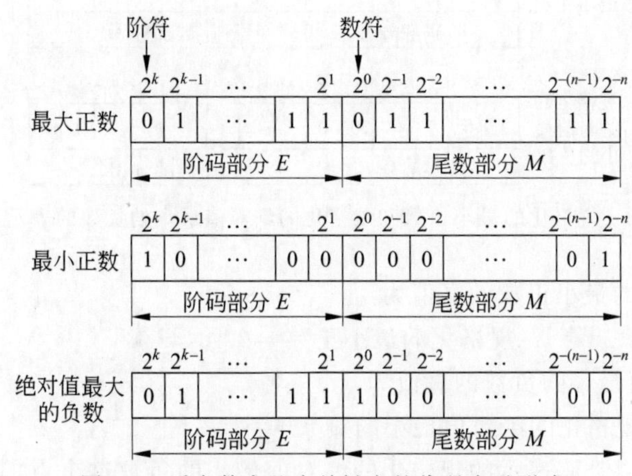

图 2-7 浮点数中几个关键点的代码表示形式

显然,浮点数的最大正数应当是阶码部分和尾数部分都为最大正数。

$$最大正数 = (1-2^{-n}) \times 2^{2^k-1}$$

浮点数的最小正数应当是尾数部分为最小正数,阶码部分为绝对值最大的负数。

$$最小正数 = 2^{-n} \times 2^{-2^k}$$

浮点数的绝对值最大的负数应当是尾数部分为绝对值最大的负数,阶码部分为最大正数。

$$绝对值最大的负数 = -1 \times 2^{2^k-1}$$

6. 浮点数的规格化

为了提高运算的精度,通常规定参加运算的浮点数必须是规格化形式的。规格化浮点数的特点是尾数的最高数位必须是一个有效值。假设尾数的基数 $r=2$。

正数的情况比较简单,无论尾数用原码表示,还是用补码表示,其规格化形式均为 0.1××…×。

负数的情况比较复杂,若尾数用原码表示,则规格化形式为 1.1××…×;若尾数用补码表示,则规格化形式为 1.0××…×。原码的结果很容易接受,而补码的这一结果往往难以理解。此时应该告诉学生:尾数的最高数位必须是一个有效值,并不是指机器数(原码和补码)的最高数位必须是 1,而是指真值的最高数位必须是 1。对于原码表示的 1.1××…×,其对应的真值为 $-1<M\leqslant-\frac{1}{2}$;对于补码表示的 1.0××…×,其对应的真值为 $-1\leqslant M<-\frac{1}{2}$。也就是说,在尾数用补码表示的计算机中,一个数是否为规格化数,是根据尾数的符号位和最高数值位是否相异决定的。若两者相异,即为规格化数;若两者相同,即为非规格化数。

设浮点数的尾数和阶码均用补码表示,规格化的最小正数和规格化的绝对值最小的负数的表示形式如图2-8所示。

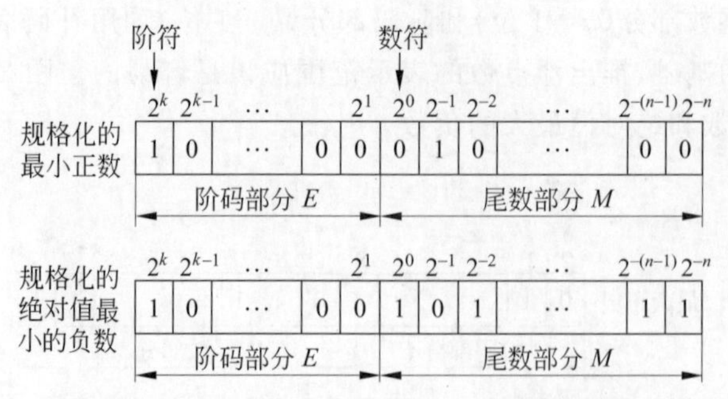

图2-8　规格化的最小正数和规格化的绝对值最小的负数的表示形式

很明显,规格化的最小正数的真值为

$$\text{规格化的最小正数} = 2^{-1} \times 2^{-2^k}$$

规格化的绝对值最小的负数的真值为

$$\text{规格化的绝对值最小的负数} = -(2^{-1} + 2^{-n}) \times 2^{-2^k}$$

对于学生来说,以补码表示的规格化的绝对值最小的负数这个点的值是比较难以理解的。应该首先指出,尾数$-0.10\cdots00\left(\text{即}-\frac{1}{2}\right)$不是规格化数,因为它的补码表示为1.10…0,所以规格化的绝对值最小的负数的尾数是$-0.10\cdots01$,它的补码表示为1.01…11。

7. 移码偏置值的选择

移码又称增码,需要在真值 X 基础上增加一个常数,这个常数被称为偏置值。

$$[X]_{\text{移}} = \text{偏置值} + X$$

关于偏置值的选择,是一个需要考虑的问题,细心的读者一定已经注意到,在主教材2.2.3节和2.2.5节中,两种浮点数使用的偏置值是不同的。通常,字长为 $n+1$ 位的阶码部分的偏置值为 2^n,移码把真值映射到一个正数域,所以可以把移码视为无符号数。

IEEE 754标准浮点数阶码的偏置值比一般浮点数的偏置值小1。例如,IEEE 754短浮点数的偏置值为 $2^7-1(127)$,而一般阶码部分 E 为8位的浮点数的偏置值 $2^7(128)$。仔细分析可以发现,这是因为IEEE 754标准中规定隐含尾数最高数位的原因。IEEE 754规格化浮点数隐含了最高数位,即相当于尾数扩大了一倍(左移了一位),为保持该浮点数的值不变,阶码应当相应地减1,所以IEEE 754标准浮点数阶码的偏置值是同样位数移码的偏置值减1。因此,IEEE 754标准短浮点数的偏置值是127,长浮点数的偏置值是1023。

8. 移码和补码的区别

事实上,移码也是一种机器数的表示方法,通常用于表示浮点数中的阶码。也就是说,它一般用来表示定点整数。

设机器字长有 $n+1$ 位,移码记作 $X_0X_1X_2\cdots X_n$。此处特意用 X_0 表示其最高位(MSB),而避免用 X_s(符号位),这是因为在移码中,X_0 的取值与原码、补码、反码这3种机器数的符号位取值正好相反。由于前面已经约定机器数的符号位为0表示正数,为1表示负数,所以建议大家将移码视为无符号数,不要将其最高位当成符号位,以免发生误解。

有些教材将移码也归入与原码、补码、反码一样的机器数进行讨论,这也是可以的。但事实上，移码与原码、补码、反码这3种机器数有许多本质上的区别。首先，X_0 的取值与机器数的符号位取值正好相反，将它归于带符号数范畴有点牵强；其次，移码只用来表示定点整数，不表示定点小数，显然与传统的机器数有所差别。

对于偏置值为 2^n 的移码来说，同一数值的移码和补码除最高位相反外，其他各位相同。根据整数补码和整数移码的定义，可得：

当 $0 \leqslant X < 2^n$ 时，$[X]_{移} = [X]_{补} + 2^n$

当 $-2^n \leqslant X < 0$ 时，$[X]_{移} = [X]_{补} - 2^n$

浮点数的阶码采用移码与采用补码相比，具有两大优点：

(1) 便于比较浮点数的大小。

(2) 可以简化机器中的判零电路。

移码可视为无符号数，移码的大小直观反映了真值的大小，这使得浮点运算中比较阶码的大小变得很方便。表2-1列出了3位二进制数的移码和补码排序。

表2-1　3位二进制数的移码和补码排序

移码(无符号数)	对应十进制真值	补码(带符号数)	对应十进制真值	排序
000	0	100	−4	最小
001	1	101	−3	↓
010	2	110	−2	↓
011	3	111	−1	↓
100	4	000	0	↓
101	5	001	1	↓
110	6	010	2	↓
111	7	011	3	最大

表2-1中最左面的一列是0～7的无符号数升序排列，第3列是补码从−4到+3的升序排列。问题“011是否比100大”的答案取决于是否考虑符号位。

从表2-1中还可以看出，在移码表示阶码为最小值(绝对值最大的负数)时，其二进制表示为全0；若尾数也全为0，则整个二进制代码为全0，这就是机器零，从而使得判零电路的实现变得很简单。图2-9(a)为阶码用移码表示的机器零表示形式。图2-9(b)为阶码用补码表示的机器零表示形式。

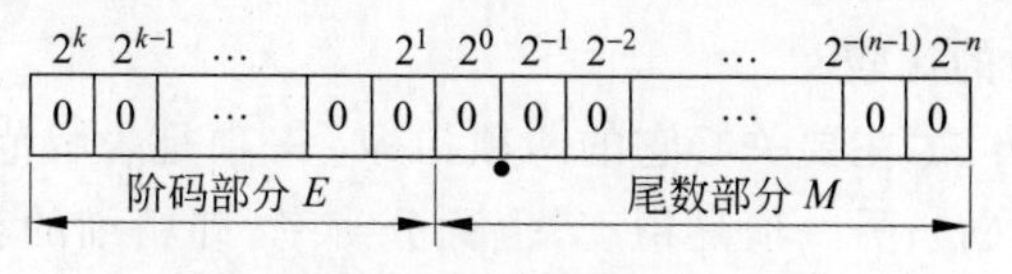

(a) 阶码用移码表示的机器零表示形式

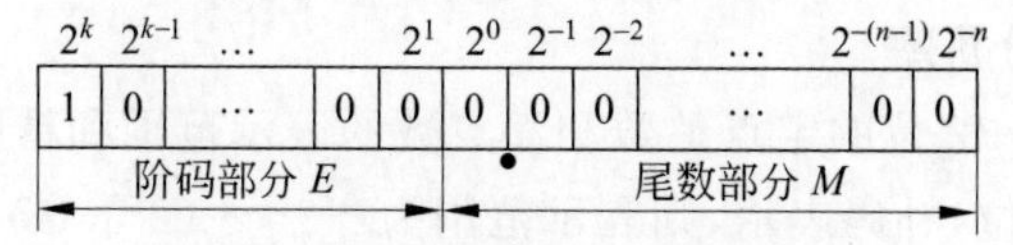

(b) 阶码用补码表示的机器零表示形式

图2-9　两种不同的机器零表示形式

需要提醒学生注意的是，一个浮点数无论阶码用补码表示，还是用移码表示，它的表示范围是不会发生变化的，仅是阶码部分的二进制表示形式不同而已。因为对应于同一个真值，浮点数的阶码用移码表示和用补码表示的形式是不同的。移码只是把真值映射到一个正数域(视为无符号数)，而不是把整个数的表示范围变到正数域。

9. IEEE 754 标准的浮点数

从20世纪70年代末开始，IEEE就成立了一个专门的委员会，负责对浮点数进行标准化。IEEE 754标准是1985年由IEEE提出的一个从系统结构角度支持浮点数表示的标准，当今流行的计算机几乎都采用这一标准。

IEEE 754标准格式的浮点数与传统的浮点数格式有很大的不同。例如，IEEE 754格式的最高位是数的符号位，这样判断正负就与定点数完全一致了；再如，IEEE 754格式的尾数用原码表示，并且隐含了数据最高位的1，从而增加了尾数的位数，即提高了精度；另外，IEEE 754格式判零比较方便，当阶码部分和尾数部分均为全0时，结果为0，由于尾数用原码表示，所以IEEE 754格式的0有两种表示：+0或−0。0的符号取决于IEEE 754格式的最高位。IEEE 754单精度浮点数的几个极限情况见表2-2。

表2-2 IEEE 754单精度浮点数的几个极限情况

名称	正负号	实际指数	指数(含偏置值)	阶码域	尾 数 域	数值(十进制)
正零	0	−127	0	00000000	000 0000 0000 0000 0000 0000	0
负零	1	−127	0	00000000	000 0000 0000 0000 0000 0000	−0
1	0	0	127	01111111	000 0000 0000 0000 0000 0000	1
−1	1	0	127	01111111	000 0000 0000 0000 0000 0000	−1
最小规格化数	0/1	−126	1	00000001	000 0000 0000 0000 0000 0000	1.2×10^{-38}
最大规格化数	0/1	127	254	11111110	1111 1111 1111 1111 1111 1111	3.4×10^{38}
正无穷	0	128	255	11111111	000 0000 0000 0000 0000 0000	$+\infty$
负无穷	1	128	255	11111111	000 0000 0000 0000 0000 0000	$-\infty$
非数(NaN)	0/1	128	255	11111111	非0	NaN

IEEE 754标准浮点数是目前真正实用的浮点数形式，它是程序设计语言中实型数据的表示形式，如float(对应于单精度浮点数)、double(对应于双精度浮点数)等，这点一定要与学生讲清楚，让大家特别关注。

10. 定点数与浮点数的比较

对于某种数的表示方法，主要关心它的两项指标：一项是表示范围，即这种方法能表示数值的大小(正负两个方向)；另一项是精度，也称分辨率，即精细的程度。这就好比一把尺子一次测量的范围由其长度决定，而尺子的精度由它的最小刻度决定。在数轴上非零的最小正数这个典型值就是分辨率。

例2-1 比较字长为32位的定点整数和浮点数的表示范围和精度。

解：若定点整数32位，补码表示，则表示范围为$-2^{31}\sim(2^{31}-1)$，分辨率为1。

若浮点数32位，其中阶码部分8位，含1位阶符，补码表示，以2为底；尾数部分24位，含1位数符，补码表示，规格化，则表示范围为$-2^{127}\sim2^{127}\times(1-2^{-23})$，最高分辨率为$2^{-129}$。

显然，浮点数的表示范围比定点数大得多。这里会让人们产生一种误解，为什么浮点数的表示范围比定点数大得多，而且分辨精度也高得多呢？不是说，浮点数扩大了数的表示范围，是以降低精度为代价吗？其实，浮点数的分辨率 2^{-129} 只是该浮点格式下的最高分辨率，它对应阶码为绝对值最大的负数时，当阶码值增大时，分辨率将随之降低(值变大)；当阶码值减少时，分辨率随之提高(值变小)，这是因为浮点数与定点整数在数轴上的分布存在很大的不同。

整数在数轴上是均匀分布的，也就是说，连续两个数据之间的差都为 1，所以定点整数的分辨率为 1。

浮点数在数轴上分布是不均匀的，越靠近零点，数越密集；越远离零点，数越稀疏。原因是：浮点数的位数确定了，其能表示的数据个数就确定了。对于基数为 2 的情况，阶码绝对值为 $n+1$ 的浮点数值的覆盖区域比阶码绝对值为 n 的浮点数值的覆盖区域大一倍，但两者在各自区域中所能表示的数据个数是相同的，因此，阶码绝对值为 $n+1$ 的浮点数覆盖区域内的数据密度比阶码绝对值为 n 的浮点数覆盖区域小一半。浮点数的数据密度分布如图 2-10 所示。

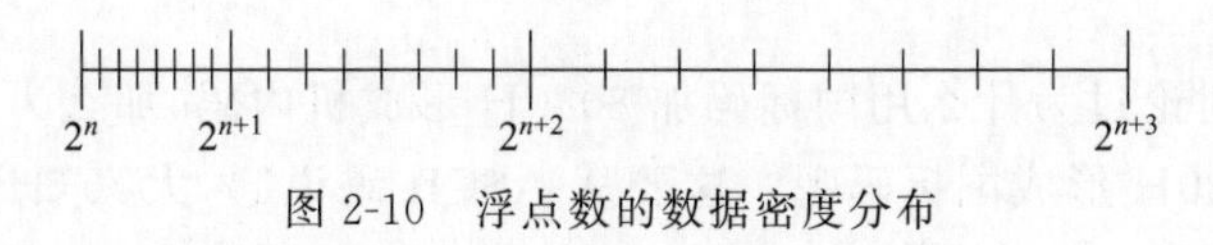

图 2-10　浮点数的数据密度分布

11. 3 种汉字编码的区别

汉字国标码是指 GB 2312—1980 标准。GB 2312—1980 标准共包括 6763 个汉字，按其使用频率，分为一级汉字(3755 个)和二级汉字(3008 个)。在 GB 2312—1980 标准中，所有符号按区位编排，共设 94 区，每区含 94 个汉字和符号。一级汉字按拼音顺序排列，占据 16～55 区；二级汉字按部首顺序排列，占据 56～87 区；前 15 区用来编排西文字母、数字、图形符号以及用户自行定义的专用符号。目前，10～15 区空着。GB 2312—1980 汉字编码见表 2-3。

表 2-3　GB 2312—1980 汉字编码

第 1 字节		第 2 字节			
		位号	1	…	94
区号	国标码	国标码	21H	…	7EH
1 ⋮ 7	21H ⋮ 27H	字母、数字、图符			
⋮	⋮				
16 ⋮ 55	30H ⋮ 57H	一级汉字(3755 个)			
56 ⋮ 87	58H ⋮ 77H	二级汉字(3008 个)			
88 ⋮ 94	78H ⋮ 7EH				

汉字国标码用两个字节的十六进制数表示。每个国标码都有一个唯一对应的十进制区号和位号。

汉字机内码是汉字在计算机内部的编码,它也是两字节长的代码。机内码是在相应国标码的每个字节最高位上加1,即

$$汉字机内码=汉字国标码+8080H$$

汉字区位码是一种输入码,长4位,前2位表示区号,后2位表示位号。汉字的区号和位号均用十进制数表示。区位码与国标码有简单的对应关系:

$$汉字国标码=汉字区位码(十六进制)+2020H$$

由以上两个公式,可以推出区位码与机内码的对应关系:

$$汉字机内码=汉字区位码(十六进制)+A0A0H$$

需要特别提醒学生注意的是,汉字的区位码是用十进制数表示的,通常记作"区号—位号"。3种汉字编码转换时,千万不要忘记先将十进制的区位码变成十六进制,再利用上述关系式进行转换。

主教材中已经讨论过为什么用国标码加8080H形成机内码,那么为什么用变换为十六进制的区位码加2020H形成国标码呢?这要从ASCII码说起,大家知道ASCII码中有32个控制符号,出现在ASCII码表的最前面两列,这32个控制符号是不可打印的,再除去SP和DEL这两个特殊符号,真正可打印的符号是94个,字节编码取值范围为33~126。为了与ASCII码保持统一,汉字的两个字节的取值范围也为33~126,这就是汉字区位码设置94个区号和94个位号的原因。由于十进制数32等于十六进制数20,所以区位码变成国标码时需要加2020H。

12. 十进制数的BCD编码

虽然常见的BCD码只有几种,如8421码、2421码和余3码等,但实际上BCD码有很多种,因为4位二进制数可以表示16种不同的状态,现只需要使用其中的10种状态表示0~9这10个数码,在16种不同的状态中取任意10种状态的方法有很多种,所以说BCD码是有冗余状态的编码。

BCD码用4位二进制数表示1位十进制数,如十进制数3609可以分别表示为

$$\begin{aligned}(3609)_{10} &= (0011\ 0110\ 0000\ 1001)_{8421码} \\ &= (0011\ 1100\ 0000\ 1111)_{2421码} \\ &= (0110\ 1001\ 0011\ 1100)_{余3码}\end{aligned}$$

应当注意的是,有些学生可能会混淆8421码与BCD码。产生这种误解的主要原因在于一些"微型计算机原理"的教材中常将BCD码当作8421码,由于"微型计算机原理"总是针对某种具体机型的,在80x86中使用的BCD码恰恰是8421码,所以在"微型计算机原理"中将BCD码当作8421码不能算作错误,但毕竟这是不准确的。"计算机组成原理"是不拘泥于一种具体机型的,严格地说,8421码只是BCD码中的一种形式,不能说BCD码就是8421码。

还应当注意的是,在8421码中,0~9这10个数码的表示形式与用二进制表示的形式一样,但这是两个完全不同的概念,不能混淆。例如,一个两位的十进制数39可以表示为

$$(0011\ 1001)_{8421码} \quad 或 \quad 100111B$$

两者是完全不同的。

13. 典型的 Gray 码和十进制数的 Gray 码

Gray 码的编码规则是使相邻两代码之间只有一个二进制位的状态不同，其余 3 个二进制位必须有相同的状态，这是一种可靠性编码，可以避免在计数时的瞬时错误。而自然的二进制码或其他的 BCD 码都有可能出现瞬时错误。例如，8421 码在从 5 变化到 6 时，最低两位都要变化，如果不能保证两位同时变化，就有可能出现瞬时错误。若最低位先变化(1→0)，而次低位变化稍慢(0→1)，就会短时间出现错误，如图 2-11 所示。Gray 码无论如何都不会发生这类瞬时错误。

```
5    0 1 0 1
         ↓ ↓
     0 1 0 0    (4:瞬时错误)
6    0 1 1 0
```

图 2-11　瞬时错误示例

典型的 Gray 码是由自然二进制码转换得到的。表 2-4 中列出 4 位自然二进制码与 Gray 码的对应关系。从表 2-4 中可以看出，Gray 码具有循环特性，即首尾两个数的 Gray 码也只有一个二进制位不同，因此 Gray 码又称为循环码。

表 2-4　4 位自然二进制码与 Gray 码的对应关系

4 位自然二进制码	4 位 Gray 码	4 位自然二进制码	4 位 Gray 码
0000	0000	1000	1100
0001	0001	1001	1101
0010	0011	1010	1111
0011	0010	1011	1110
0100	0110	1100	1010
0101	0111	1101	1011
0110	0101	1110	1001
0111	0100	1111	1000

设 $n+1$ 位自然二进制码表示为

$$B = B_0 B_1 \cdots B_{n-1} B_n$$

$n+1$ 位 Gray 码表示为

$$G = G_0 G_1 \cdots G_{n-1} G_n$$

自然二进制码转换为 Gray 的公式为

$$G_0 = B_0$$

$$G_i = B_{i-1} \oplus B_i$$

Gray 码转换为自然二进制码的公式为

$$B_0 = G_0$$

$$B_i = B_{i-1} \oplus G_i$$

例 2-2　把 4 位自然二进制码 $B=0111$ 转换成 Gray 码。

解：

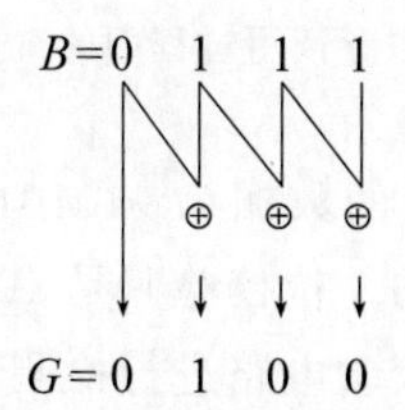

例 2-3 把 4 位 Gray 码 $G=0111$ 转换成自然二进制码。

解：

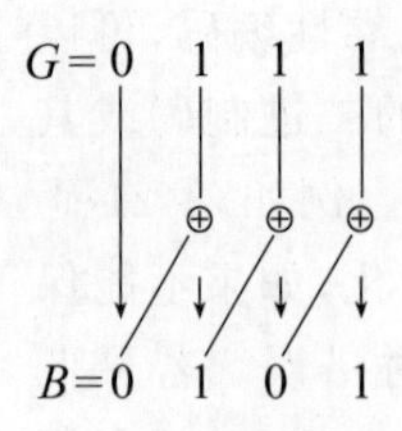

即最高位 Gray 码直接保留得到最高位自然二进制码，然后依次将高位的自然二进制码与下一位 Gray 码相异或，直到最低位。

十进制数的 Gray 码需要在 4 位二进制的 16 种代码中去掉 6 个代码，要求既满足 Gray 码的编码规则，又具有封闭循环性。十进制数的 Gray 码有很多种，表 2-5 列出了两种十进制 Gray 码，可以发现它们是分别从 2421 码和余 3 码按照二进制码转换成 Gray 码的规则变换而来的，所以又称为 2421 循环码和余 3 循环码。

表 2-5　十进制数的两种 Gray 码

十进制数	2421 循环码	余 3 循环码	十进制数	2421 循环码	余 3 循环码
0	0000	0010	5	1110	1100
1	0001	0110	6	1010	1101
2	0011	0111	7	1011	1111
3	0010	0101	8	1001	1110
4	0110	0100	9	1000	1010

14. 奇偶校验位的形成和奇偶校验码的检测

奇偶校验码是由若干位有效信息位再加上一个二进制位(校验位)组成的。校验位的取值(0 或 1)将使整个校验码中 1 的个数为奇数或偶数，有两种可供选择的校验规律：

(1) 奇校验，即整个校验码中 1 的个数为奇数。

(2) 偶校验，即整个校验码中 1 的个数为偶数。

首先要给学生讲清楚奇偶校验位和奇偶校验码的区别。奇偶校验位只有 1 位，而奇偶校验码共 $n+1$，不仅包括奇偶校验位，还包括所有的 n 位有效信息位。然后再介绍校验位的形成和校验码的检测方法。主存读写过程中的奇偶校验示意如图 2-12 所示。

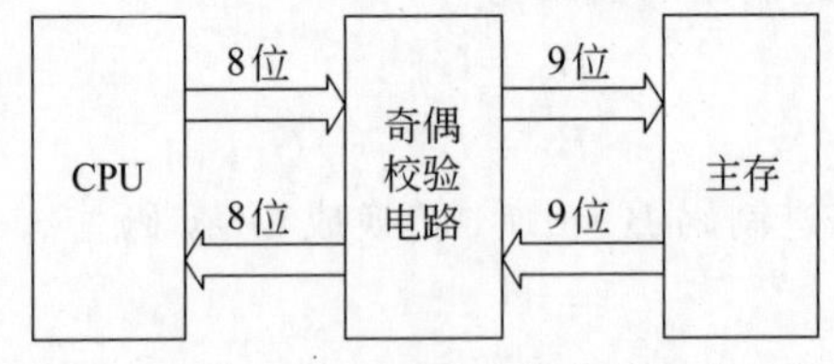

图 2-12　主存读写过程中的奇偶校验示意

假设 CPU 准备写入主存某单元的数据为 01010101，若采用奇校验，经过奇偶校验电路，形成奇偶校验位，实际写入主存的 9 位校验码是 101010101(最高位是校验位)。从主存单元读出的 9 位信息首先送入奇偶校验电路进行检测，若 9 位信息中 1 的个数为奇数，表示读出信息正确,将校验位去掉之后的 8 位数据送 CPU;若 9 位信息中 1 的个数为偶数,表示读出信息不正确,向 CPU 发出奇偶校验出错的中断请求信号。

奇偶校验位的形成及校验电路如图 2-13 所示。图 2-13 的虚线框中为校验位形成电路,7 个异或门实际上是在统计 8 个数据位($D_7 \sim D_0$)中 1 的个数。

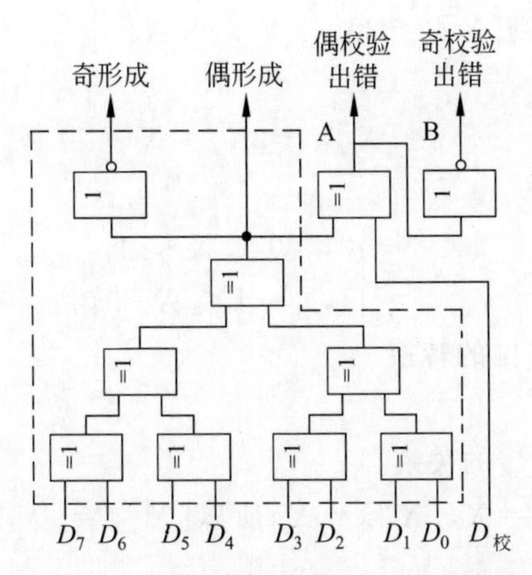

图 2-13　奇偶校验位的形成及校验电路

$$偶形成 = D_7 \oplus D_6 \oplus D_5 \oplus D_4 \oplus D_3 \oplus D_2 \oplus D_1 \oplus D_0$$

$$奇形成 = \overline{D_7 \oplus D_6 \oplus D_5 \oplus D_4 \oplus D_3 \oplus D_2 \oplus D_1 \oplus D_0}$$

形成的校验位和数据位 $D_7 \sim D_0$ 一起写入主存。

读出时,9 位代码同时送入奇偶校验电路检测,8 个异或门实际上是在统计 9 位代码中 1 的个数。

$$偶校验出错 = D_校 \oplus D_7 \oplus D_6 \oplus D_5 \oplus D_4 \oplus D_3 \oplus D_2 \oplus D_1 \oplus D_0$$

$$奇校验出错 = \overline{D_校 \oplus D_7 \oplus D_6 \oplus D_5 \oplus D_4 \oplus D_3 \oplus D_2 \oplus D_1 \oplus D_0}$$

若 9 位代码中 1 的个数符合奇偶校验码的要求,则校验出错位为 0,反之校验出错位为 1。

2.4　相关知识介绍

1. 补码$[X]_补$与真值 X 的转换

$$X \geqslant 0,\quad [X]_补 = X$$

$$X < 0,\quad [X]_补 = M + X$$

例 2-4　以定点小数为例,设$[X]_补 = X_s.X_1X_2\cdots X_n$,求证:

$$[X]_补 = 2X_s + X,\quad 其中\quad X_s = \begin{cases} 0, & 0 \leqslant X < 1 \\ 1, & -1 \leqslant X < 0 \end{cases}$$

证明:当 $0 \leqslant X < 1$ 时,有

$$0 \leqslant [X]_补 = X < 1$$

因为正数的补码等于正数本身,所以

$$0 \leqslant X_s.X_1X_2\cdots X_n < 1,\quad X_s = 0$$

当$-1\leqslant X<0$时,根据补码定义有

$$1\leqslant [X]_{补}=2+X<2 \quad (\text{mod } 2)$$
$$1\leqslant X_s.X_1X_2\cdots X_n<2, \quad X_s=1$$

若$0\leqslant X<1, X_s=0$,则$[X]_{补}=2X_s+X=X$。

若$-1\leqslant X<0, X_s=1$,则$[X]_{补}=2X_s+X=2+X$。

所以有

$$[X]_{补}=2X_s+X$$

其中

$$X_s=\begin{cases}0, & 0\leqslant X<1\\ 1, & -1\leqslant X<0\end{cases}$$

2. 原码$[X]_{原}$与补码$[X]_{补}$的转换

下面分两种情况讨论。

(1) 正数的$[X]_{补}$与$[X]_{原}$的关系。

当$X\geqslant 0$时,因为$[X]_{原}=X$,$[X]_{补}=X$,所以$[X]_{补}=[X]_{原}$,即正数的补码等于它的原码。

(2) 负数的$[X]_{补}$与$[X]_{原}$的关系。

当$X<0$时,$[X]_{补}$等于把$[X]_{原}$除去符号位外的各位求反后再加1。

例 2-5 以字长为$n+1$位的定点整数为例,证明负数的$[X]_{补}$与$[X]_{原}$的关系。

已知:$[X]_{原}=1,X_1X_2\cdots X_n$,求证:$[X]_{补}=1,\overline{X_1}\,\overline{X_2}\cdots\overline{X_n}+1$。

证明:因为

$$[X]_{原}=2^n-X$$
$$[X]_{补}=2^{n+1}+X$$
$$[X]_{原}+[X]_{补}=2^{n+1}+2^n$$

所以

$$\begin{aligned}[X]_{补}&=2^{n+1}+2^n-[X]_{原}\\&=2^{n+1}+2^n-1,X_1X_2\cdots X_n\\&=2^{n+1}+2^n-2^n-X_1X_2\cdots X_n\\&=2^{n+1}-X_1X_2\cdots X_n\\&=2^n+2^n-X_1X_2\cdots X_n\\&=2^n+(2^n-1)+1-X_1X_2\cdots X_n\\&=2^n+(2^n-1)-X_1X_2\cdots X_n+1\end{aligned}$$

注意:因为$2^n-1=11\cdots1$,共计n个1,而$11\cdots1-X_1X_2\cdots X_n$就是对每位数码$X_i$求反。

所以

$$[X]_{补}=2^n+\overline{X_1}\,\overline{X_2}\cdots\overline{X_n}+1=1,\overline{X_1}\,\overline{X_2}\cdots\overline{X_n}+1$$

同理,已知$[X]_{补}=1,X_1X_2\cdots X_n$,则

$$[X]_{原}=2^{n+1}+2^n-[X]_{补}=1,\overline{X_1}\,\overline{X_2}\cdots\overline{X_n}+1$$

即

$$[X]_{原}=[[X]_{补}]_{补}$$

3. 浮点数的表示范围

由于机器字长有限，所以浮点数只能表示出数轴上分散于正、负两个区间中的部分离散值。浮点数的表示范围如图2-14所示，图中阴影部分是数的表示范围，规格化浮点数的表示范围小于非规格化浮点数的表示范围。

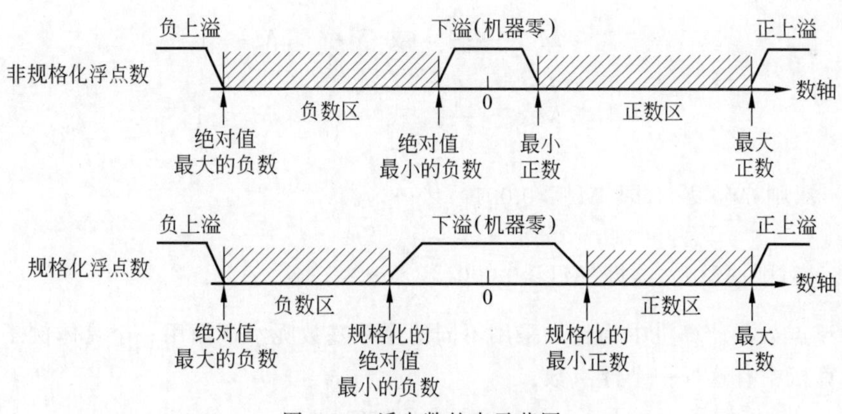

图2-14　浮点数的表示范围

当结果数据的绝对值太大，以至于大于阶码能表示的数(阶码上溢)时，称为浮点数的上溢，其中运算结果大于最大正数称为正上溢，小于绝对值最大的负数时称为负上溢。数据一旦产生上溢，计算机必须中止运算操作，进行溢出处理。

当结果数据的绝对值太小，以至于小于阶码能表示的数(阶码下溢)时，称为浮点数的下溢，其中运算结果在0至规格化最小正数之间称为正下溢，在0至规格化的绝对值最小的负数之间称为负下溢。数据一旦出现下溢，计算机一般不做任何处理，仅置成机器零即可。

只要浮点数的尾数为全0，不论阶码为何值，一般都当作机器零处理。为了保证浮点数0表示形式的唯一性，此时应把阶码置成最小值(绝对值最大的负数)。

4. 浮点数尾数基数的选择

浮点数由阶码和尾数两部分组成，两者都有各自的基数。但在实际应用中，为了简单，阶码的基数都为2，而尾数的基数r则可以为2、4、8或16。因此，浮点数的基数选择问题实际上仅是指尾数的基数选择。

当尾数的基数为8或16时，浮点数表示成

$$N=M\times 8^{E}\quad 或\quad N=M\times 16^{E}$$

此时，阶码部分E和尾数部分M仍用二进制表示，其运算规则也基本与基数$r=2$时相同，只是在执行对阶和规格化操作时，是以基数r为尺度进行移位的，尾数左移(或右移)$\lceil \log_2 r\rceil$位，阶码减(或加)1。

在给定浮点数的总位数的情况下，选择的基数越大，表示的数的范围越大。

假定某浮点数字长32位，阶码部分(阶符和阶码数值位)共8位，尾数部分(数符与尾数数值位)共24位，均用补码表示。

若$r=2$，浮点数的表示范围为

$$-1\times 2^{2^7-1}\leqslant X\leqslant (1-2^{-23})\times 2^{2^7-1}$$

若 $r=16$,浮点数的表示范围为

$$-1\times 16^{2^7-1}\leqslant X\leqslant (1-2^{-23})\times 16^{2^7-1}$$

当尾数的基数为8或16时,判断尾数是否为规格化数时,应使尾数的数值位的最高3位或4位中至少有1位与符号位不同(补码)。规格化浮点数的尾数表示范围分别为

$$-1\leqslant M<-\frac{1}{8}\quad 或\quad \frac{1}{8}\leqslant M<1$$

$$-1\leqslant M<-\frac{1}{16}\quad 或\quad \frac{1}{16}\leqslant M<1$$

若 $r=8$,则 $|M|\geqslant\frac{1}{8}$,即 $|M|\geqslant 0.001\times\times\cdots\times$。

若 $r=16$,则 $|M|\geqslant\frac{1}{16}$,即 $|M|\geqslant 0.0001\times\times\cdots\times$。

各种浮点数在计算机中为什么采用不同的尾数基数呢?下面用一个具体例子说明。

某计算机中有这样一个浮点数:

0,010,0.10110111

假设尾数的基数不同,于是:

若 $r=2$,则 $N=0.10110111\times 2^2=(10.110111)_2\approx(2.75)_{10}$。

若 $r=8$,则 $N=0.10110111\times 8^2=(101101.11)_2=(45.75)_{10}$。

若 $r=16$,则 $N=0.10110111\times 16^2=(10110111)_2=(183)_{10}$。

可以看出,阶码相同,尾数也相同的一个浮点数,只因为它们选择了不同的尾数基数,所表示的浮点数值各不相同,而且尾数的基数越大,所表示的浮点数值越大。这与加长阶码的长度可取得相同的效果——增大了浮点数的表示范围,这就是各种浮点计算机中采用不同的尾数基数的原因。例如,PDP-11和IBM 370的短浮点数具有同样的格式,但前者 $r=2$,后者 $r=16$,所以IBM 370的短浮点数比PDP-11的短浮点数的表示范围大,但相对误差也较大。

例2-6 以 r 为基数,有1位符号位、p 位阶码和 m 位二进制尾数代码的浮点数,阶码采用移码表示,求数值表示的范围及可表示的数据个数。

解:假设尾数与符号位共同构成原码。

最大规格化尾数:$1-2^{-m}$

最小规格化尾数:$1/r$

最大阶码:$2^{p-1}-1$

最小阶码:-2^{p-1}

将最大规格化尾数乘以 r 的最大阶码次方,就得到最大正值:$(1-2^{-m})\times r^{2^{p-1}-1}$。

将最小规格化尾数乘以 r 的最小阶码次方,就得到最小正值:$r^{-1}\times r^{-2^{p-1}}$。

最大负值(绝对值最小的负数):$-r^{-1}\times r^{-2^{p-1}}$。

最小负值(绝对值最大的负数):$-(1-2^{-m})\times r^{2^{p-1}-1}$。

规格化尾数个数:$2^m\times\frac{r-1}{r}$。

可表示的数据个数：$2^{p+m+1}\times\frac{r-1}{r}+1$。

例 2-7 已知 IBM 370 的短浮点数格式如图 2-15 所示，将十进制数 173507 转换成 IBM 370 的短浮点数格式，用十六进制表示。

0	1　　　7	8　　　　　　　　31
S	E	M

图 2-15　IBM 370 的短浮点数格式

其中，第 0 位：数符 S。

第 1～7 位：7 位移码表示的阶码 E。规定移码的偏置值为$(64)_{10}$，即$(1000000)_2$。

第 8～31 位：24 位二进制（6 位十六进制）原码表示的尾数 M。尾数的基值 $r=16$，因此阶码加 1（或减 1）相当于尾数右移（和左移）4 位。

解：$(173507)_{10}=(2A5C3)_{16}=(0.2A5C3)_{16}\times16^5$

所以

$$S=0,\quad E=(64+5)_{10}=(1000101)_2$$

因此$(173507)_{10}$的 IBM 370 的短浮点数格式为

0;1000101;0010 1010 0101 1100 0011 0000

可用十六进制书写为 452A5C30H。

5. IEEE 754 标准浮点数的典型值

计算机中的浮点数一般都是用二进制表示的。如果在不同的计算机中，浮点数采用不同的基数、尾数和阶码的长度，则浮点数表示有较大的差别，这样不利于软件在不同的机器之间的移植。在 IEEE 754 标准中，阶码用移码表示，尾数用原码表示，隐含的基数为 2。

表 2-6 总结了短浮点数（32 位）和长浮点数（64 位）格式的有关参数。

表 2-6　IEEE 754 格式的有关参数

参数	短浮点数（32 位）	长浮点数（64 位）
总位数	32	64
阶码位数	8	11
阶码偏置值	127	1023
阶码最大值	127	1023
阶码最小值	－126	－1022
数的范围（基数为 10）	10^{-38}，10^{+38}	10^{-308}，10^{+308}
尾数位数	23	52
阶码数目	254	2046
尾数数目	2^{23}	2^{52}

以短浮点数为例，阶码最大值为 127，最小值为－126，则阶码移码的表示范围为 1～254。这是因为阶码为全 0 和全 1 这两种极端阶码值用于定义特殊数值：机器零和无穷大。

非 0 规格化数的尾数的最高有效位一定为 1。IEEE 754 标准规定规格化浮点数在小数点的左边有一隐含位（作为二进制整数的个位数）。由于该位为 1，不需要存储，运算时，自动加上该位参加运算，因此尾数实际上是 24 位。此时规格化浮点数的尾数为 1.f（f 为尾数,1为隐含位),所表示的规格化浮点数为$\pm 2^{E-127}\times(1.f)$。IEEE 754短浮点数的典型值(规格化时)见表2-7。

表2-7 IEEE 754短浮点数的典型值(规格化时)

典型值	数符(m_s)	阶码(E)	尾数(m)	真值
最大正数	0	11111110	11……11	$(2-2^{-23})\times 2^{127}$
最小正数	0	00000001	00……00	1×2^{-126}
绝对值最大的负数	1	11111110	11……11	$-(2-2^{-23})\times 2^{127}$
绝对值最小的负数	1	00000001	00……00	-1×2^{-126}

6. C语言中的数据类型以及数据类型的转换

C语言的基本数据类型有整型数据、实型数据、字符型数据等。其中整型数据有基本整型(int)、短整型(short或short int)、长整型(long或long int)和无符号数(再加修饰符unsigned)。实型数据分为单精度型(float)、双精度型(double)、长双精度(long double)。数据类型间的转换有以下3种基本形式。

(1)同一类型但长度不同的数据间的转换。

(2)定点方式与浮点方式间的转换。

(3)整型数中的有符号格式与无符号格式间的转换。

双目运算符两侧的操作数的类型必须一致,所得计算结果的类型与操作数的类型一致。如果一个运算符两边的操作数类型不同,则系统将自动按照转换规律先对操作数进行类型转换,再进行运算,通常数据之间转换遵循的原则是"类型提升",即较低类型转换为较高类型。如一个long型数据与一个int型数据一起运算,需要先将int型数据转换为long型,然后两者再进行运算,结果为long型。如果float型和double型数据参加运算,虽然它们同为实型,但两者精度不同,仍要先将float型转换成double型,再进行运算,结果也为double型。所有这些转换都是由系统自动进行的,这种转换通常称为隐式转换。

类型提升(升格)时,其值保持不变。例如,在将8位数与32位数相加之前,必须将8位数转换成32位数形式,这被称为"符号扩展",即用符号位填充所有附加位。

当较高类型的数据转换成较低类型的数据时,称为降格,降格时就可能失去一部分信息。

除了隐式转换外,还有一种转换称为显式转换,这是一种强制转换类型机制。显式转换实际上是一种单目运算,其一般形式为

(数据类型名)表达式

显式转换把后面的表达式运算结果的类型强制转换为其前面指定的类型,而不管类型的高低。

要转换的表达式用括号括起来。例如,(int)$(x+y)$与(int)$x+y$是不同的,后者相当于(int)$(x)+y$,也就是说,只将x转换成整型,然后与y相加。

当在int、float和double等类型数据之间进行强制转换时,将得到以下数值转换结果(假定int型为32位):

(1)从int型转换为float型不会发生溢出,但可能有数据舍入。

(2)从int型或float型转换为double型,因为double型的有效位数更多,所以能保留

精确值。

(3) 从double型转换为float型,因为float型表示范围变小,所以可能发生溢出,又由于有效位数减少,所以可能被舍入。

(4) 从float型或double型转换为int型,因为int型没有小数部分,所以小数部分被截断,又由于int型的表示范围更小,所以还可能发生溢出。

数据转换时应注意的问题如下:

(1) 有符号数与无符号数之间的转换。例如,由带符号型数据转换为同一长度的无符号型数据时,原来的符号位不再是符号位,而成为数据的一部分,所以负数转换成无符号数时,数值将发生改变。数据由无符号型转换为同一长度的带符号型时,各个二进制位的状态不变,但最高位被当作符号位,这时也会发生数值改变。

(2) 数据的截取与保留。当一个浮点数转换为整数时,浮点数的小数部分全部舍去,并按整数形式存储。但应注意,浮点数的整数部分不能超过整型数允许的最大范围,否则数据出错。

(3) 数据转换中的精度丢失。四舍五入会丢失一些精度,截去小数也会丢失一些精度。此外,数据由long型转换成float或double型时,有可能在存储时不能准确表示该长整数的有效数字,精度也会受影响。

(4) 数据转换结果的不确定性。当较长的整数转换为较短的整数时,要将高位截去,如long型转换为short型,只将低16位内容送过去,这就会产生很大误差。浮点数降格时,如double型转换成float型,当数据值超过目标类型的取值范围时,得到的结果将是不确定的。

7. 汉字字形码的存储

汉字字形码是汉字字形点阵的代码,汉字点阵是以字节为单位存储的。考虑到存储器的限制以及设计上的方便,一般的汉字系统使用的汉字点阵为16×16点阵和24×24点阵,但这两种点阵汉字的存储方式不同。

16×16点阵字模的存储方式是按行存储,一个字节存放一个行点阵码,如图2-16所示。

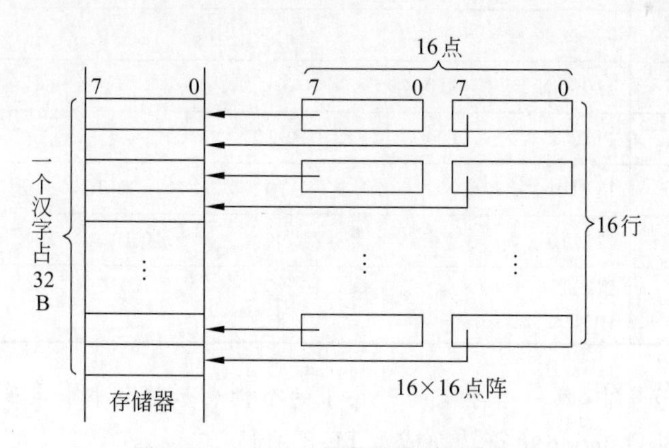

图2-16　16×16点阵字模的存储方式

24×24点阵字模的存储方式是按列存储,一个字节存放一个列点阵码,如图2-17所示。

8. UTF-8转换算法

UTF-8是一种Unicode转换格式,用1～6B编码Unicode字符。ASCII字符仍用7位

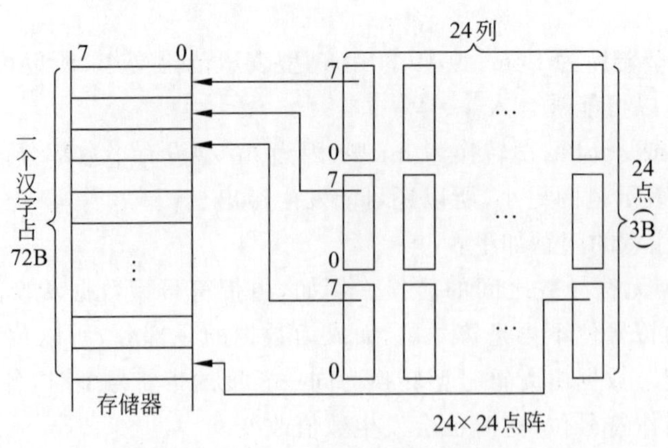

图 2-17　24×24 点阵字模的存储方式

编码表示,占一个字节(首位补0),这意味着只包含 ASCII 字符的文件在 ASCII 和 UTF-8 两种编码方式下是一样的。遇到与其他 Unicode 字符混合的情况,将按一定算法转换,UCS-2 转换成 UTF-8 很可能需要 3B,UCS-4 转换成 UTF-8 很可能需要 6B。

具体的转换算法如下:当要表示的内容是7位时,就用一个字节:0×××××××,第一个0为标志位,剩下的空间正好可以表示 ASCII 码的内容。

当要表示的内容在8～11位的时候,就用两个字节:110××××× 10××××××,第一个字节的110和第二个字节的10为标志位。当要表示的内容在12～16位的时候,就用三个字节:1110×××× 10×××××× 10××××××,第一个字节的1110和第二、三个字节的10都是标志位。×××位置由 Unicode 字符编码的二进制表示的位填入。以此类推,Unicode 字符编码与 UTF-8 编码的关系见表 2-8。

表 2-8　Unicode 字符编码与 UTF-8 编码的关系

Unicode 字符	UTF-8 编码
00000000～0000007F	0×××××××
00000080～000007FF	110××××× 10××××××
00000800～0000FFFF	1110×××× 10×××××× 10××××××
00010000～001FFFFF	11110××× 10×××××× 10×××××× 10××××××
00200000～03FFFFFF	111110×× 10×××××× 10×××××× 10×××××× 10××××××
04000000～7FFFFFFF	1111110× 10×××××× 10×××××× 10×××××× 10×××××× 10××××××

注意:在多字节串中,第一个字节的开头1的个数表示整个串中字节的数目。

例 2-8　将下列 Unicode 字符转换成 UTF-8 编码。

(1) U+00A9。

(2) U+2260。

(3) U+F03F。

解:

(1) Unicode 字符 U+00A9(1010 1001)编码成 UTF-8 需要 2B:

1010 1001→**110**00010 **10**101001＝C2A9

(2) Unicode 字符 U＋2260(0010 0010 0110 0000)编码成 UTF-8 需要 3B:

0010 0010 0110 0000→**1110**0010 **10**001001 **10**100000＝E289A0

(3) Unicode 字符 U＋F03F(1111 0000 0011 1111)编码成 UTF-8 需要 3B:

1111 0000 0011 1111→**1110**1111 **10**000000 **10**111111＝EF80BF

转换后的 UTF-8 编码中粗体数字表示标志位。

9. 校验码的码距

任何一种编码都由许多码字构成，任何两个相邻码字之间会有 n 位代码不同，这就被称作是它们之间的距离，这些 n 值中，最小的值就是该种编码的码距。

例如，BCD 码共包含 10 个码字，以 8421 码为例，它们的顺序为 0000，0001，0010，0011，…，1000，1001。任意两个相邻码字之间的距离各不相同，如 0000 与 0001，0010 与 0011 之间的距离为 1，0111 与 1000 之间的距离为 4，所以 8421 码的码距 $L=1$。这种编码没有检错能力，因为当某个合法码字中有一位出错，就变为另一个合法码字了。

具有检错、纠错能力的数据校验码的实现原理是：在编码中，除合法的码字外，再加进一些非法的码字，当某个合法码字出现错误时，就变成某个非法码字。合理安排非法码字的数量和编码规则，就能达到纠错的目的。例如，加上奇偶校验位的 8421 码，以偶校验为例，10 个码字依次为 00000，10001，10010，00011，10100，00101，00110，10111，11000，01001，任意两个相邻码字之间的距离均大于或等于 2，所以带奇偶校验的 8421 码的码距 $L=2$。如果上述码字中有一位出错，就会造成结果变成一个非法码，即代码中 1 的个数不是偶数。

在纠错理论中，有一个重要公式：

$$L-1=C+D \quad 且 \quad D \geqslant C$$

其中，L 为编码的码距，C 为可以纠错的位数，D 为可以检错的位数。

从上式可以看出，编码的纠错、检错能力与码距密切相关。对于 $L \geqslant 2$ 的数据，校验码具有检错的能力。码距越大，检错和纠错能力越强，而且检错能力应大于或等于纠错能力。

10. 汉明编码

主教材在讨论能检测和自动校正一位错并能发现两位错的汉明码时，提到校验位的位数 K 和信息位的位数 N 应满足下列关系：$2^{K-1} \geqslant N+K+1$。如果仅考虑单位错的情况，只要满足 $2^K \geqslant N+K+1$ 就可以了。数据位和校验位间的位数关系见表 2-9。

表 2-9　数据位和校验位间的位数关系

数据位	单纠错/双检错			单　纠　错		
	校验位	总长	校验位与数据位之比	校验位	总长	校验位与数据位之比
8	5	13	62.5	4	12	50
16	6	22	37.5	5	21	31.25
32	7	39	21.88	6	38	18.75
64	8	72	12.5	7	71	10.94
128	9	137	7.03	8	136	6.25
256	10	266	3.91	9	265	3.52
512	11	523	2.15	10	522	1.95

例如,对于单纠错情况,16位长的数据,须加入5位校验位,汉明码一共有21位。汉明码位号与校验位、数据位的对应关系见表2-10。

表2-10 汉明码位号与校验位、数据位的对应关系

汉明码位号	H_{21}	H_{20}	H_{19}	H_{18}	H_{17}	H_{16}	H_{15}	H_{14}	H_{13}	H_{12}	H_{11}
数据/校验位	D_{16}	D_{15}	D_{14}	D_{13}	D_{12}	P_5	D_{11}	D_{10}	D_9	D_8	D_7
汉明码位号	H_{10}	H_9	H_8	H_7	H_6	H_5	H_4	H_3	H_2	H_1	
数据/校验位	D_6	D_5	P_4	D_4	D_3	D_2	P_3	D_1	P_2	P_1	

从表2-10中可以看出,汉明码的第1、2、4、8和16位为校验位,其他位都是数据位。每位校验位负责校验的汉明码位分别为

第1位:1,3,5,7,9,11,13,15,17,19,21。

第2位:2,3,6,7,10,11,14,15,18,19。

第4位:4,5,6,7,12,13,14,15,20,21。

第8位:8,9,10,11,12,13,14,15。

第16位:16,17,18,19,20,21。

即第b位由第$b_1 b_2 \cdots b_j$位一起校验,其中$b_1+b_2+\cdots+b_j=b$。例如,汉明码的第5位由第4位和第1位校验,因为5=4+1;汉明码的第10位由第8位和第2位校验,因为10=8+2;汉明码的第21位由第16位、第4位和第1位校验,因为21=16+4+1。

11. 循环冗余校验码的模2运算

循环冗余校验码在编码、译码时采用的是模2运算,即二进制运算时不考虑进位和借位。

1) 模2加减

按位加或减,用异或逻辑实现,有下列规则:

$$0\pm0=0 \quad 0\pm1=1$$
$$1\pm0=1 \quad 1\pm1=0$$

例如:

$$\begin{array}{r} 1010 \\ +\ 0110 \\ \hline 1100 \end{array} \qquad \begin{array}{r} 1010 \\ -\ 0110 \\ \hline 1100 \end{array} \qquad \begin{array}{r} 1010 \\ +\ 1010 \\ \hline 0000 \end{array}$$

由以上例子可见,模2加与模2减等同,相同两数的模2加减结果为0。

2) 模2乘法

按模2加规则计算部分积之和,不进位。

例如:

$$\begin{array}{r} 1010 \\ \times\ 101 \\ \hline \left.\begin{array}{r} 1010 \\ 0000 \\ 1010 \end{array}\right\}\text{部分积} \\ \hline 100010 \end{array}$$

3) 模2除法

按模2减规则求部分余数,不借位。每求一位商,应使部分余数减少一位;当部分余数

的首位为1时，商取1；当部分余数的首位为0时，商取0；当部分余数的位数小于除数的位数时，该余数就是最后的余数。

例如：

```
        101 ——商
   101/10000
       101
       ———
        010
        000
        ———
         100
         101
         ———
          01 ——余数
```

12. 循环冗余校验码的编码和校验过程

循环冗余校验码由信息位和校验位两部分组成，若信息位为N位，校验位为K位，则该校验码被称为$(N+K, N)$码。

循环冗余校验码的编码规则如下：

(1) 把待编码的N位有效信息表示为多项式$M(X)$。

(2) 把$M(X)$左移K位，以便拼装K位余数(即校验位)。

(3) 选取一个$K+1$位的生成多项式$G(X)$，对$M(X) \cdot X^K$作模2除。

(4) 把左移K位以后的有效信息与余数$R(X)$作模2加减，拼接为CRC码，此时的循环冗余校验码共有$N+K$位。

例 2-9 已知$M(X)=1001$，$G(X)=1011$，试计算校验位，并组成循环冗余校验码。

解：因为$G(X)$有4位，所以$K=3$。将$M(X)$左移3位，得到1001000。

进行模2除，1001000÷1011=1010，余数为110，即循环冗余校验位。

```
           1010 ——商
     1011/1001000
          1011
          ————
           0100
           0000
           ————
            1000
            1011
            ————
             0110
             0000
             ————
              110 ——余数
```

把余数加到$M(X)$的后面，得到1001**110**，即循环冗余校验码。

读出校验时，如果读出的校验码无误，那么1001110÷1011，余数应为0。

```
           1010 ——商
     1011/1001110
          1011
          ————
           0101
           0000
           ————
            1011
            1011
            ————
             0000
             0000
             ————
              000 ——余数
```

当出错时,余数不为0。假设1001110误作1000110,余数为011,在该余数的基础上添0后继续进行模2除法,(7,4)码余数的循环次序如图2-18所示。

13. 循环冗余校验码的纠错原理

现用A_7、A_6、A_5、A_4表示代码的信息,Q_4、Q_3、Q_2、Q_1表示4位商,A_3、A_2、A_1表示余数,对于特定的生成多项式$G(X)=1011$,列出算式如图2-19所示。

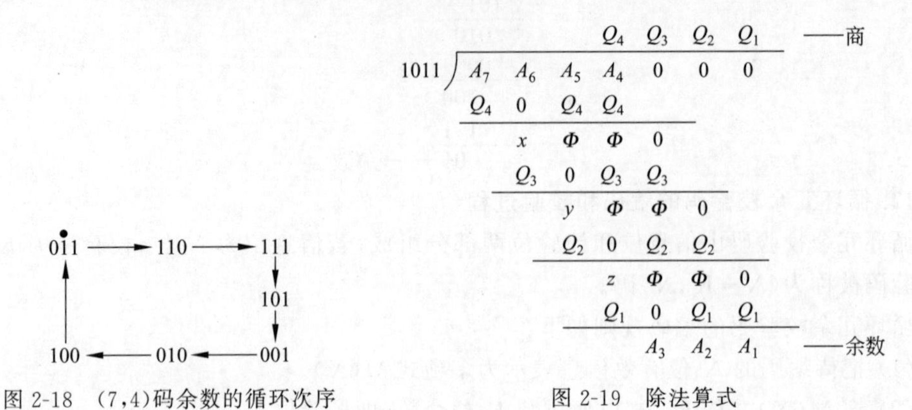

图2-18 (7,4)码余数的循环次序

图2-19 除法算式

因为部分余数的最高位为1则商为1,最高位为0,则商为0,所以

$$Q_4=A_7$$

在上面的除法算式中,x为1,则$Q_3=1$;x为0,则$Q_3=0$,所以

$$Q_3=x=A_6\oplus 0=A_6$$

同理

$$Q_2=y=A_5\oplus Q_4=A_5\oplus A_7$$

$$Q_1=z=A_4\oplus Q_4\oplus Q_3=A_4\oplus A_7\oplus A_6$$

从除法算式中还可看出

$$A_3=Q_3\oplus Q_2=A_6\oplus A_5\oplus A_7$$

$$A_2=Q_2\oplus Q_1=A_4\oplus A_5\oplus A_6$$

$$A_1=Q_1=A_4\oplus A_7\oplus A_6$$

从以上3个表达式可以看出:

(1) A_3、A_5、A_6、A_7组成一偶校验组,而A_3是它的校验位。

(2) A_2、A_4、A_5、A_6组成一偶校验组,而A_2是它的校验位。

(3) A_1、A_4、A_6、A_7组成一偶校验组,而A_1是它的校验位。

表2-11列出了循环码的校验组。

表2-11 循环码的校验组

校验组	A_7	A_6	A_5	A_4	A_3	A_2	A_1
组1	√	√	√		√		
组2		√	√	√		√	
组3	√	√		√			√

由此可以看出,循环冗余校验码编码原理与汉明码相同,只是方法不同。循环冗余校验

码在存储和传送过程中若出现错误,则它除以原生成多项式后余数不等于零。根据表2-11,很容易找到出错位和余数的对应关系,见表2-12。

表 2-12　出错位和余数的对应关系

出错位	影响	余数(出错模式)	出错位	影响	余数(出错模式)
A_7	A_3、A_1	101	A_3	A_3	100
A_6	A_3、A_2、A_1	111	A_2	A_2	010
A_5	A_3、A_2	110	A_1	A_1	001
A_4	A_2、A_1	011			

它的出错顺序恰好是出错模式一栏从下往上的顺序,达到顶端以后又折回底部循环。如果把出错码从左往右计算位数,则左起第1位(A_7)出错时余数为101;第2位(A_6)出错时余数为111,把111继续用1011除,除一次后即得到101;第3位(A_5)出错,则把余数连除两次,即得到101。如左起第n位出错,则余数除$n-1$次后得到101。从这一规律可得出一个简单的纠错方法:

(1) 余数为0时,表示无错。

(2) 余数为101时,左起第一位出错。

(3) 余数非0又非101时,继续模2除法。设除$n-1$次得到余数101,则从左起n位出错。

2.5　教材习题解答

2-1　设机器数的字长为8位(含1位符号位),分别写出下列各二进制数的原码、补码和反码。

$$0,-0,0.1000,-0.1000,0.1111,-0.1111,1101,-1101$$

解:

真　值	原　码	补　码	反　码
0	00000000	00000000	00000000
−0	10000000	00000000	11111111
0.1000	0.1000000	0.1000000	0.1000000
−0.1000	1.1000000	1.1000000	1.0111111
0.1111	0.1111000	0.1111000	0.1111000
−0.1111	1.1111000	1.0001000	1.0000111
1101	00001101	00001101	00001101
−1101	10001101	11110011	11110010

2-2　写出下列各数的原码、补码和反码。

$$\frac{7}{16},\frac{4}{16},\frac{1}{16},\pm 0,-\frac{1}{16},-\frac{4}{16},-\frac{7}{16}$$

解: $\frac{7}{16}=7\times 2^{-4}=0.0111$

$\frac{4}{16}=4\times 2^{-4}=0.0100$

注意:$\frac{4}{16}$和$\frac{1}{4}$在精度上是有区别的,不能随便进行约分。

$\frac{1}{16}=1\times 2^{-4}=0.0001$

真　值	原　码	补　码	反　码
$\frac{7}{16}$	0.0111	0.0111	0.0111
$\frac{4}{16}$	0.0100	0.0100	0.0100
$\frac{1}{16}$	0.0001	0.0001	0.0001
0	0.0000	0.0000	0.0000
−0	1.0000	0.0000	1.1111
$-\frac{1}{16}$	1.0001	1.1111	1.1110
$-\frac{4}{16}$	1.0100	1.1100	1.1011
$-\frac{7}{16}$	1.0111	1.1001	1.1000

2-3　已知下列数的原码表示,分别写出它们的补码表示。

$$[X_1]_{原}=0.10100,\quad [X_2]_{原}=1.10111$$

解:$[X_1]_{补}=0.10100$,$[X_2]_{补}=1.01001$。

2-4　已知下列数的补码表示,分别写出它们的真值。

$$[X_1]_{补}=0.10100,\quad [X_2]_{补}=1.10111$$

解:$X_1=0.10100$,$X_2=-0.01001$。

2-5　设一个二进制小数 $X\geqslant 0$,表示成 $X=0.A_1A_2A_3A_4A_5A_6$,其中 $A_1\sim A_6$ 取 1 或 0。

(1) 若要 $X>\frac{1}{2}$,则 $A_1\sim A_6$ 须满足什么条件?

(2) 若要 $X\geqslant\frac{1}{8}$,则 $A_1\sim A_6$ 须满足什么条件?

(3) 若要$\frac{1}{4}\geqslant X>\frac{1}{16}$,则 $A_1\sim A_6$ 须满足什么条件?

解:(1)$X>\frac{1}{2}$的代码为 0.100001~0.111111。

$$A_1=1,\quad A_2+A_3+A_4+A_5+A_6=1$$

(2) $X\geqslant\frac{1}{8}$的代码为

$$0.001000 \qquad \frac{1}{8}$$

$$\vdots$$

$$0.111111 \qquad \frac{63}{64}$$

$$A_1+A_2=0,\quad A_3=1\quad 或\quad A_1=0,\quad A_2=1\quad 或\quad A_1=1$$

(3) $\frac{1}{4}\geqslant X>\frac{1}{16}$的代码为

$$0.000101\qquad \frac{5}{64}$$

$$\vdots$$

$$0.010000\qquad \frac{1}{4}$$

$$A_1+A_2+A_3=0,\quad A_4=1,\quad A_5+A_6=1$$

或

$$A_1+A_2=0,\quad A_3=1$$

或

$$A_2=1,\quad A_1+A_3+A_4+A_5+A_6=0$$

2-6 设$[X]_原=1.A_1A_2A_3A_4A_5A_6$，

(1) 若要$X>-\frac{1}{2}$,则$A_1\sim A_6$须满足什么条件?

(2) 若要$-\frac{1}{8}\geqslant X\geqslant-\frac{1}{4}$,则$A_1\sim A_6$须满足什么条件?

解:(1) $X>-\frac{1}{2}$的代码为

$$1.000001\qquad -\frac{1}{64}$$

$$\vdots$$

$$1.011111\qquad -\frac{31}{64}$$

$$A_1=0,\quad A_2+A_3+A_4+A_5+A_6=1$$

(2) $-\frac{1}{8}\geqslant X\geqslant-\frac{1}{4}$的代码为

$$1.001000\qquad -\frac{1}{8}$$

$$1.001001\qquad -\frac{9}{64}$$

$$\vdots$$

$$1.001111\qquad -\frac{15}{64}$$

$$1.010000\qquad -\frac{1}{4}$$

$$A_1+A_2=0,\quad A_3=1\quad 或\quad A_2=1,\quad A_1+A_3+A_4+A_5+A_6=0$$

2-7 若习题2-6中的$[X]_原$改为$[X]_补$,结果如何?

解:设$[X]_补=1.A_1A_2A_3A_4A_5A_6$。

(1) $X>-\frac{1}{2}$的代码为

$$1.100001 \qquad -\frac{31}{64}$$

$$\vdots$$

$$1.111111 \qquad -\frac{1}{64}$$

$$A_1=1, \quad A_2+A_3+A_4+A_5+A_6=1$$

(2) $-\frac{1}{8} \geqslant X \geqslant -\frac{1}{4}$的代码为

$$1.110000 \qquad -\frac{1}{4}$$

$$1.110001 \qquad -\frac{15}{64}$$

$$\vdots$$

$$1.110111 \qquad -\frac{9}{64}$$

$$1.111000 \qquad -\frac{1}{8}$$

$$A_1 \cdot A_2=1, \quad A_3=0 \quad 或 \quad A_1 \cdot A_2 \cdot A_3=1, \quad A_4+A_5+A_6=0$$

2-8 一个 n 位字长的二进制定点整数,其中1位为符号位,分别写出在补码和反码两种情况下:

(1) 模数。 (2) 最大的正数。

(3) 最负的数。 (4) 符号位的权。

(5) −1的表示形式。 (6) 0的表示形式。

解:

项目	补码	反码	项目	补码	反码
模数	mod 2^n	mod (2^n-1)	符号位的权	2^{n-1}	2^{n-1}
最大的正数	$2^{n-1}-1$	$2^{n-1}-1$	−1的表示形式	11111111	11111110
最负的数	-2^{n-1}	$-(2^{n-1}-1)$	0的表示形式	00000000	00000000 11111111

2-9 某计算机字长16位,简述在下列几种情况下所能表示数值的范围。

(1) 无符号整数。

(2) 用原码表示定点小数。

(3) 用补码表示定点小数。

(4) 用原码表示定点整数。

(5) 用补码表示定点整数。

解:

(1) $0 \leqslant X \leqslant (2^{16}-1)$

(2) $-(1-2^{-15}) \leqslant X \leqslant (1-2^{-15})$

(3) $-1 \leqslant X \leqslant (1-2^{-15})$

(4) $-(2^{15}-1) \leqslant X \leqslant (2^{15}-1)$

(5) $-2^{15} \leqslant X \leqslant (2^{15}-1)$

2-10 某计算机字长32位，试分别写出无符号整数和带符号整数(补码)的表示范围(用十进制数表示)。

解：无符号整数：$0 \leqslant X \leqslant (2^{32}-1)$。

补码：$-2^{31} \leqslant X \leqslant (2^{31}-1)$。

2-11 假设机器数字长8位，若机器数为81H，当它分别代表原码、补码、反码和移码时，等价的十进制整数分别是多少？

解：机器数81H=10000001，对应原码、补码、反码和移码表示的十进制数值是不同的，原码等于−1，补码等于−127，反码等于−126，移码等于1。

2-12 设计补码表示法的目的是什么？列表写出+0、+25、+127、−127及−128的8位二进制原码、反码、补码和移码表示，并将补码用十六进制表示出来。

解：设计补码表示法的目的主要是：①使符号位参加运算，从而简化加减法的规则；②使减法运算转化成加法运算，从而简化机器的运算器电路。

+0、+25、+127、−127及−128的原码、反码、补码和移码表示见下表。

十进制真值	原码	反码	补码	移码	补码(十六进制)
+0	00000000	00000000	00000000	10000000	00H
+25	00011001	00011001	00011001	10011001	19H
+127	01111111	01111111	01111111	11111111	7FH
−127	11111111	10000000	10000001	00000001	81H
−128	—	—	10000000	00000000	80H

2-13 十进制数12345用32位补码整数和32位浮点数(IEEE 754标准)表示的结果各是什么(用十六进制表示)？

解：12345 = 11000000111001，32位补码整数用十六进制表示为00003039H，$11000000111001 = 1.1000000111001 \times 2^{13}$，阶码为127+13=140=10001100，IEEE 754短浮点数表示为0;10001100;1000000111001，用十六进制表示为4640E400H。

2-14 某浮点数字长12位，其中阶符为1位，阶码数值为3位；数符为1位，尾数数值为7位，阶码以2为底，阶码和尾数均用补码表示。它所能表示的最大正数是多少？最小规格化正数是多少？绝对值最大的负数是多少？

解：最大正数$=(1-2^{-7}) \times 2^{2^3-1} = (1-2^{-7}) \times 2^7 = 127$。

最小规格化正数$=2^{-1} \times 2^{-2^3} = 2^{-1} \times 2^{-8} = 2^{-9} = \frac{1}{512}$。

绝对值最大的负数$=-1 \times 2^{2^3-1} = -1 \times 2^7 = -128$。

2-15 某浮点数字长16位，其中阶码部分为6位(含1位阶符)，移码表示，以2为底；尾数部分为10位(含1位数符，位于尾数最高位)，补码表示，规格化。分别写出下列情况的二进制代码与十进制真值。

(1) 非零最小正数。

(2) 最大正数。

(3) 绝对值最小负数。

(4) 绝对值最大负数。

解：(1) 非零最小正数：000000,0,100000000；$2^{-1}\times2^{-2^5}=2^{-33}$。

(2) 最大正数：111111,0,111111111；$(1-2^{-9})\times2^{2^5-1}=(1-2^{-9})\times2^{31}$。

(3) 绝对值最小的负数：000000,1,011111111；$-(2^{-1}+2^{-9})\times2^{-2^5}$。

(4) 绝对值最大的负数：111111,1,000000000；$-1\times2^{2^5-1}=-2^{31}$。

2-16 一浮点数，其阶码部分为 p 位，尾数部分为 q 位，各包含1位符号位，均用补码表示；尾数基数 $r=2$，该浮点数格式所能表示数的上限、下限及非零的最小正数是多少？写出表达式。

解：上限(最大正数)$=(1-2^{-(q-1)})\times2^{2^{(p-1)}-1}$。

下限(绝对值最大的负数)$=-1\times2^{2^{(p-1)}-1}$。

最小正数$=2^{-(q-1)}\times2^{-2^{(p-1)}}$。

最小规格化正数$=2^{-1}\times2^{-2^{(p-1)}}$。

2-17 若习题2-16尾数基数 $r=16$，按上述要求写出表达式。

解：上限(最大正数)$=(1-2^{-(q-1)})\times16^{2^{(p-1)}-1}$。

下限(绝对值最大的负数)$=-1\times16^{2^{(p-1)}-1}$。

最小正数$=2^{-(q-1)}\times16^{-2^{(p-1)}}$。

最小规格化正数$=16^{-1}\times16^{-2^{(p-1)}}$。

2-18 某浮点数字长32位，格式如下。其中阶码部分为8位，以2为底，移码表示；尾数部分一共24位(含1位数符)，补码表示。现有一浮点代码为$(8C5A3E00)_{16}$，试写出它所表示的十进制真值。

0　　　　　　7	8	9　　　　　　　　31
阶码	数符	尾数

解：$(8C5A3E00)_{16}$=1000 1100 0101 1010 0011 1110 0000 0000B，

$0.10110100011111\times2^{12}=(101101000111.11)_2=(2887.75)_{10}$。

2-19 试将$(-0.1101)_2$用IEEE短浮点数格式表示出来。

解：$0.1101=1.101\times2^{-1}$。

符号位=1。

阶码=127-1=126。

1,01111110,10100000000000000000000。

结果=BF500000H。

2-20 将下列十进制数转换为IEEE短浮点数：

(1) 28.75　　(2) 624　　(3) −0.625

(4) +0.0　　(5) −1000.5

解：

(1) $28.75=11100.11=1.110011\times2^4$。

符号位=0。

阶码=127+4=131。

0,10000011,11001100000000000000000。

结果＝41E60000H。

(2) $624=1001110000=1.001110000\times2^9$。

符号位＝0。

阶码＝127＋9＝136。

0,10001000,00111000000000000000000。

结果＝441C0000H。

(3) $-0.625=-0.101=-1.01\times2^{-1}$。

符号位＝1。

阶码＝127－1＝126。

1,01111110,01000000000000000000000。

结果＝BF200000H。

(4) ＋0.0。

结果＝00000000H。

(5) $-1000.5=-1111101000.1=-1.1111010001\times2^9$。

符号位＝1。

阶码＝127＋9＝136。

1,10001000, 11110100010000000000000。

结果＝C47A2000H。

2-21 将下列 IEEE 短浮点数转换为十进制数：

(1) 11000000 11110000 00000000 00000000

(2) 00111111 00010000 00000000 00000000

(3) 01000011 10011001 00000000 00000000

(4) 01000000 00000000 00000000 00000000

(5) 01000001 00100000 00000000 00000000

(6) 00000000 00000000 00000000 00000000

解：

(1) 1,10000001,11100000000000000000000

符号位＝1。

阶码＝129－127＝2。

$1.111\times2^2=111.1B=7.5$。

所以，结果＝－7.5。

(2) 0,01111110,00100000000000000000000

符号位＝0。

阶码＝126－127＝－1。

$1.001\times2^{-1}=0.1001B=0.5625$。

所以，结果＝0.5625。

(3) 0,10000111,00110010000000000000000

符号位＝0。

阶码＝135－127＝8。

1.0011001×2^8=100110010B=306。

所以,结果=306。

(4) 0,10000000,00000000000000000000000

符号位=0。

阶码=128-127=1。

1.0×2^1=10B=2。

所以,结果=2。

(5) 0,10000010,0100000 00000000 00000000

符号位=0。

阶码=130-127=3。

1.01×2^3=1010B=10。

所以,结果=10。

(6) 0,00000000,00000000000000000000000

阶码和尾数都等于全0,结果=0。

2-22 对下列ASCII码进行译码。

1001001,0100001,1100001,1110111,

1000101,1010000,1010111,0100100

解:以上ASCII码分别为I,!,a,w,E,P,W,$。

2-23 以下列形式表示$(5382)_{10}$。

(1) 8421码　　　　(2) 余3码

(3) 2421码　　　　(4) 二进制数

解:

(1) 0101 0011 1000 0010。

(2) 1000 0110 1011 0101。

(3) 1011 0011 1110 0010。

(4) 1010100000110。

2-24 填写下列代码的奇偶校验位,现设为奇校验。

1 0 1 0 0 0 0 1

0 0 0 1 1 0 0 1

0 1 0 0 1 1 1 0

解:3个代码的校验位分别是0,0,1。

2-25 已知下面数据块约定:横向校验、纵向校验均为奇校验,请指出至少有多少位出错。

	A_7	A_6	A_5	A_4	A_3	A_2	A_1	A_0		校验位
	1	0	0	1	1	0	1	1	→	0
	0	0	1	1	0	1	0	1	→	1
	1	1	0	1	0	0	0	0	→	0
	1	1	1	0	0	0	0	0	→	0
	0	1	0	0	1	1	1	1	→	0
	↓	↓	↓	↓	↓	↓	↓	↓		
校验位	1	0	1	0	1	1	1	1		

解：经检测，A_7 和 A_0 列出错，所以至少有两位出错。

2-26 求有效信息位为 01101110 的汉明校验码。

解：$\boldsymbol{P_5}$ D_8 D_7 D_6 D_5 $\boldsymbol{P_4}$ D_4 D_3 D_2 $\boldsymbol{P_3}$ D_1 $\boldsymbol{P_2}$ $\boldsymbol{P_1}$

$P_1=D_1\oplus D_2\oplus D_4\oplus D_5\oplus D_7=0\oplus 1\oplus 1\oplus 0\oplus 1=1$

$P_2=D_1\oplus D_3\oplus D_4\oplus D_6\oplus D_7=0\oplus 1\oplus 1\oplus 1\oplus 1=0$

$P_3=D_2\oplus D_3\oplus D_4\oplus D_8=1\oplus 1\oplus 1\oplus 0=1$

$P_4=D_5\oplus D_6\oplus D_7\oplus D_8=0\oplus 1\oplus 1\oplus 0=0$

$P_5=D_1\oplus D_2\oplus D_3\oplus D_5\oplus D_6\oplus D_8=0\oplus 1\oplus 1\oplus 0\oplus 1\oplus 0=1$

所以，汉明校验码＝$\underline{\mathbf{1}}$ 0 1 1 0 $\underline{\mathbf{0}}$ 1 1 1 $\underline{\mathbf{1}}$ 0 $\underline{\mathbf{0}}$ $\underline{\mathbf{1}}$。

2-27 设计算机准备传送的信息是 1010110010001111，生成多项式 X^5+X^2+1，计算校验位，写出 CRC 码。

解：生成多项式 $X^5+X^2+1=100101$。

首先将准备传送的信息左移 5 位：101011001000111100000。

然后 101011001000111100000÷100101，余数＝10011。

所以，CRC 码＝1010110010001111**10011**。

第 3 章 指令系统

3.1 基本内容要求

指令、指令系统是计算机中最基本的概念。指令是指示计算机执行某些操作的命令，一台计算机的所有指令的集合构成该机的指令系统，也称指令集。指令系统是计算机的主要属性，位于硬件和软件的交界面上。本章将讨论一般计算机的指令系统涉及的基本问题。

学习要求

- 了解指令的基本格式。
- 理解不同地址码(三、二、一、零地址)双操作数指令的区别。
- 理解规整型指令(定长操作码)的特点。
- 理解非规整型指令(扩展操作码)的特点。
- 掌握扩展操作码指令的格式设计。
- 了解编址单位的概念及常见的编址(字编址和字节编址)计算机的特点。
- 理解指令中地址码的位数与主存容量、最小寻址单位的关系。
- 理解数据寻址和指令寻址的区别。
- 了解数据寻址的最终目的。
- 理解常见寻址方式(立即寻址、直接寻址、寄存器寻址、间接寻址、寄存器间接寻址、变址寻址、相对寻址、页面寻址)的特点。
- 掌握直接寻址、间接寻址、变址寻址、相对寻址和页面寻址方式中有效地址(EA)的计算。
- 理解自底向上的存储器堆栈的概念及堆栈的进、出栈操作。
- 掌握进栈、出栈时栈指针的修改和数据的压入和弹出。
- 理解转移、转子、返回指令的特点与区别。
- 理解独立编址 I/O 和统一编址 I/O 的区别。
- 了解 CISC 和 RISC 的基本概念。

3.2 教师授课参考

指令系统位于计算机硬件与软件的交界面上，计算机系统由中间开始设计的设计思路就是从软硬件的交界面开始分别向上、向下进行软件和硬件的设计。所以，确认一个计算机的指令系统是设计这个计算机的关键所在。

本章首先要对指令格式相关的知识点有一个基本的理解，包括操作码字段的位数，地址码字段的个数和位数；接下来就是编址和寻址问题，这是本章中的重点，比较难理解，需要花费一些时间；然后是对堆栈的有关问题和各种指令类型的理解，最后是了解 CISC 和 RISC 的基本概念。

根据教育部发布的《全国硕士研究生入学统一考试计算机科学与技术学科联考计算机学科专业基础考试大纲》对计算机组成原理部分的要求看，本章对应考研大纲中的第四部分——指令系统的内容，主要涉及以下内容：

（一）指令格式
1. 指令的基本格式
2. 定长操作码指令格式
3. 扩展操作码指令格式
（二）指令的寻址方式
1. 有效地址的概念
2. 数据寻址和指令寻址
3. 常见的寻址方式
（三）CISC 和 RISC 的基本概念

这部分内容的试题可以以选择题形式出现，也可以以综合应用题形式出现，还可能作为后续各部分内容的前导知识出现在试题中，与之密切相关的部分有存储器系统的层次结构、中央处理器等。

3.3　误点疑点解惑

1. 指令长度

指令长度即一条指令中包含的二进制代码的位数，是指令格式设计最基本的出发点。现代计算机的机器字长、存储器宽度和 I/O 传输宽度几乎都是字节的整倍数，这个限制同样适合于指令长度。

从访问存储器的角度看，短指令比长指令好。短指令能够节省存储空间，减少访问存储器的次数，具有较快的执行速度。指令越短，意味着占用的存储器规模(指令长度×指令数)越小。而减少访存次数、提高指令的执行速度体现在增加了单位时间内取出指令的条数上，若存储器传送速率为 T 位/秒，指令平均长度为 L 位，则每秒传送指令数为 T/L 条，L 越小，T/L 越大，单位时间内从存储器中取出的指令条数就越多。但短指令也有其不可克服的局限性，这就是指令中包括的信息少，指令功能较弱。为了合理安排存储空间，并使指令能表达较丰富的含义，通常指令系统采用变长指令字结构。例如，Pentium 就是变长指令字结构，指令包括 8～128 位的多种形式。变长指令字结构使用灵活，能充分利用指令长度，但指令控制较复杂。当采用变长指令格式时，往往将操作码放在第一字节中，用以判明该指令的基本类型及相应字节数。而且，通常把最常用的指令设计成短指令，以便节省存储空间和提高指令的执行速度。对于变长指令字结构，为了充分利用存储空间，指令长度通常为字节的整倍数,以避免存储空间的浪费。

目前还有一种适合超大规模集成电路实现的计算机指令结构,称为超长指令字(Very Long Instruction Word,VLIW)。这种结构的指令字长度在100位以上,在一个指令字中包含一组多种类型并可以同时执行的指令,借助集成电路技术的支持,在CPU中设计大量的功能部件同时执行这一组指令,使系统达到很高的性能。

2. 双操作数运算类指令的执行

对于双操作数运算类指令(如加法指令)来说,每条指令中都应当包括4个地址信息:第一操作数地址A_1、第二操作数地址A_2、操作结果存放地址A_3和下条将要执行指令的地址A_4。这些地址信息可以明显地给出,称为显地址;也可以依照某种事先的约定,用隐含的方式给出,称为隐地址。

大多数计算机中用程序计数器PC指出下一条将要执行指令的地址,CPU执行完一条指令后,PC的内容计数(PC+1)指出下条指令的地址,所以指令中不需要明显给出A_4。除去隐含约定的地址A_4外,其余3个地址的处理方式有4种。

(1) 三地址双操作数指令。

三地址双操作数指令有3个显地址,指令的含义为

$$(A_1)OP(A_2) \rightarrow A_3$$

假设指令存放在主存的50号单元中,第一、第二操作数分别存放在主存的100和200号单元中,结果存放在主存的300号单元中,如图3-1所示。

地址	内容
50	指令
51	下一指令
	⋮
100	第一操作数
	⋮
200	第二操作数
	⋮
300	结果
	⋮

图3-1　存放在主存中的指令和数据

执行一条三地址的加法指令需要访问4次主存。第一次从50号单元中取指令,第二次从100号单元中取第一操作数,第三次从200号单元中取第二操作数,第四次将加法的结果保存到主存的300号单元。

(2) 二地址双操作数指令。

二地址双操作数指令有两个显地址,第一操作数地址同时兼作结果存放地址(目的地址),指令的含义为

$$(A_1)OP(A_2) \rightarrow A_1$$

执行一条二地址的加法指令同样需要访问4次主存。第一次从50号单元中取指令,第二次从100号单元中取第一操作数,第三次从200号单元中取第二操作数,第四次将加法的结果保存到主存的100号单元。

(3) 一地址双操作数指令。

一地址双操作数指令只有一个显地址,参加运算的另一个操作数来自累加寄存器Acc。指令的含义为

$$(Acc)OP(A_1) \rightarrow Acc$$

执行一条一地址的加法指令只需要访问两次主存,第一次从50号单元中取指令,第二次从100号单元中取操作数。由于第一操作数和运算结果都放在累加寄存器中,所以读取第一操作数和存放加法的结果都不需要访问主存。

(4) 零地址双操作数指令。

零地址双操作数指令中只有操作码字段,操作数地址都是隐含的。操作数在堆栈的栈顶位置和次栈顶位置,它们分别从堆栈中弹出,送到运算器中进行运算,运算的结果再压入

堆栈。

执行一条零地址的加法指令访问主存的次数取决于堆栈的结构。如果是软堆栈，则需要访问主存 4 次，因为软堆栈就是主存的一部分；如果是硬堆栈，则只需要访存一次，因为硬堆栈是由寄存器组成的。

最后要特别指出的是，前面提到的 PC＋1 中的 1 实际上是指一个增量，并不一定就是数值 1。对于一个字节编址的计算机来说，假定一条指令只占一个字节，则 PC 内容＋1 指向下一条指令地址，假定一条指令占 n 个字节，则 PC 的内容＋n 指向下一条指令地址。

3. 不同指令结构的区别

按照 CPU 中操作数的存储位置，指令系统可分为堆栈型、累加器型和通用寄存器/存储器型 3 类，其中通用寄存器/存储器型又可以进一步分为 3 种类型：寄存器-寄存器(R-R)型、寄存器-存储器(R-M)型以及存储器—存储器(M-M)型。不过，由于存储器—存储器型现在很少采用，所以这里只讨论其他 4 种结构中操作数的位置以及结果的去向。图 3-2 给出了示意图，图中的灰色块表示操作数，黑色块表示结果，SP 为堆栈的指针。

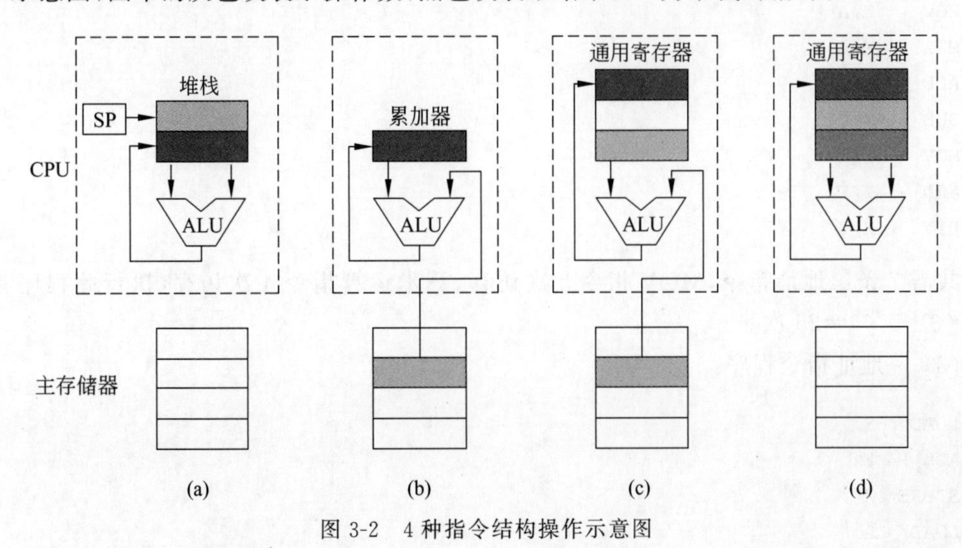

图 3-2　4 种指令结构操作示意图

堆栈结构如图 3-2(a)所示，操作数都是隐含的，即堆栈的栈顶单元和次栈顶单元中的数据，运算后把结果写入栈顶，注意此时栈顶的位置实际上是刚才次栈顶的位置。累加器结构如图 3-2(b)所示，有一个操作数是隐含的。在累加器中，另一个操作数是显式给出的，这是一个主存单元，结果送回累加器。在通用寄存器结构中，所有的操作数都是显式给出的，它们或者一个来自通用寄存器，一个来自主存，结果写入通用寄存器中，如图 3-2(c)所示，这就是所谓的 R-M 型；或者两个数都来自通用寄存器，结果写入通用寄存器中，如图 3-2(d)所示，这就是所谓的 R-R 型。在图 3-2(a)、(b)中，我们只看到一个灰色块，并不是说它只对一个操作数进行运算，而是因为运算结果(黑色块)覆盖了一个操作数(灰色块)。

4. 地址个数对程序长度、指令长度及访存次数的影响

从缩短程序长度、用户使用方便、增加操作并行度等方面看，选用三地址指令较好；从缩短指令长度、减少访存次数、简化硬件设计等方面看，一地址指令较好。对于同一个问题，用三地址指令编写的程序最短，但指令长度最长，而用二、一、零地址指令编写程序，程序的长度一个比一个长,但指令的长度一个比一个短。

例 3-1 分别利用三地址、二地址、一地址和零地址指令编制计算算术表达式 $x=(a\times b+c-d)\div(e+f)$ 的程序。

解:假设 a、b、c、…为操作数,A、B、C、…为操作数地址。

(1) 三地址指令程序:

```
MUL    A,B,X
ADD    X,C,X
SUB    X,D,X
ADD    E,F,Y
DIV    X,Y,X
```

共需 5 条三地址指令,每条指令 4 次访存,执行此程序共访存 20 次。

(2) 二地址指令程序:

```
MOV    X,A
MUL    X,B
ADD    X,C
SUB    X,D
MOV    Y,E
ADD    Y,F
DIV    X,Y
```

共需 7 条二地址指令,MOV 指令 3 次访存,算术运算指令 4 次访存,执行此程序共访存 $2\times3+5\times4=26$ 次。

(3) 一地址指令程序:

```
LOAD   E
ADD    F
STORE  X
LOAD   A
MUL    B
ADD    C
SUB    D
DIV    X
STORE  X
```

共需 9 条一地址指令,每条指令 2 次访存,执行此程序共访存 $9\times2=18$ 次。

(4) 零地址指令程序:

```
PUSH   A
PUSH   B
MUL
PUSH   C
ADD
PUSH   D
SUB
```

```
PUSH   E
PUSH   F
ADD
DIV
POP    X
```

共需 12 条指令，其中有 7 条一地址的进、出栈指令和 5 条零地址的算术运算指令。进、出栈指令 3 次访存，算术运算指令 4 次访存，执行此程序共访存 7×3+5×4=41 次。

大家可能已经注意到，例 3-1 中故意回避了一个问题，即没有考虑指令本身的长度对取指令的影响，简单地认为所有的指令都是一次从主存中取出来的。事实上，由于不同地址数的指令的长度不同，如果要考虑它们从主存中取出的情况，问题会较复杂。下面看另一个例子。

例 3-2 某一机器的指令系统，操作码 8 位，地址码均为 16 位，CPU 与主存之间每次传送 16 位数据。A、B、C、D、E 表示字地址，存放 16 位数据。

(1) 分别用三地址、二地址、一地址和零地址指令编写程序，计算 A=(B−C)×(D−E)(不允许覆盖任何操作数，可以使用暂存单元)。

(2) 分别计算所写程序的总字节数。

(3) 分别计算程序执行时的访存次数。

解：

(1) 设暂存单元为 Tmp，则 4 段程序分别如下所示。

① 三地址指令程序：

```
SUB    B,C,A
SUB    D,E,Tmp
MPY    A,Tmp,A
```

② 二地址指令程序：

```
MOV    A,B
SUB    A,C
MOV    Tmp,D
SUB    Tmp,E
MPY    A,Tmp
```

③ 一地址指令程序：

```
LOAD   D
SUB    E
STORE  Tmp
LOAD   B
SUB    C
MPY    Tmp
STORE  A
```

④ 零地址指令程序：

```
PUSH   B
```

```
PUSH  C
SUB
PUSH  D
PUSH  E
SUB
MPY
POP   A
```

(2) 因为操作码8位,地址码16位,所以:

① 三地址指令程序中每条指令占7个字节,程序的字节总数为21个字节。

② 二地址指令程序中每条指令占5个字节,程序的字节总数为25个字节。

③ 一地址指令程序中每条指令占3个字节,程序的字节总数为21个字节。

④ 零地址指令程序需要有5条一地址指令(3个字节),3条零地址指令(1个字节),程序的字节总数为18个字节。

(3) 因为三地址指令占7个字节,每条指令需访存4次才能取出,接下来每条指令还需要访存3次,所以3条指令共访存21次。

因为二地址指令占5个字节,每条指令需访存3次才能取出。除取指令外,传送指令还需访存2次,运算指令还需访存3次,所以总的访存次数为:$5\times3+2\times2+3\times3=28$次。

因为一地址指令占3个字节,每条指令需访存2次才能取出。除取指令外,还需访存一次,所以总的访存次数为:$7\times2+7=21$次。

零地址指令占1个字节,每条指令访存一次即可取出。零地址指令程序中取指令访存次数为:$5\times2+3\times1=13$次,除取指令外,进、出栈指令还需访存2次,运算指令还需访存3次,所以总的访存次数为:$13+5\times2+3\times3=32$次。

5. 不同地址数指令的进一步分析

前面分析了双操作数运算类指令的不同地址数,需要提醒学生的是,这些指令都需要3个地址(第一操作数地址、第二操作数地址和结果存放地址),只不过在实际的指令系统中,有的机器这3个地址全都是显地址,有的机器有2个是显地址,有的机器只有一个显地址,有的机器(如堆栈计算机)根本就没有显地址,所以才会出现双操作数运算类的三、二、一、零地址指令。注意,此时是指同一类指令在不同计算机中的实现。

下面提到的不同地址数指令则是从另一个角度讨论问题,即根据指令中实际需要的地址个数决定指令的地址数。如双操作数的运算类指令需要3个地址,所以是三地址指令;而传送类指令需要两个地址,所以是二地址指令;单操作数的运算类指令(如+1、-1、求反等)当然只需要一个地址,所以是一地址指令;还有一些指令(如停机、空操作、清除等控制类指令)不需要操作数,它们就是零地址指令。注意,此时是指同一计算机中不同类型指令的实现。

前面讨论了执行一条指令访问主存的次数,应当提请学生注意,必须依据具体指令完成的操作决定访问主存的次数,不要认为同一地址数的指令访问主存的次数都是一样的。

例如,传送类指令MOV A,B是一条二地址指令,执行这样的一条二地址指令和前述的二地址双操作数指令访问主存的次数是不同的。MOV指令访问主存的次数只有3次,第一次取指令,第二次取源操作数,第三次将结果存放在目标地址内。

再如,加1指令 INC A 是一条一地址指令,执行这样的一地址指令访问主存的次数也要3次。一地址单操作数运算类指令仅需要一个操作数,指令的含义为

$$OP(A_1) \rightarrow A_1$$

6. 非规整性编码——扩展操作码法

在一个计算机的指令系统中,不同的指令需要的地址个数是不相等的。假设指令系统中有下列几条指令:

```
ADD   A,B,C
MOV   A,B
INC   A
HALT
```

以上4条指令分别需要3、2、1、0个地址,称为三、二、一、零地址指令,指令的地址码的长度将随着地址码个数的增加而增加。请提醒学生注意,这里所说的三、二、一、零地址指令与前述的双操作数的三、二、一、零地址指令是不同的,这里的三、二、一、零地址指令是只需要3个、2个、1个或根本不需要地址,而前述的三、二、一、零地址指令是需要3个地址,但其中有3个、2个、1个或0个是显地址,其他的都是隐地址。

指令操作码的编码可以分为规整型和非规整型两类,最常用的非规整型编码方式是扩展操作码法。假设指令长度一定,则地址码与操作码字段的长度是相互制约的。让那些操作数地址个数多的指令(三地址指令)的操作码字段短些,让那些操作数地址个数少的指令(一或零地址指令)的操作码字段长些,这样既能充分利用指令的各个字段,又能在不增加指令长度的情况下扩展操作码的位数,使它能表示更多的指令。

不论采用何种方案,必须注意以下两点:

(1) 不允许短码是长码的前缀,即短操作码不能与长操作码的前面部分的代码相同,否则将无法保证解码的唯一性和实时性。

(2) 各条指令的操作码一定不能重复,而且各类指令的格式安排应统一规整。也就是说,不能用已经定义过的操作码再作为扩展窗口扩展其他指令。

7. 编址方式和寻址方式

编址和寻址这两个概念既有联系又有区别。编址方式是指给各种存储设备编号的方式,可以理解为一个大楼盖好之后,由物业部门给每个房间编上一个唯一的号码。寻址方式是根据指令中的形式地址寻找有效地址的方式,可以理解为在一个已经启用的大楼(所有房间都已编号)里按照指定的地址寻找某个房间。

常见的编址单位有字编址和字节编址。所谓字节编址,是指无论一个存储字由几个字节组成,都以字节为单位为存储器编号,而字编址是指以存储字为单位为存储器编号。显然,在存储器容量一定的情况下,字节编址对应的存储单元数要远大于字编址的存储单元数。我们可以把它们理解为某个大楼的总面积已定,但仅有大的框架,由物业部门打隔断分出一个个房间,并给予房间的编号。若每个房间的面积小,则房间数就多,对应的地址编号就长;若每个房间的面积大,则房间数就少,对应的地址编号就短。

一个存储器的寻址范围是由它的编址方式决定的。所谓寻址范围,是指可以访问到的存储器空间的个数。在以字节编址的存储器中,每个字节都有一个地址,计算机根据存储器地址可以访问到存储器中的每个字节,该存储器的寻址范围就是该存储器字节个数的总和。

在以字编址的存储器中,每个字有一个地址,计算机根据该存储器地址只能访问到存储器的每个字单元,则其寻址范围就是该存储器中字数的总和。

指令格式中每个地址码的位数是与主存容量和最小寻址单位有关联的。最小寻址单位实际上就是编址单位。主存容量越大,访问全部存储空间所需的地址码位数越长,这是很容易理解的。当存储容量确定之后,如果主存采用字节编址,所需的地址码的位数就需要长些;如果主存采用字编址(假定字长为16位或更长),所需的地址码的位数就需要短些。

例3-3 设某机主存容量为16MB,机器字长16位,若最小寻址单位为字节(按字节编址),其地址码为多少位?若最小寻址单位为字(按字编址),其地址码又为多少位?

解:若按字节编址,地址码应为24位($2^{24}=16\text{MB}$),每个字节可以有一个地址编码;若按字编址,地址码只需23位。这是因为16位的一个字等于两个字节,每个字有一个地址编码,有

$$16\text{MB}=\frac{16\times 2^{20}}{2}\text{W}=\frac{2^{24}}{2^{1}}\text{W}=2^{23}\text{W}=8\text{MW}$$

例3-4 设某机为32位的16MB主存,若按字编址,其地址码为多少位?若按字节编址,其地址码为多少位?

解:若按字编址,地址码应为24位,字长32位;若按字节编址,地址码应为26位。这是因为32位的一个字等于4个字节,有

$$16\text{MW}=4\times 16\text{MB}=2^{2}\times 2^{24}\text{B}=2^{26}\text{B}=64\text{MB}$$

讲解这类例题时,首先要讲清楚主存容量与地址码的关系,这对初学者来说一般会有困难;然后仔细分析字与字节的关系,即一个字由几个字节组成;最后就可以比较容易地推出结果了。

8. 常见数据寻址方式的分析

寻址可以分为指令寻址和数据寻址。寻找下一条将要执行的指令地址称为指令寻址。寻找操作数的地址称为数据寻址。指令寻址相对数据寻址来说,寻址方式比较简单,指令寻址中的直接(绝对)、相对和间接寻址方式,与数据寻址中的直接、相对和间接寻址方式的本质是相同的,只不过前者寻找的是转移后的指令地址,后者寻找的是操作数。下面对常见的数据寻址方式进行分析。

CPU根据指令约定的寻址方式对地址字段的有关信息作出解释,以找到操作数。有的指令设置专门的寻址方式字段,以说明采用何种寻址方式,有的指令则通过操作码的含义,隐含约定采用何种寻址方式。对于涉及多个地址的指令,各个地址可以有自己的寻址方式,也就是说,一条指令中可以有多种寻址方式。

一个指令系统具有哪几种寻址方式,这是设计指令系统的关键,也是初学者理解一个指令系统的难点。因此,在这部分内容的教学过程中,应帮助学生从众多的寻址方式中归纳出一条清晰的思路。

首先看指令要调用的操作数可能存放在什么地方。经过分析发现,操作数所在的位置无非有下列5种情况:

(1) 操作数就包含在某指令中或紧跟着某指令,相应地需要由指令直接给出操作数。

(2) 操作数在CPU的某个寄存器中,相应地需要指令中给出寄存器编号。

(3) 操作数在主存中,则指令应以某种方式给出主存单元的地址码。这里还可分为几

种情况：有的是对单个操作数进行处理，有的是对一个连续的数组或对数组中的某个元素进行处理，有的是对一个表格或对表格中的某个元素进行处理等。需要相应地采取不同的寻址方式。

(4) 操作数在堆栈区中，可以隐含约定由堆栈指针 SP 提供地址。

(5) 操作数在某个 I/O 接口的寄存器中，指令中需要提供 I/O 端口地址(独立编址)或总线地址(统一编址)。

接下来，沿着从简到繁的思路，大致可将众多的寻址方式归纳为以下 4 大类。

(1) 立即寻址：在读取指令时从指令中获得操作数。

(2) 直接寻址类：直接给出寄存器编号或主存单元地址，以获取操作数(如寄存器寻址、直接寻址)。

(3) 间接寻址类：先从某寄存器或主存中读取地址，再按这个地址访问主存，读取操作数(如寄存器间接寻址、间接寻址)。

(4) 变址类：指令给出的是形式地址，经过某种计算(如相加、相减、高低位地址拼接等)，才获得有效地址，据此访问主存，以读取操作数(如变址寻址、基址寻址、相对寻址、页面寻址)。

尽管各种计算机的寻址方式种类甚多，尤其是不同系列的计算机之间更是既有大体相同之处，也有各具特色之处。不同的计算机对寻址方式的分类和命名也有各自的规定，但几乎都是以上述 4 类为最基本的寻址方式，其他的则是它们的变形或组合。沿着上述思路学习，可以更好地理解各种寻址方式的含义。

9. 各种数据寻址方式的速度比较

主教材中讨论了 9 种基本的数据寻址方式，数据寻址的最终目的是寻找所需要的操作数。操作数可以在主存中，也可以在寄存器中，甚至可以在堆栈中。各种不同的寻址方式获取操作数的速度是不同的。9 种基本的数据寻址方式获取操作数的顺序依次如下：

(1) 立即寻址；

(2) 寄存器寻址：$EA=R_i$；

(3) 直接寻址：$EA=A$；

(4) 寄存器间接寻址：$EA=(R_i)$；

(5) 页面寻址：$EA=(PC)_H//A$；

(6) 变址寻址：$EA=(R_x)+A$；

(7) 基址寻址：$EA=(R_b)+A$；

(8) 相对寻址：$EA=(PC)+A$；

(9) 间接寻址：$EA=(A)$。

其中变址寻址、基址寻址和相对寻址又可以统称为偏移寻址，这几种寻址方式形成有效地址 EA 的机制相同，都是将指定寄存器的内容与指令中的地址码字段相加，所以获取操作数的速度相同。

直接寻址、寄存器间接寻址、页面寻址、变址寻址、基址寻址、相对寻址等获取操作数都只需要访问一次主存(不含取指令本身)，根据有效地址 EA 得到的难易程度，速度上稍有差别。寄存器间接寻址由于要先到寄存器中取出操作数的地址，所以获取操作数的速度稍慢于直接寻址，而页面寻址的有效地址 EA 通过简单的拼接得到，将稍快于变址寻址、基址寻址和相对寻址。

间接寻址指令中给出的形式地址 A 不是操作数的地址,而是操作数地址的地址。这就意味着,为获取一个操作数,至少需要两次访问主存(不含取指令本身)。间接寻址还有一级间接寻址和多级间接寻址之分,间接的级数越多,访问主存的次数越多。n 级间址访问主存的次数为 $n+1$ 次(不含取指令本身)。

注意:在主教材中,基址寻址和相对寻址的计算有效地址公式里使用的是字母 D,而不是字母 A,其实这并不矛盾,因为无论是位移量(常用字母 D 表示)还是形式地址(常用字母 A 表示),都是由指令的地址码字段给出的,可以认为它们没有区别。我们之所以在主教材中将它们加以区分,是因为它们实际上是有区别的,形式地址 A 是无符号数,而位移量 D 是带符号数。

例 3-5 设寄存器 R 中的数值为 1000H,地址为 1000H 的存储单元中存储的内容为 2000H,地址为 2000H 的存储单元中存储的内容为 3000H,PC 的值为 4000H,以下寻址方式下访问到的操作数的值是什么?

(1) 寄存器寻址 R;

(2) 寄存器间接寻址(R);

(3) 直接寻址 1000H;

(4) 间接寻址(1000H);

(5) 相对寻址−2000H(PC);

(6) 立即寻址#2000H。

解:

(1) 采用寄存器寻址,操作数在寄存器中,S=(R)=1000H。

(2) 采用寄存器间接寻址,操作数的有效地址在寄存器中,EA=(R),操作数 S=((R))=(1000H)=2000H。

(3) 采用直接寻址,操作数的有效地址在指令中给出,EA=1000H,操作数 S=(1000H)=2000H。

(4) 采用间接寻址,操作数的有效地址在主存单元中,EA=(1000H)=2000H,操作数 S=(2000H)=3000H。

(5) 采用相对寻址,操作数的有效地址为 PC 中的内容与指令中的位移量 D 之和,即 EA=(PC)+D=4000H−2000H=2000H,操作数 S=(2000H)=3000H。

(6) 采用立即寻址,操作数直接在指令中给出,S=2000H。

10. 变址寻址和基址寻址的区别

变址寻址的含义:指令中的地址部分给出一个形式地址,并且指定一个寄存器作为变址寄存器;变址寄存器的内容(变址值)与形式地址相加,得到操作数有效地址;按照有效地址访问主存,从相应的主存单元中读出操作数或向该单元写入数据。

变址方式的应用广泛,最典型的用法是将形式地址作为基准地址,如某个数组的首址;变址寄存器的内容是修改值,又称变址值,它是访问单元与首址单元之间的距离。如果按照这种含义,则形式地址的位数应能提供全字长的地址码,可以覆盖整个存储空间;而变址寄存器提供的变址值位数可以少些,只覆盖操作对象所在区间即可。例如,某计算机主存容量为 64KB,作为操作对象的数据块(小于 256B)可以存放于主存的任一区间,按上述应用方式，形式地址应有 16 位，而变址值只需 8 位。当然，上述应用方式也并非一成不变，可以根据实际需要灵活变化，如在定长指令格式中，形式地址往往不能提供全字长的地址码，而变址寄存器的位数反而可提供全字长的地址码。

基址寻址的含义：指令中的地址部分给出一个位移量，并且还指定一个寄存器作为基址寄存器；基址寄存器的内容与位移量相加，得到操作数有效地址；按照有效地址访问主存，从相应的主存单元中读出操作数或向该单元写入数据。

基址寻址的典型应用有两个：一是程序重定位，即由操作系统给用户程序分配一个基地址，并且将它装入基址寄存器，在执行程序时就可以自动形成实际的主存地址。二是扩展有限字长指令的寻址空间，即在运行时将某个主存区间的首址或程序段的首址装入基址寄存器，以便直接访问大容量主存的任一区间。例如，主存容量 16MB，基址寄存器 24 位，14 位位移量可以访问某个 16KB 的空间，通过更改基址寄存器的内容，可以移向另一区间，各个存储区间可以部分重叠。

可见，虽然变址寻址和基址寻址形成有效地址的方法几乎相同，但具体应用不同。变址寻址立足于面向用户，可用于访问字符串、数组、表格等成批数据或其中的某些元素；基址寻址立足于面向系统，用来解决程序在实际主存中的重定位问题以及在有限字长指令中扩大寻址空间等。从使用方式看，使用变址寻址时，一般由指令提供的形式地址作为基准地址，变址寄存器提供修改量；使用基址寻址时，一般由基址寄存器提供基准地址，指令中提供位移量。当然，在实际机器中，它们的具体应用方式可有不同的变化。

11. 相对寻址中的位移量

相对寻址由程序计数器(PC)提供基准地址，指令中的地址码字段作为位移量 D，两者相加后得到操作数的有效地址，即 EA＝(PC)＋D。位移量指出的是操作数和现行指令之间的相对位置。位移量可正可负，相对于指令地址而言，操作数地址可以比指令地址大，也可以比指令地址小。

由于大多数访存的位置都相对靠近正在执行的指令位置，使用相对寻址可节省指令中的地址码位数，而且采用相对寻址方式编制程序，不需指定绝对地址，只确定程序内部的相对距离，因而使用浮动地址，给编程带来了方便。例如，现行指令地址为 1000H，位移量为 03H，则操作数在 1003H 中。如果在程序重定位时这段程序被安放在另一存储区域，现行指令地址改为 A000H，则操作数地址也相应改为 A003H，操作数与指令之间仍然相距 3 个单元。

位移量的确定是一个比较复杂的问题，特别是对于变字长指令更加麻烦。有些计算机是以当前指令地址为基准的，有些计算机则是以下条指令地址为基准。这是因为有的机器在当前指令执行完时，才将 PC 的内容加 1(或加增量)；而有的机器是在取出当前指令后立即将 PC 的内容加 1(或加增量)，使之变成下条指令的地址。所以，位移量计算时考虑或不考虑 PC 值的更新(地址增量)都是可以的。一般来说，在取指令阶段就更新 PC 值的机器比较多，如果习题中特别指出了指令的长度和编址单位，位移量计算时应考虑 PC 值的更新问题。

不过，实际应用时，位移量是由汇编程序自动形成的，程序员在用汇编语言编写程序时，只写出转移目的地的标号即可。

例 3-6 一条转移指令(指令长 16 位)被存放在存储器的$(410)_{10}$和$(411)_{10}$字节单元中，要转移的地址为$(288)_{10}$，如果在指令地址字段中的位移量为 X，试计算：

(1) X 的十进制值。

(2) X 的二进制值(使用8位二进制补码表示)。

解：

(1) 由于指令占2个字节,在这条指令被取出之后,(PC)+2=$(412)_{10}$。

因为

$$(412)_{10}+X=(288)_{10}$$

所以

$$X=(288)_{10}-(412)_{10}=-(124)_{10}=-(1111100)_2$$

(2) $[X]_{补}=10000100$。

12. 存储器堆栈的操作

存储器堆栈的栈底固定,栈顶浮动,需要一个专门的硬件寄存器作为堆栈栈顶指针(SP)。主教材中提到自底向上生成和自顶向下生成的两种存储器堆栈,它们在进、出栈时栈指针的修改是不同的。

对于自底向上生成的堆栈,进栈时先修改栈指针((SP)-1→SP),然后再压入数据;出栈时,先将数据弹出,然后再修改栈指针((SP)+1→SP)。对于自顶向下生成的堆栈,进栈时先修改栈指针((SP)+1→SP),然后再压入数据;出栈时先将数据弹出,然后再修改栈指针((SP)-1→SP)。

讲解堆栈的进、出栈概念时,不要忘记提醒学生注意一个条件:假设栈指针始终指向栈顶的满单元。如果栈指针没有指向栈顶的满单元,而是指向栈顶的空单元,则进栈时应先将数据压入堆栈,再将SP的内容自动增/减量;出栈时应先将SP的内容自动增/减量,再将堆栈中的数据弹出。

对于堆栈计算机,除了上述的进栈和出栈指令外,往往还包括一些运算类指令。表3-1列出了一些面向堆栈的操作指令,堆栈数据运算的重要特点是指令只须指出进行什么样的操作,无须指出操作数地址,因为地址就是栈顶,所以堆栈运算指令是零地址指令。

表3-1 面向堆栈的操作指令

指令类型	操　作
进栈指令(PUSH)	在栈顶增加一个新元素
出栈指令(POP)	从栈顶取走一个元素
一元操作	对栈顶元素进行操作后,用结果替换栈顶元素
二元操作	对栈顶的两个元素进行操作后,用结果替换栈顶元素(此时实际为原来的次栈顶位置)

前面描述的零地址指令程序中的运算类指令都属于二元操作指令。一条零地址加法指令的执行过程如图3-3所示。CPU首先将堆栈顶部的两个元素相加,并且把这两个元素弹出移走,然后再将求和结果压入栈顶。

对于二元操作指令中操作次序不能变换的操作(如减法、除法等),同样也是对堆栈顶部两个元素按次序进行,如减法操作,CPU将位于次栈顶的元素减去栈顶元素,并且把这两个元素弹出移走,然后再将计算结果压入栈顶。

需要告诉学生的是,“计算机组成原理”课程中并没有对堆栈中的数据位数做任何限制,

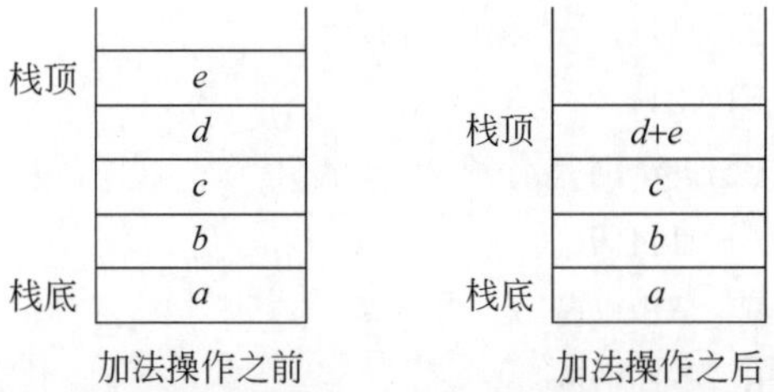

栈顶 e d c b 栈底 a　　栈顶 d+e c b 栈底 a

加法操作之前　　加法操作之后

图 3-3　一条零地址加法指令的执行过程

所以在堆栈操作指令中所有的修改栈指针操作都是±1，也就是一个元素放在堆栈的一个单元中。对于 80x86 来说，存储器按字节编址，堆栈数据为 16 位或 32 位，此时在堆栈操作指令中所有的修改栈指针操作就必须是±2 或±4，也就是说，一个元素放在堆栈的 2 个或 4 个单元中。

13. 返回指令的地址字段

子程序的最后一条指令一定是返回指令。返回指令是一地址指令，还是零地址指令，取决于返回地址存放的位置。通常，返回地址保存在堆栈中，所以返回指令 RET 后无须任何显地址，直接从堆栈的栈顶单元就可以取出返回指令，此时返回指令不需要给出显地址（即零地址指令）。但是，对于没有堆栈的计算机，因为返回地址被保存在其他地方，所以返回指令必须是一条一地址指令，且需要通过间接寻址才能得到返回地址。

14. 输入输出指令的设置

输入输出指令是指令系统中必不可少的指令。输入与输出都以主机为参考点，由外部将信息送入主机，称为输入；由主机将信息送至外设，称为输出。主机方面的数据发送地或接收地既可以是 CPU 中的寄存器，也可以是主存储器。外设方面通过 I/O 接口与系统总线相连，从而实现与主机的信息传送，所以外设方面的数据发送地或接收地一般是 I/O 接口中的寄存器。

各种不同计算机设置的输入输出指令差别很大，主要有下面两种类型。

1）采用专门的 I/O 指令

外设寄存器与主存单元分别独立编址的计算机的指令系统中都设置有专门的 I/O 指令。I/O 指令的操作码字段明确规定某种输入输出操作，地址码字段分别给出 CPU 寄存器编号和 I/O 端口地址。例如，输入指令 IN R_0，n，其操作含义是：将端口地址为 n 的 I/O 接口寄存器的内容输入 CPU 的 R_0 寄存器中。

2）采用通用的数据传送指令实现 I/O 操作

外设寄存器和主存单元统一编址的计算机的指令系统中不设置专门的 I/O 指令，而采用通用的数据传送指令实现输入输出操作。如果传送指令的源地址是 CPU 寄存器，而目的地址是接口寄存器，则这条传送指令是一条输出指令；反之，如果传送指令的源地址是接口寄存器，目的地址是 CPU 中的寄存器，则这条传送指令是一条输入指令。这种 I/O 指令隐含在传送指令中，所以又称为隐式 I/O 指令。

例 3-7　假设某外设接口中有 3 个寄存器，它们通过数据总线与 CPU 相连，其总线地址如下：

数据寄存器　　　FF00H

命令字寄存器　　FF01H

状态字寄存器　　FF02H

下列4条指令完成的操作分别是什么?

(1) MOV　　FF01H,R_0

(2) MOV　　R_1,FF02H

(3) MOV　　R_2,FF00H

(4) MOV　　FF00H,R_3

解:

(1) 将R_0内容输出到接口的命令字寄存器,R_0中的内容是命令字(8位)。

(2) 将接口的状态字(8位)输入到CPU的R_1寄存器,供分析判断。

(3) 将接口数据寄存器的内容输入到CPU的R_2寄存器。

(4) 将R_3中的数据输出到接口的数据寄存器,再传送给外设。

3.4 相关知识介绍

1. 操作码优化法——Huffman编码

研究操作码的优化问题,就是要在足够表达全部指令的前提下,使操作码字段占用的位数最少。

最优化的编码方式是Huffman编码法。Huffman编码是1952年由Huffman提出来的,它的编码原则是:对使用频度(指在程序中出现的概率)较高的指令分配较短的操作码字段;对使用频度较低的指令分配较长的操作码字段。每条指令在程序中使用的频度一般可通过大量的典型程序进行统计而求得。如果指令系统共有n条指令,则其平均码长$\sum_{i=1}^{n} P_i L_i$较之等长操作码编码的码长$\lceil \log_2 n \rceil$短。

进行操作码优化时,先构造Huffman树,即使用自底向上的方法构建二叉树。具体的方法是:将所有指令的使用频度由小到大排序,每次选择其中最小的两个频度合并成一个频度作为它们两者之和的新结点,再放到余下的结点中,继续找出两个频度最小的结点再结合,直至全部频度结合完毕形成根结点为止。然后,对每个结点的两个分支分别用二进制的0和1标识。这样,从根结点出发到不同频度的叶结点间经过的0、1代码就是该指令的Huffman编码。

Huffman编码的具体码值不唯一,但平均码长肯定是唯一的,而且是平均码长最短的二进制位编码。

例3-8　某机14条指令的使用频度分别为0.01,0.15,0.12,0.03,0.02,0.04,0.02,0.04,0.01,0.13,0.15,0.14,0.11,0.03。分别求出等长码和Huffman码的操作码平均码长。

解: 等长操作码就是不管指令的使用频度如何,都用同样长度的二进制码位数对指令操作码编码。现指令系统中的指令条数为14条,故码长等于$\lceil \log_2 14 \rceil = 4$位。

Huffman编码是用Huffman树得到的。构造Huffman树的方法:首先将所有指令的使用频度由小到大排序:

0.01,0.01,0.02,0.02,0.03,0.03,0.04,0.04,0.11,0.12,0.13,0.14,0.15,0.15。

然后每次选择其中最小的两个频度合并成一个新结点，再放到余下的结点中，继续找出两个频度最小的结点再结合，直至全部频度结合完毕形成根结点为止。得到的 Huffman 树如图 3-4 所示。平均码长为

$$\sum_{i=1}^{14} P_i L_i = 3 \times (0.15 + 0.15 + 0.14 + 0.13 + 0.12 + 0.11) + 4 \times (0.04)$$
$$+ 5 \times (0.04 + 0.03 + 0.03 + 0.02 + 0.02)$$
$$+ 6 \times (0.01 + 0.01) = 3.38(\text{位})$$

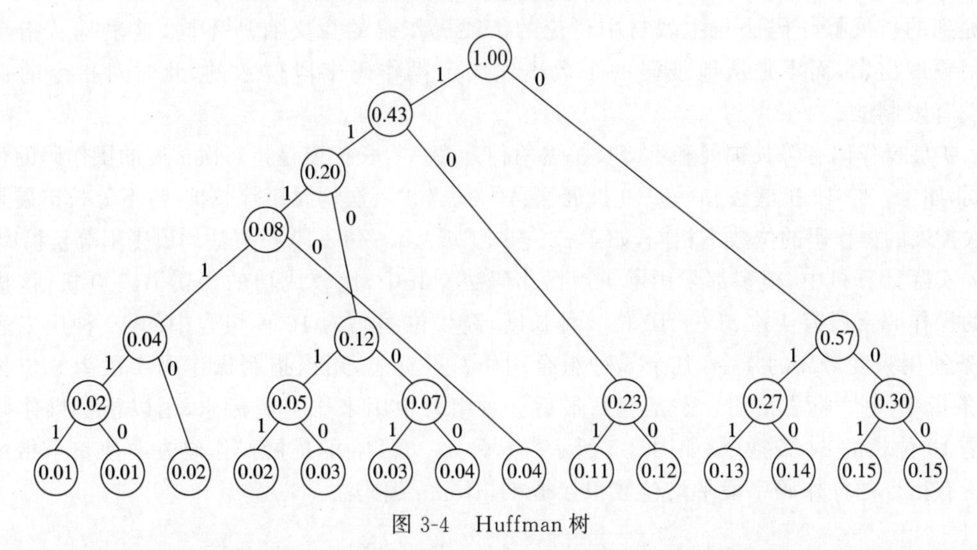

图 3-4　Huffman 树

表 3-2 列出了指令操作码的几种编码与平均码长。

表 3-2　指令操作码的几种编码与平均码长

指令 I_i	使用频度 P_i	Huffman 编码	等长编码
I_1	0.15	000	0000
I_2	0.15	001	0001
I_3	0.14	010	0010
I_4	0.13	011	0011
I_5	0.12	100	0100
I_6	0.11	101	0101
I_7	0.04	1110	0110
I_8	0.04	11000	0111
I_9	0.03	11001	1000
I_{10}	0.03	11010	1001
I_{11}	0.02	11011	1010
I_{12}	0.02	11110	1011
I_{13}	0.01	111110	1100
I_{14}	0.01	111111	1101
平均码长		3.38	4.00

2. 操作码的优化——扩展操作码

Huffman 编码虽然可以使信息的冗余量最小,但是形成的操作码很不规整,每条指令的操作码字段的位数都可能不同,既不便于译码,也不适于实际应用。一种实际可行的优化编码方法是扩展操作码法,它是介于定长编码和 Huffman 编码之间的编码方式,操作码字段的位数既不是固定的,也不是任意的,而是有限的几种码长。这种扩展操作码法仍然采用了 Huffman 编码的思想,即使用频度高的指令操作码字段短,使用频度低的指令操作码字段长,从而使操作码字段的平均长度缩短,以降低信息的冗余量。注意,这里提到的扩展操作码法与主教材中讨论的扩展操作码的含义有所不同,这里是从指令的使用频度出发,而不是从地址码的个数出发决定操作码字段位数的,此时对指令的长度是没有限制的。

扩展操作码有等长扩展和不等长扩展两种方式。等长扩展是指每次扩展的操作码的位数相同,如 4—8—12 扩展法、3—6—9 扩展法、4—6—8 扩展法均属于等长扩展;不等长扩展是指每次扩展的操作码的位数不相同,如 4—6—10 扩展法、3—6—10 扩展法均属于不等长扩展。

实际计算机中,很多都采用了扩展操作码法。其中,比较成功的当属 B1700 机,该机指令的操作码字段有 4 位、6 位、10 位 3 种长度,高 4 位编码的 16 种组合中的 10 种用来表示 10 条使用频度最高的指令,其余 5 种组合用作扩展标志,用以指明操作码字段为 6 位长的 20 条指令(每个标志指明 4 条指令);最后一种组合也用来作扩展标志,用以指明操作码字段是 10 位长的 64 条指令,如图 3-5 所示。这种 4—6—10 的扩展操作码方案使整个指令系统所有指令的操作码字段平均位数很接近 Huffman 编码法。

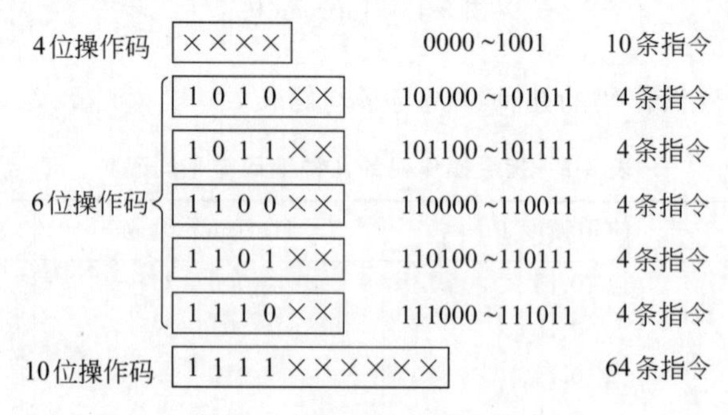

图 3-5　B1700 机的指令格式

为了便于指令译码,最好让操作码字段等长地扩展,如 4—8—12 等。以 4—8—12 扩展为例,编码方案也很多,典型的两种方案是 15/15/15…法和 8/64/512 法。

图 3-6(a)为 15/15/15…法示意图,这种方法比较简单。图 3-6(b)为 8/64/512 法示意图,头 4 位的 0×××表示最常用的 8 条指令;而后操作码字段扩展成两个 4 位,用 1×××0×××的 64 种组合表示 64 条指令;最后操作码字段扩展成 3 个 4 位,用 1×××1×××0×××的 512 种组合表示 512 条指令。

具体使用哪种编码方案取决于系统中指令使用频度的分布情况。如果头 15 条指令的使用频度比较大,另 15 条指令次之,其余指令使用频度很小,则宜选用 15/15/15…法;如果头 8 条指令的使用频度较大,而其后的 64 条指令的使用频度也不是过小,则宜选用 8/64/512 法。

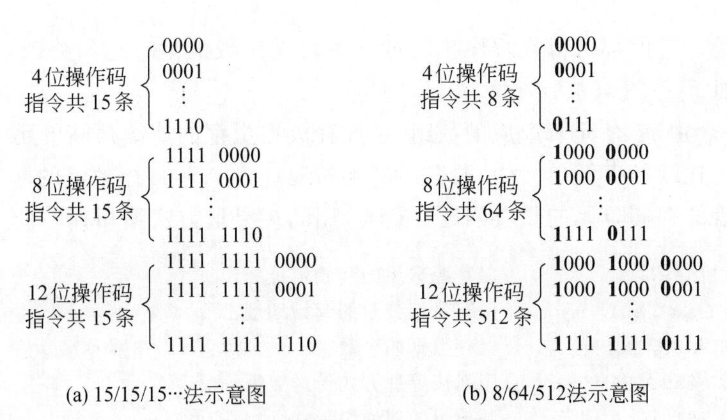

图 3-6　两种典型的扩展操作码编码方案

例 3-8 中的 14 条指令若采用只有两种码长的扩展操作码，将 14 条指令按使用频度大小分组，让使用频度较高的 6 条指令用 3 位操作码编码。留下两个编码作为长码的扩展标志，进而用 5 位操作码就可以各扩展出 4 条使用频度较低的指令，这样，共有 8 条使用频度较低的指令。表 3-3 列出了两种码长的扩展操作码编码。

表 3-3　两种码长的扩展操作码编码

指令 I_i	使用频度 P_i	扩展操作码编码	指令 I_i	使用频度 P_i	扩展操作码编码
I_1	0.15	000	I_8	0.04	11001
I_2	0.15	001	I_9	0.03	11010
I_3	0.14	010	I_{10}	0.03	11011
I_4	0.13	011	I_{11}	0.02	11100
I_5	0.12	100	I_{12}	0.02	11101
I_6	0.11	101	I_{13}	0.01	11110
I_7	0.04	11000	I_{14}	0.01	11111

平均码长为

$$\sum_{i=1}^{14} P_i L_i = 3 \times 0.80 + 5 \times 0.20 = 3.4(\text{位})$$

3. 面向不同对象的寻址方式

多数计算机都将主存、寄存器、堆栈分类编址，分别有面向主存、寄存器和堆栈的寻址方式。面向寄存器的寻址主要访问寄存器，少量访问主存。面向堆栈的寻址主要访问堆栈，少量访问主存和寄存器。面向主存的寻址主要访问主存，少量访问寄存器。3 种不同面向的寻址各有特点。例如，面向堆栈的寻址有利于减轻对高级语言编译的负担，不用考虑寄存器的优化分配和使用，有利于支持子程序嵌套、递归调用时的参数、返回地址及现场等的保存和恢复。堆栈寻址可省去许多地址字段，节省程序空间，存储效率高，免去了复杂的地址计算。但面向寄存器的寻址不用访存，速度比面向堆栈的快得多，因此，对向量、矩阵的运算用面向寄存器的寻址更好。

4. 变址寻址和间接寻址的比较

对于数组运算，通常要用一个循环程序对数组中的各个元素进行操作，这时必须通过修改操作数的地址才能实现。间接寻址方式与变址寻址方式的设计目标都是为了解决操作数地址的修改问题。它们都可以在程序执行过程中对操作数的地址进行修改,而不必修改程序中的指令本身。

例 3-9 一个由 N 个元素组成的数组,已经存放在主存的连续存储单元中,现要把它搬到主存的另一个连续的存储单元中,源数组的起始地址为 AS,目标数组的起始地址为 AD,不考虑可能出现的存储单元的重叠问题。首先,用间接寻址方式编写程序:

```
START: MOVE ASR,ASI          ;保存源数组的起始地址
       MOVE ADR,ADI          ;保存目标数组的起始地址
       MOVE NUM,CNT          ;保存数据的个数
LOOP:  MOVE @ASI,@ADI        ;用间接寻址方式传送数据
       INC ASI               ;源数组的地址增量
       INC ADI               ;目标数组的地址增量
       DEC CNT               ;个数减 1
       BGT LOOP              ;数据是否传送完毕
       HALT                  ;停机
ASR:   AS                    ;源数组的起始地址
ADR:   AD                    ;目标数组的起始地址
NUM:   N                     ;需要传送的数据个数
ASI:   0                     ;当前正在传送的源数组地址
ADI:   0                     ;当前正在传送的目标数组地址
CNT:   0                     ;剩余数据的个数
```

为了程序具有再入性,前 3 条指令是必需的。

然后,用变址寻址方式编写程序:

```
START: MOVE 0,X              ;变址寄存器初值为 0
       MOVE NUM,CNT          ;保存数据的个数
LOOP:  MOVE AS+X,AD+X        ;用变址寻址方式传送数据
       INC X                 ;增量变址寄存器
       DEC CNT               ;个数减 1
       BGT LOOP              ;数据是否传送完毕
       HALT                  ;停机
NUM:   N                     ;需要传送的数据个数
CNT:   0                     ;剩余数据的个数
```

比较以上两个程序,可以很明显地看出,采用变址寻址方式编写的程序简单、易读。

注意:以上两段程序中的所有二地址指令均用 A_1 表示源操作数地址,用 A_2 表示目的操作数地址。

5. 程序在主存中的定位技术

当程序装入物理主存时,需要进行逻辑地址空间到物理地址空间的转换,即进行程序的定位。程序定位采用的技术有静态再定位和动态再定位两种。

静态再定位是在目的程序装入主存时,通过调用系统配备的装入程序,运行此装入程序把目的程序的逻辑地址用软的方法逐一修改成物理地址。程序执行时,物理地址就不能再改变了。静态再定位不利于多道程序的运行环境,也不利于程序的可重入,同时不利于重叠、流水技术的使用。

动态再定位是指在执行每条指令时才形成访存物理地址。常用基址寻址方式实现逻辑地址到物理地址的转换，如图 3-7 所示。程序装入主存时，只将装入主存的起始地址存入该道程序的基址寄存器中即可，指令的地址字段不做修改。程序在执行过程中不断将逻辑地址经地址加法器加上基址寄存器中的基址，才形成物理地址。

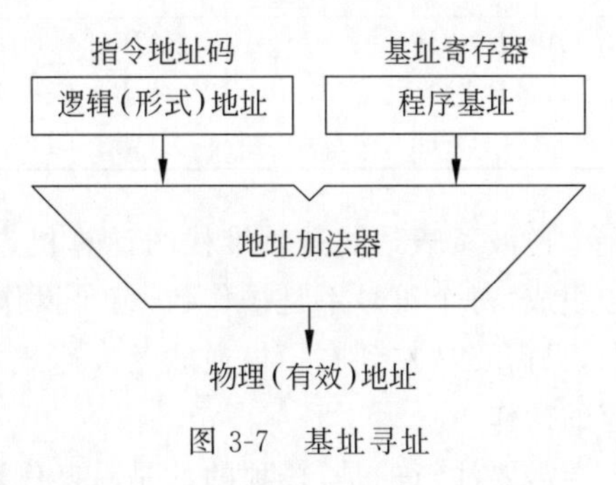

图 3-7 基址寻址

6. 缩短指令中地址码长度的方法

计算机系统中的主存容量通常都很大，而且会越来越大。另外，由于普遍采用了虚拟存储器结构，指令中给出的地址码是一个虚拟地址，其长度可能比实际主存的容量要求的长度还要长得多。对于多地址结构的指令系统而言，如此长的地址码是无法容忍的。因此，如何缩短地址码的长度，是设计指令系统必须考虑的一个问题。

由于在一般计算机系统中虚拟地址空间的大小是确定的，因此，缩短地址码长度的根本目的是要用一个比较短的地址码表示一个比较大的虚拟地址空间，同时也要求有比较灵活有效的寻址方式。

缩短地址码长度的方法主要有以下 3 种。

(1) 用寄存器间接寻址方式缩短地址码长度。由于寄存器的数量比较少，通常表示一个寄存器的地址只需要很少几位，而一个寄存器的字长足以放下一个逻辑地址。例如，有 8 个用于间接寻址的寄存器，每个寄存器的长度是 32 位，这样，用一个 3 位的地址码就能表示一个 32 位的逻辑地址，再加上寻址方式等信息，一个地址码的长度也不超过 10 位。这种方法最有效。

(2) 用间接寻址方式缩短地址码长度。在主存的低端开辟出一个专门用来存放地址的区域，由于表示存储器低端部分的地址需要的地址码长度可以很短，而一个存储字(一次访问存储器所能获得的数据)的长度通常与一个逻辑地址码的长度相当。例如，主存最低端的 1KB 单元是一个用来存放地址码的区域，如果主存是按字节编址的，并且一个存储字的长度为 32 位，那么，在指令中只要用 10 位长度就可以表示一个 32 位长的逻辑地址，即使再加上寻址方式等信息，一个地址码的长度也只有十多位。

(3) 用基址寻址方式缩短地址码长度。由于程序的局部性，在基址寻址中使用的地址位移量可以比较短。通常可以把比较长的基地址放在基址寄存器中，在指令的地址码中只给出比较短的地址位移量即可。

7. 逆波兰表达式和逆波兰表达式的求值

数学中通常把操作符放在两个操作数之间，如 $X+Y$，这种表达式称为中缀表达式；而把操作符放在两个操作数之后，如 $XY+$，被称为后缀表达式或逆波兰表达式。

逆波兰表达式和中缀表达式相比有几个优点。首先，任何表达式都可以用没有括号的形式表示；其次，在计算机中使用堆栈计算时，逆波兰表达式相当方便；第三，中缀操作符有优先级，而逆波兰表达式没有。

中缀表达式和逆波兰表达式的变量顺序是相同的，但操作符的顺序不一定相同。逆波兰表达式中操作符是按照表达式求值时操作符执行的顺序排列的。表 3-4 给出了中缀表达式和对应的逆波兰表达式的例子。

表 3-4 中缀表达式和对应的逆波兰表达式的例子

中缀表达式	逆波兰表达式	中缀表达式	逆波兰表达式
$A+B\times C$	$AB\ C\times+$	$(A+B)/(C-D)$	$A\ B+CD-/$
$A\times B+C$	$A\ B\times C+$	$A\times B/C$	$A\ B\times C/$
$(A\times B)+(C\times D)$	$A\ B\times CD\times+$	$((A+B)\times C+D)/(E+F+G)$	$AB+C\times D+E\ F+G+/$

逆波兰表达式是带堆栈的计算机进行表达式求值的理想方法。假设表达式由 n 个符号组成,每个符号不是操作数,就是操作符。使用堆栈的逆波兰表达式求值算法是相当简单的,只需要从左到右扫描逆波兰表达式,遇到操作数时就把它入栈,遇到操作符时就执行相应的操作。

需要注意的是,栈顶的数是右操作数,而不是左操作数,这一点对于减法和除法操作来说很重要。例如,在除法操作时,只有在先入栈分子、后入栈分母的情况下,才能得到正确的计算结果。

8. 存储器堆栈组织

目前多数计算机的堆栈是在主存中开辟一个堆栈区,为了避免堆栈区与其他存储区混淆,堆栈除需要有栈顶指针寄存器(SP)外,还应当设置堆栈上下界标志寄存器。图 3-8(a)表示存储器堆栈的组织结构,其中 B(Bottom)寄存器为堆栈下界(栈底)指针,L(Limit)寄存器为堆栈上界(栈顶)指针。对于自底向上生成的堆栈,进栈时,SP>L 称为堆栈"上溢",这是不允许的;出栈时,SP<B 称为堆栈"下溢",也是不允许的。因此,堆栈操作时,不但 SP 要修改,还需要判界。若采用硬件方法实现修改栈指针 SP←SP±1 以及判界操作,将会大大加快堆栈操作速度。

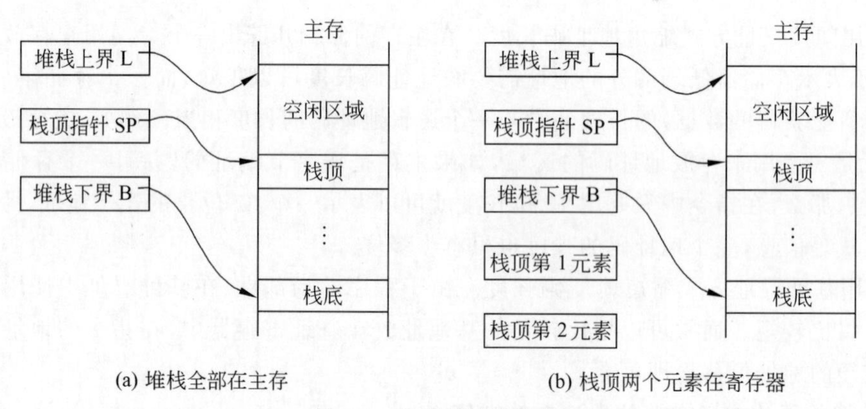

图 3-8 典型的堆栈组织

为了进一步提高堆栈操作速度,还可以将栈顶部的两个元素取到寄存器中,如图 3-8(b)所示。指令对栈顶和次栈顶的数据操作可直接在寄存器中进行,此时栈顶指针 SP 指向第 3 个栈元素。有的堆栈计算机(如 HP3000),将堆栈的头 4 个元素存于寄存器中。这种设置栈顶元素寄存器的硬件结构在面向堆栈运算的计算机中普遍采用。

综合起来,硬件对堆栈提供的支持有:栈顶指针 SP 及其操作时的修改,堆栈的上、下界寄存器及其判界,以及栈顶元素寄存器 3 种。

9. 比较指令的状态标志位

绝大多数算术运算指令都会影响状态标志位，通常的标志位有进位/借位标志CF、零标志ZF、符号标志SF、溢出标志OF和奇偶标志PF等。不同计算机中对标志位的命名有所不同，但含义是相同的。

运算类指令除常见的加、减、乘、除指令外，还包括比较指令。比较指令CMP与减法指令SUB都执行减法操作，但前者不保留运算结果，只是改变状态标志位，而后者不仅要保留运算结果，也要改变标志位。

表3-5给出了无符号数比较和带符号数比较两种情况下，其状态标志反映的两数大小关系。从表3-5中可看出，对无符号数和带符号数，根据标志位状态判断两数大小的条件是不同的：前者依据CF和ZF判断，后者则依据ZF、SF和OF判断。例如，要判断A<B成立，无符号数用的条件是ZF=0，CF=1，而带符号数用的条件是ZF=0，OF+SF=1。

表3-5 状态标志反映的两数关系

<table>
<tr><th colspan="2" rowspan="2">两数比较结果(A－B)</th><th colspan="4">受影响标志</th></tr>
<tr><th>CF</th><th>ZF</th><th>SF</th><th>OF</th></tr>
<tr><td colspan="2">A=B(Equal)</td><td>0</td><td>1</td><td>0</td><td>0</td></tr>
<tr><td rowspan="2">无符号数</td><td>A<B(Below)</td><td>1</td><td>0</td><td>—</td><td>—</td></tr>
<tr><td>A>B(Above)</td><td>0</td><td>0</td><td>—</td><td>—</td></tr>
<tr><td rowspan="4">带符号数</td><td rowspan="2">A<B(Less)</td><td>—</td><td>0</td><td>1</td><td>0</td></tr>
<tr><td>—</td><td>0</td><td>0</td><td>1</td></tr>
<tr><td rowspan="2">A>B(Greater)</td><td>—</td><td>0</td><td>1</td><td>1</td></tr>
<tr><td>—</td><td>0</td><td>0</td><td>0</td></tr>
</table>

CMP指令常用于比较两个数，后面将紧跟一条条件转移指令，以便进行程序控制转移。

10. 条件转移指令的条件码

条件转移指令必须先测试转移条件，条件满足就转移，不满足就不转移。转移条件一般由CPU中的状态标志寄存器的某些标志决定。这些标志包括：

- 进位标志C(前述为CF)；
- 零标志Z(前述为ZF)；
- 负标志N(前述为SF)；
- 溢出标志V(前述为OF)；
- 奇偶标志P(前述为PF)。

根据转移条件的不同，转移指令可分为若干类，见表3-6。

表3-6 条件转移指令一览表

序　号	指　　令	条　　件	说　　明
1	有进位转移	C	无符号数比较时小于则转移
2	无进位转移	$\overline{C}$	无符号数比较时大于或等于则转移
3	零转移	Z	运算结果为零转移

续表

序号	指令	条件	说明
4	非零转移	$\overline{Z}$	运算结果非零转移
5	负转移	N	运算结果为负转移
6	正转移	$\overline{N}$	运算结果为正转移
7	溢出转移	V	运算结果发生溢出转移
8	非溢出转移	$\overline{V}$	运算结果未发生溢出转移
9	奇转移	P	运算结果有奇数个1转移
10	偶转移	$\overline{P}$	运算结果有偶数个1转移
11	无符号小于或等于转移	$C+Z$	无符号数比较时小于或等于则转移
12	无符号大于转移	$\overline{C+Z}$	无符号数比较时大于则转移
13	带符号小于转移	$N\oplus V$	带符号数比较时小于则转移
14	带符号大于或等于转移	$\overline{N\oplus V}$	带符号数比较时大于或等于则转移
15	带符号小于或等于转移	$(N\oplus V)+Z$	带符号数比较时小于或等于则转移
16	带符号大于转移	$\overline{(N\oplus V)+Z}$	带符号数比较时大于则转移

前10条条件转移指令只涉及一位状态标志位,转移条件很容易理解,后6条指令的转移条件由于要涉及两或三位状态标志位,就不那么容易理解了。

下面仅以第13条指令为例,说明它的转移条件(设数据为4位字长)。补码表示的数据A<B,A-B的结果有两种情况:一种情况是结果不溢出(V=0),差值为负(N=1),如A=-5,B= -3,A-B= -2;另一种情况是结果溢出(V=1),差值为正(N=0),如A=-5,B=4,A-B=-9。所以可以用$N\oplus V=1$判断。

11. 其他程序控制类指令

程序控制类指令是指令系统中必不可少的一类指令。不同计算机的程序控制类指令的数量有所不同,除过去讨论过的转移指令、子程序调用与返回指令外,有些计算机中还包括跳越指令、循环控制指令和程序自中断指令。

1) 跳越指令

这是一种特殊的转移指令,指令中隐含了一个地址,即下一条指令的地址,所以它只跳越过一条指令。

由于跳越指令功能简单且不需要目标地址字段,所以可以让它顺带完成其他一些功能,"加1—判0—跳越(ISZ)"指令就是一个典型的例子。它实际上是一条条件跳越指令,可用来实现迭代循环,如以下的程序段:

```
301                          ;循环开始
         …
309    ISZ  R1               ;加 1—判 0—跳越,结束循环
310    BR   301              ;继续循环
311
```

其中R_1的初值为循环次数的负数补码,在循环的末尾,有ISZ指令把R_1加1,并判是否为0。若不为0,则执行BR指令,转移到循环的开始;否则,跳过BR指令,退出循环。

2）循环控制指令

有了条件转移指令，就可以实现循环程序设计，但有的计算机为了提高指令系统的有效性，加快对循环程序的设计，还专门设置了循环控制指令。这种指令实际上是增强型的条件转移指令，它包括对循环变量的修改和结束循环条件的判断，集运算、测试和条件转移于一体，是一种具有复合功能的指令。例如，Pentium 指令系统中的 LOOPZ 指令，其功能为循环，同时循环变量（存于通用寄存器 ECX 中）自增或自减，直到循环变量值为 0，循环结束。

3）程序自中断指令

通常，中断是由计算机内部突发事件或外部设备的请求而随机产生的，但在有些计算机中，为了在程序调试中设置断点或实现系统调用功能，设置了专门的自中断指令。由于这些指令是由软件驱动的，所以又称为软中断，如 Intel 80x86 中的中断指令 INT n。INT n 指令可暂停其后继指令的执行，转去执行相应的中断服务程序，但指令中不直接给出中断服务程序入口地址，而是只给出中断类型码 n，CPU 根据中断类型码可从中断向量表中找到中断服务程序的入口地址。

12. 对指令系统的基本要求

指令系统的性能决定了计算机的基本功能，因而指令系统的设计是计算机系统设计中的一个核心问题。它不仅与计算机的硬件结构紧密相关，而且直接关系到用户的使用需求。不同类型计算机都有各具特色的指令系统。由于计算机性能、机器结构和特点、使用环境等要求不同，指令系统间的差异很大。同时，随着计算机的迅速发展，对计算机性能要求越来越高，因此，企图给计算机指令系统确定一个统一的衡量标准是很困难的。只能讨论在一般情况下一个完善的指令系统应满足的一些基本要求，这就是指令系统的完备性、有效性、规整性和兼容性。

1）完备性

完备性是指在一个有限可用的存储空间，对于任何可解的问题，在编制计算程序时，指令系统提供的指令足够使用。完备性要求指令系统的指令丰富、功能齐全和使用方便。完备性只是一个原则性的要求，很难确定一个完备性的标准。一般来说，一个完备的指令系统应至少包括数据传送类指令、运算类指令、程序控制类指令、输入输出类指令等几种类型的指令。为了使程序能高效运行和便于硬件实现，实际计算机指令系统中实现的指令远远超过基本完备性的要求。

2）有效性

有效性是指该指令系统编制的程序能高效率地运行。所谓的高效率主要表现在执行速度快、占用存储空间小两个方面。有效性针对整个指令系统而言，是一个很复杂的问题，也难以确定一个统一的标准。它与完备性是密切相关的，一个功能齐全的指令系统必定会有高的有效性，如目前许多计算机中增设的数据转换指令、字符串操作指令等，对于数据处理就会有较高的有效性。一般来说，一个功能更强、更完善的指令系统，必定有更高的有效性。

3）规整性

规整性包括指令的对称性、均齐性、指令格式和数据格式的一致性等特性。

对称性是指在指令系统中所有的数据存储单元（如寄存器、主存单元等）被同等对待，所有的指令都可以使用各种寻址方式。这种操作的对称性对于提高软件效率和方便使用是很有利的。如传送指令既有 A←B，也有 B←A；加法指令既有 A←（A＋B），也有 B←（A＋

B),等。

均齐性是指同一种操作性质的指令,可以支持各种不同数据类型和不同字长的运算。例如,加法指令能支持不同数据类型(如定点数、浮点数、十进制数等)和不同字长(如字节、字和双字,甚至四倍字)的运算。操作的均齐性可使汇编程序设计与编译程序无须依赖数据类型而选用指令,可以缩小程序空间和加快程序的执行速度。

指令格式与数据格式一致性是指指令长度与数据长度有一定的关系,以利于存取和处理。指令长度一般取字节的整倍数,数据长度则取字节的1、2、4或8倍不等。

4) 兼容性

不同的机器结构,指令系统不同,但同一系列的机型具有相同的基本结构和共同的基本指令集,故指令系统是兼容的。由于系列机中不同机型推出的时间先后不同,结构和性能上存在着差异,不可能做到全部软件兼容。通常,在高档机上可以运行低档机的软件,而在低档机上不一定能运行高档机的软件,因此称为"向下兼容"。

3.5 教材习题解答

3-1 指令长度和机器字长有什么关系?半字长指令、单字长指令、双字长指令分别表示什么?

解:指令长度与机器字长没有固定的关系,指令长度可以等于机器字长,也可以大于或小于机器字长。通常,把指令长度等于机器字长的指令称为单字长指令,指令长度等于半个机器字长的指令称为半字长指令,指令长度等于两个机器字长的指令称为双字长指令。

3-2 零地址指令的操作数来自哪里?一地址指令中,另一个操作数的地址通常可采用什么寻址方式获得?各举一例说明。

解:双操作数的零地址指令的操作数来自堆栈的栈顶和次栈顶。双操作数的一地址指令的另一个操作数通常可采用隐含寻址方式获得,即将另一操作数预先存放在累加器中。

如前述零地址和一地址的加法指令。

3-3 某计算机为定长指令字结构,指令长度为16位;每个操作数的地址码长6位,指令分为无操作数、单操作数和双操作数3类。若双操作数指令已有K种,无操作数指令已有L种,问单操作数指令最多可能有多少种?上述3类指令各自允许的最大指令条数是多少?

解:

$$X=(2^4-K)\times 2^6-\left\lceil \frac{L}{2^6} \right\rceil$$

双操作数指令的最大指令数:2^4-1。

单操作数指令的最大指令数:$15\times 2^6-1$(假设双操作数指令仅一条,为无操作数指令留出一个扩展窗口)。

无操作数指令的最大指令数:$2^{16}-2^{12}-2^6$。其中2^{12}为表示某条二地址指令占用的编码数,2^6为表示某条单地址指令占用的编码数。此时双操作数和单操作数指令各仅有一条。

3-4 设某计算机为定长指令字结构,指令长度为12位,每个地址码占3位,试提出一种分配方案,使该指令系统包含4条三地址指令、8条二地址指令和180条单地址指令。

解：4条三地址指令为

000 XXX YYY ZZZ

⋮

011 XXX YYY ZZZ

8条二地址指令为

100 000 XXX YYY

⋮

100 111 XXX YYY

180条单地址指令为

101 000 000 XXX

⋮

111 110 011 XXX

由于101～111这3个扩展窗口可以扩展出192条一地址指令(3×64=192)，现只需要180条一地址指令，故最后12个操作码编码为非法操作码。

3-5 指令格式同3-4题，能否构成：三地址指令4条、单地址指令255条以及零地址指令64条？为什么？

解：三地址指令4条

000 XXX YYY ZZZ

⋮

011 XXX YYY ZZZ

单地址指令255条

100 000 000 XXX

⋮

111 111 110 YYY

仅留下一个扩展窗口111111111，只能再扩展出零地址指令8条，所以不能构成这样的指令系统。

3-6 指令中地址码的位数与直接访问的主存容量和最小寻址单位有什么关系？

解：主存容量越大，所需的地址码位数越长。对于相同容量来说，最小寻址单位越小，地址码的位数越长。

3-7 试比较间接寻址和寄存器间址。

解：间接寻址方式的有效地址在主存中，操作数也在主存中；寄存器间址方式的有效地址在寄存器中，操作数在主存中。所以间接寻址比较慢。

3-8 试比较基址寻址和变址寻址。

解：基址寻址和变址寻址在形成有效地址时所用的算法是相同的，但是，它们两者实际上是有区别的。一般来说，变址寻址中变址寄存器提供修改量(可变的)，而指令中提供基准值(固定的)；基址寻址中基址寄存器提供基准值(固定的)，而指令中提供位移量(可变的)。这两种寻址方式应用的场合也不同，变址寻址是面向用户的，用于访问字符串、向量和数组等成批数据；而基址寻址面向系统，主要用于逻辑地址和物理地址的变换，用以解决程序在主存中的再定位和扩大寻址空间等问题。在某些大型机中，基址寄存器只能由特权指令管理,用户指令无权操作和修改。

3-9 某计算机字长为16位,主存容量为64K字,采用单字长单地址指令,共有50条指令。假设有直接寻址、间接寻址、变址寻址和相对寻址4种寻址方式,试设计其指令格式。

解:操作码6位,寻址方式2位,地址码8位。

3-10 某计算机字长为16位,主存容量为64K字,指令格式为单字长单地址,共有64条指令。试说明:

(1) 若只采用直接寻址方式,指令能访问多少主存单元?

(2) 为扩充指令的寻址范围,可采用直接/间接寻址方式,若只增加一位直接/间接标志,那么指令可寻址范围为多少?指令直接寻址的范围为多少?

(3) 采用页面寻址方式,若只增加一位Z/C(零页/现行页)标志,那么指令寻址范围为多少?指令直接寻址范围为多少?

(4) 将(2)、(3)两种方式结合,指令的寻址范围为多少?指令直接寻址范围为多少?

解:因为计算机中共有64条指令,所以操作码占6位,其余部分为地址码或标志位。

(1) 若只采用直接寻址方式,地址码部分为10位,指令能访问的主存单元数为$2^{10}=1$K字。

(2) 若采用直接/间接寻址方式,将增加一位直接/间接标志,地址码部分为9位,指令直接寻址的范围为$2^9=0.5$K字,指令可寻址范围为整个主存空间$2^{16}=64$K字。

(3) 若采用页面寻址方式,将增加一位Z/C(零页/现行页)标志,所以指令直接寻址范围仍为$2^9=0.5$K字,指令寻址范围仍为$2^{16}=64$K字。

(4) 此时将需要@和Z/C两个标志位,所以指令直接寻址范围为$2^8=0.25$K字,指令的可寻址范围仍为$2^{16}=64$K字。

3-11 设某计算机字长32位,CPU有32个32位的通用寄存器,设计一个能容纳64种操作的单字长指令系统。

(1) 如果是存储器间接寻址方式的寄存器-存储器型指令,那么能直接寻址的最大主存空间是多少?

(2) 如果采用通用寄存器作为基址寄存器,那么能直接寻址的最大主存空间又是多少?

解:因为计算机中共有64条指令,所以操作码占6位;32个通用寄存器,寄存器编号占5位;其余部分为地址码或标志位。

(1) 如果是存储器间接寻址方式的寄存器-存储器型指令,操作码6位,寄存器编号5位,间址标志1位,地址码20位,直接寻址的最大主存空间是2^{20}字。

(2) 如果采用通用寄存器作为基址寄存器,EA=$(R_b)+A$,能直接寻址的最大主存空间是2^{32}字。

3-12 已知某小型机字长为16位,其双操作数指令的格式如下:

0 — 5	6 — 7	8 — 15
OP	R	A

其中,OP为操作码,R为通用寄存器地址,试说明下列各种情况下能访问的最大主存区域有多少机器字。

(1) A为立即数。

（2）A 为直接主存单元地址。

（3）A 为间接地址(非多重间址)。

（4）A 为变址寻址的形式地址,假定变址寄存器为 R_1(字长为 16 位)。

解：

（1）1 个机器字。

（2）256 个机器字。

（3）65 536 个机器字。

（4）65 536 个机器字。

3-13 计算下列 4 条指令的有效地址(指令长度为 16 位)。

（1）000000Q （2）100000Q （3）170710Q （4）012305Q

假设上述 4 条指令均用八进制书写,指令的最左边一位是间址指示位@(@=0,直接寻址;@=1,间接寻址),且具有多重间访功能;指令的最右边两位为形式地址;主存容量为 2^{15} 单元,表 3-7 为有关主存单元的内容(八进制)。

表 3-7 有关主存单元的内容(八进制)

地址	内容	地址	内容	地址	内容
00000	100002	00003	100000	00006	063215
00001	046710	00004	102543	00007	077710
00002	054304	00005	100001	00010	100005

解：

（1）000000Q

因为指令的最高位为 0,故为直接寻址,EA=A=00000Q。

（2）100000Q

因为指令的最高位为 1,故指令为间接寻址。

(00000)=100002,最高位仍为 1,继续间接寻址。

(00002)=054304,其最高位为 0,表示已找到有效地址,EA=54304Q。

（3）170710Q

因为指令的最高位为 1,故指令为间接寻址。

(00010)=100005,最高位仍为 1,继续间接寻址。

(00005)=100001,最高位仍为 1,继续间接寻址。

(00001)=046710,其最高位为 0,表示已找到有效地址,EA=46710Q。

（4）012305Q

因为指令的最高位为 0,故为直接寻址,EA=A=00005Q。

3-14 假定某计算机的指令格式如下：

11	10 9	8	7	6	5 ～ 0
@	OP	I_1	I_2	Z/C	A

其中,

$Bit_{11}=1$：间接寻址。

$Bit_8=1$：变址寄存器 I_1 寻址。

$Bit_7=1$：变址寄存器 I_2 寻址。

Bit_6(零页/现行页寻址)：Z/C=0，表示 0 页面；Z/C=1，表示现行页面，即指令所在页面。

若主存容量为 2^{12} 个存储单元，分为 2^6 个页面，每个页面有 2^6 个字。

设有关寄存器的内容为

(PC)=0340Q　　(I_1)=1111Q　　(I_2)=0256Q

试计算下列指令的有效地址。

(1) 1046Q　　(2) 2433Q　　(3) 3215Q　　(4) 1111Q

解：

(1) 1046Q=001 000 100 110

因为 4 个标志位均为 0，故为直接寻址，也就是零页寻址，EA=A=0046Q。

(2) 2433Q=010 100 011 011

因为 $Bit_8(I_1)=1$，故为变址寄存器 1 寻址，EA=(I_1)+A=1111+33=1144Q。

(3) 3215Q=011 010 001 101

因为 $Bit_7(I_2)=1$，故为变址寄存器 2 寻址，EA=(I_2)+A=0256+15=0273Q。

(4) 1111Q=001 001 001 001

因为 Bit_6(Z/C)=1，故为当前页寻址，EA=$(PC)_H$//A=03//11=0311Q。

3-15　假定指令格式如下：

15　12	11	10	9	8	7　　0
OP	I_1	I_2	Z/C	D/I	A

其中，D/I 为直接/间接寻址标志，D/I=0 表示直接寻址，D/I=1 表示间接寻址。其余标志位同习题 3-14 的说明。

若主存容量为 2^{16} 个存储单元，分为 2^8 个页面，每个页面有 2^8 个字。

设有关寄存器的内容为

(I_1)=002543Q　　(I_2)=063215Q　　(PC)=004350Q

试计算下列指令的有效地址。

(1) 152301Q　　(2) 074013Q　　(3) 161123Q　　(4) 140011Q

解：

(1) 152301Q=1 101 010 011 000 001

因为 $Bit_{10}(I_2)=1$，故为变址寄存器 2 寻址，EA=(I_2)+A=063215+301=063516Q。

(2) 074013Q=0 111 100 000 001 011

因为 $Bit_{11}(I_1)=1$，故为变址寄存器 1 寻址，EA=(I_1)+A=002543+013=002556Q。

(3) 161123Q=1 110 001 001 010 011

因为 Bit_9(Z/C)=1，故为当前页寻址，EA=(PC)//A=004123Q。

(4) 140011Q=1 100 000 000 001 001

因为 4 个标志位均为 0，故为直接寻址，EA=A=000011Q。

3-16　设某计算机有变址寻址、间接寻址和相对寻址等寻址方式，当前指令的地址码部分为 001AH，正在执行的指令所在地址为 1F05H，变址寄存器中的内容为 23A0H。

(1) 当执行取数指令时，如为变址寻址方式，则取出的数是多少？

(2) 如为间接寻址，则取出的数是多少？

(3) 当执行转移指令时，转移地址是多少？

已知主存储器的部分地址及相应内容，见表3-8。

表3-8 主存储器的部分地址及相应内容

地 址	内 容	地 址	内 容
001AH	23A0H	23A0H	2600H
1F05H	241AH	23BAH	1748H
1F1FH	2500H		

解：前两个题涉及数据寻址，其最终目的是寻找操作数，第3题涉及指令寻址，其目的是寻找下一条将要执行的指令地址。

(1) 变址寻址时，操作数 $S=((R_x)+A)=(23A0H+001AH)=(23BAH)=1748H$。

(2) 间接寻址时，操作数 $S=((A))=((001AH))=(23A0H)=2600H$。

(3) 转移指令使用相对寻址，转移地址 $=(PC)+A=1F05H+001AH=1F1FH$。

因为本题没有指出指令的长度，故此题未考虑PC值的更新。

3-17 请举例说明，哪几种寻址方式除取指令外不访问存储器？哪几种寻址方式除取指令外只访问一次存储器？完成什么样的指令(包括取指令在内)共需访问4次存储器？

解：除取指令外不访问存储器的寻址方式有立即寻址和寄存器寻址。

除取指令外只访问一次存储器的寻址方式有直接寻址、寄存器间接寻址、变址寻址、基址寻址、相对寻址和页面寻址。

二级间接寻址包括取指令在内共访问4次存储器。

3-18 设相对寻址的转移指令占两个字节，第一个字节是操作码，第二个字节是相对位移量，用补码表示。假设当前转移指令第一字节所在的地址为2000H，且CPU每取一个字节，便自动完成(PC)+1→PC的操作。试问：当执行JMP * +8和JMP *-9指令(* 为相对寻址特征)时，转移指令第二字节的内容各为多少？转移的目的地址各是什么？

解：转移指令第二字节的内容分别为00001000(+8)和11110111(−9)。

因为转移指令占两个字节，指令被取出后，(PC)+2，所以转移的目的地址分别为

$$2000+2+8=200AH$$
$$2000+2-9=1FF9H$$

3-19 设在某堆栈计算机中，用一地址指令PUSH、POP及零地址指令ADD、MPY写出计算式

$$Z=(A\times(B+C+D)\times E+F\times F)\times(B+C+D)$$

的程序。

解：需要一地址指令11条和零地址指令9条。

```
PUSH    B          ;把操作数B压入堆栈
PUSH    C          ;把操作数C压入堆栈
PUSH    D          ;把操作数D压入堆栈
```

```
ADD
ADD             ;栈顶内容为(B+C+D)
PUSH    B
PUSH    C
PUSH    D
ADD
ADD             ;栈顶内容为(B+C+D)
PUSH    A       ;把操作数A压入堆栈
MPY             ;栈顶内容为A×(B+C+D)
PUSH    E       ;把操作数E压入堆栈
MPY             ;栈顶内容为A×(B+C+D)×E
PUSH    F       ;把操作数F压入堆栈
PUSH    F       ;把操作数F压入堆栈
MPY             ;栈顶内容为F×F
ADD             ;栈顶内容为A×(B+C+D)×E+F×F
MPY             ;栈顶内容为(A×(B+C+D)×E+F×F)×(B+C+D)
POP     Z       ;将栈顶内容弹出送至Z单元
```

3-20 如果在3-19题中增加一条DUP指令,该指令的功能是将栈顶内容复制一次。问上述程序如何简化?

解:增加两条DUP指令,另需要一地址指令7条和零地址指令7条。

```
PUSH    B
PUSH    C
PUSH    D
ADD
ADD
DUP             ;复制栈顶内容
PUSH    A
MPY
PUSH    E
MPY
PUSH    F
DUP             ;复制栈顶内容
MPY
ADD
MPY
POP     Z
```

3-21 什么叫主程序和子程序?调用子程序时还可采用哪几种方法保存返回地址?画图说明调用子程序的过程。

解:主程序是指通常的程序,而子程序是一组可以公用的指令序列,只要知道子程序的入口地址,就能调用它。

保存返回地址的方法有多种:

(1) 用子程序的第一个字单元存放返回地址。转子指令把返回地址存放在子程序的第一个字单元中，子程序从第二个字单元开始执行。返回时将第一个字单元地址作为间接地址，采用间址方式返回主程序。

(2) 用寄存器存放返回地址。转子指令先把返回地址放到某个寄存器中，再由子程序将寄存器中的内容转移到另一个安全的地方。

(3) 用堆栈保存返回地址。

主程序调用子程序的过程如图 3-9 所示，此时返回地址保存在堆栈中。

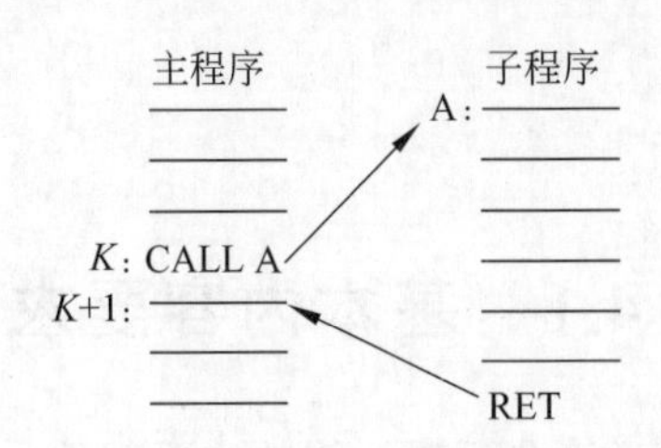

图 3-9 主程序调用子程序的过程

3-22 在某些计算机中，调用子程序的方法是这样实现的：转子指令将返回地址存入子程序的第一个字单元，然后从第二个字单元开始执行子程序，请回答下列问题：

(1) 为这种方法设计一条从子程序转到主程序的返回指令。

(2) 在这种情况下，怎么在主、子程序间进行参数的传递？

(3) 上述方法是否可用于子程序的嵌套？

(4) 上述方法是否可用于子程序的递归(即某个子程序自己调用自己)？

(5) 如果改用堆栈方法，是否可实现(4)提出的问题？

解：

(1) 返回指令通常为零地址指令。返回地址保存在堆栈中，执行返回指令时自动从堆栈中弹出。而目前返回地址保存在子程序的第一个单元中，故此时返回指令不能再是零地址指令了，应当是一地址指令。例如：

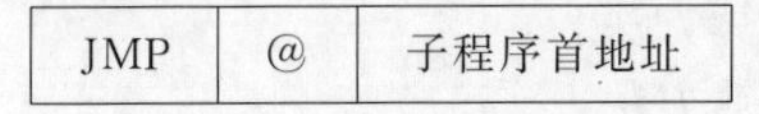

JMP	@	子程序首地址

间接寻址可找到返回地址，然后无条件转移到返回的位置。

(2) 在这种情况下，可利用寄存器或主存单元进行主、子程序间的参数传递。

(3) 可用于子程序的嵌套(多重转子)。因为每个返回地址都放在调用的子程序的第一个单元中。

(4) 不可用于子程序的递归，因为当某个子程序自己调用自己时，子程序第一个单元的内容将被破坏。

(5) 如果改用堆栈方法，可实现子程序的递归，因堆栈具有后进先出的功能。

第 4 章 数值的机器运算

4.1 基本内容要求

运算器是计算机进行算术运算和逻辑运算的主要部件。运算器的逻辑结构取决于机器的指令系统、数据表示方法和运算方法等。本章主要讨论数值数据在计算机中实现算术运算和逻辑运算的方法以及运算部件的基本结构和工作原理。

学习要求

- 了解串行加法器与并行加法器的区别。
- 理解进位产生和进位传递的概念。
- 掌握并行加法器不同进位方式的特点与区别。
- 了解$[-Y]_{补}$的含义和求$[-Y]_{补}$的方法。
- 掌握定点加法和减法的运算方法。
- 了解溢出产生的原因。
- 掌握 3 种溢出检测方法的区别，特别是双符号位补码判断溢出的特点。
- 掌握补码的左移、右移运算方法。
- 了解常见的舍入操作方法。
- 理解原码一位乘法运算方法。
- 掌握补码一位乘法运算方法。
- 了解补码两位乘法运算方法。
- 理解原码加减交替除法运算方法。
- 掌握补码加减交替除法运算方法。
- 理解浮点加、减、乘、除运算的过程。
- 理解一位十进制整数的加法运算。
- 理解逻辑运算的特点。
- 了解运算器的基本结构。
- 掌握典型的 ALU 芯片(74181、74182)。
- 了解浮点协处理器的作用。

4.2 教师授课参考

计算机的基本功能之一是对数值数据进行加工处理，其基本思想是：将各种复杂的运算分解为最基本的算术运算和逻辑运算。本章的一个重点和难点是运算方法，需要花费一定的时间，特别是定点乘、除法在计算机中实现的方法，与手工运算方法相比有许多不同之处，教师应该从实现原理的角度告诉学生为什么这样做，而不是让学生死记硬背运算步骤。本章另一个重点和难点是涉及运算器的硬件实现，需要学生具备基本的逻辑电路知识，假设本课程有相应的前导课程，如数字电路/数字逻辑等，对计算机中常用的逻辑部件已经有所了解，所以在课程中不进行讲解。

根据教育部发布的《全国硕士研究生入学统一考试计算机科学与技术学科联考计算机学科专业基础考试大纲》对计算机组成原理部分的要求看，本章对应考研大纲中的第二部分——数据的表示和运算中的部分内容(用楷体字标出)。

（一）数制与编码
（二）定点数的表示和运算
1. 定点数的表示
2. 定点数的运算
定点数的移位运算；原码定点数的加/减运算；补码定点数的加/减运算；定点数的乘/除运算；溢出概念和判别方法。
（三）浮点数的表示和运算
1. 浮点数的表示
2. 浮点数的加/减运算
（四）算术逻辑单元(ALU)
1. 串行加法器和并行加法器
2. ALU 的功能和结构

对于定点数和浮点数的表示，主教材中已在第 2 章中进行了详细的讨论，本章仅讨论定点数和浮点数的运算以及 ALU 的结构和硬件实现。

这一部分内容的试题多与第 2 章的内容相关，即使是计算，也可能以选择题的形式出现。综合应用题直接涉及定、浮点数计算的可能性不大，不排除有涉及运算器硬件设计实现内容的试题。

4.3 误点疑点解惑

1. 并行加法器的进位产生和传递

一个 n 位字长的并行加法器由 n 个全加器组成，n 位数据同时相加。虽然操作数的各位是同时提供的，但低位运算产生的进位会影响高位的运算结果，所以并行加法器的最长运算时间主要由进位信号的传递时间决定，而每个全加器本身的求和延迟只是次要因素。很明显，提高并行加法器速度的关键是尽量加快进位产生和传递的速度。

并行加法器中的每个全加器都有一个从低位送来的进位和一个传送给较高位的进位，每一位的进位表达式为

$$C_i = A_iB_i + (A_i \oplus B_i)C_{i-1} = G_i + P_iC_{i-1}$$

G_i 称为全加器第 i 位的进位产生函数，其逻辑含义是：若本位两个输入均为 1，必向高

位产生进位,与低位进位无关。P_i 称为进位传递函数,其逻辑含义是:当 $P_i=1$ 时,若低位有进位,本位将产生进位。

2. 并行加法器的进位传递方式和传递时间

n 位并行加法器按进位信号的传递方式,可分为串行进位方式、并行进位方式和分组先行进位方式。

串行进位方式的每一级进位直接依赖于前一级的进位,即进位信号是逐级形成的。假定一级"与门""或门"的延迟时间定为 ty,则每一级进位的延迟时间为 $2ty$。在字长为 n 位的情况下,若不考虑 G_i、P_i 的形成时间,$C_0 \to C_n$ 的最长延迟时间为 $2nty$(设 C_0 为加法器最低位的进位,C_n 为加法器最高位的进位)。串行进位速度慢,且加法器位数越长,进位延迟时间越长。

并行进位方式所有各位的进位不依赖于其低位的进位,而依赖于最低位的进位 C_0,各位的进位是同时产生的。这种进位方式是快速的,若不考虑 G_i、P_i 的形成时间,$C_0 \to C_n$ 的最长延迟时间仅为 $2ty$,与字长无关。随着加法器位数的增加,完全采用并行进位是不现实的。

真正实用的进位方式是分组先行进位方式。分组先行进位方式有单级和多级之分。

单级先行进位方式又称为组内并行、组间串行方式。若不考虑 G_i、P_i 的形成时间,$C_0 \to C_n$ 的最长延迟时间为 $2mty$,其中 m 为分组的组数。16 位单级先行进位加法器(分为 4 组,每组 4 位),$C_0 \to C_{16}$ 的最长延迟时间为 $4\times 2ty=8ty$。

多级先行进位方式又称组内并行、组间并行方式。若不考虑 G_i、P_i 的形成时间,在 16 位二级先行进位加法器中,C_0 经过 $2ty$ 产生第 1 小组的 C_1、C_2、C_3 及所有组进位产生函数 G_i^* 和组进位传递函数 P_i^*;再经过 $2ty$,产生 C_4、C_8、C_{12}、C_{16};最后经过 $2ty$ 后,才能产生第 2、3、4 小组内的 $C_5 \sim C_7$、$C_9 \sim C_{11}$、$C_{13} \sim C_{15}$。这里一定要提醒学生注意,$C_0 \to C_{16}$ 的延迟时间为 $4ty$,而 $C_0 \to C_5$ 的延迟时间为 $6ty$,因为 C_4 和 C_{16} 是同时产生的,如果没有 C_4,就不会产生正确的 C_5,此时高位的进位先于低位的进位产生,整个加法器的最长进位延迟时间为 $6ty$。

3. 补码加减运算及其实现

补码加法中,符号位参加运算,被加数和加数直接相加,即

$$[X+Y]_{补}=[X]_{补}+[Y]_{补}$$

如果计算机中有减法器,则补码减法有

$$[X-Y]_{补}=[X]_{补}-[Y]_{补}$$

实际上,计算机中并没有减法器,减法也是由加法器完成的。对于补码减法,符号位参加运算,被减数和减数的机器负数直接相加,即

$$[X-Y]_{补}=[X]_{补}+[-Y]_{补}$$

从两个减法公式可以看出:

$$[-Y]_{补}=-[Y]_{补}$$

例 4-1 求证:$[-Y]_{补}=-[Y]_{补}$。

证明:因为

$$[X]_{补}+[Y]_{补}=[X+Y]_{补}$$

令 $X=-Y$，代入上式，则有

$$[-Y]_{补}+[Y]_{补}=[-Y+Y]_{补}=[0]_{补}=0$$

所以

$$[-Y]_{补}=-[Y]_{补}$$

减法运算时，寄存器 Y 中存放的是减数的补码形式$[Y]_{补}$。已知$[Y]_{补}$，求$[-Y]_{补}$的方法是：将$[Y]_{补}$连同符号位一起取反，末尾加 1。这个过程称为变补(求补)，表示为

$$[-Y]_{补}=[[Y]_{补}]_{变补}$$

初学者很容易混淆“某数的补码表示”与“变补”这两个概念，一定要多举几个例子。变补时，无论$[Y]_{补}$表示的真值是正数，还是负数，都要对$[Y]_{补}$包括符号位一起变反(所有二进制位一起变反)，末位加 1。

无论是加法运算，还是减法运算，均用相同的逻辑电路实现。实现补码加减运算的逻辑电路如图 4-1 所示。

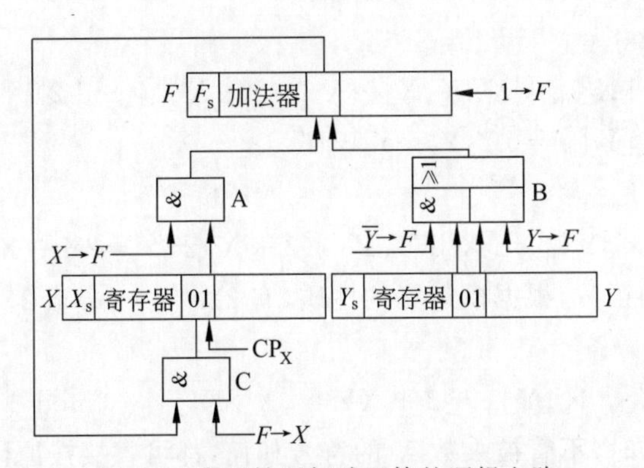

图 4-1　实现补码加减运算的逻辑电路

补码加减运算器的核心是一个多位的并行加法器 F，X 和 Y 是两个寄存器，门 A、B、C 分别是字级的“与门”和“与或门”。在两数运算之前，X、Y 寄存器中存放着补码表示的被操作数和操作数，运算结束后，X 寄存器中存放着补码表示的结果。

加、减法运算的控制信号的不同之处在于，加法时由 $Y\to F$ 信号打开“与或门”B 的右侧“与门”，将$[Y]_{补}$的原变量送到加法器与$[X]_{补}$相加，减法时由 $\overline{Y}\to F$ 信号打开“与或门”B 的左侧“与门”，将$[Y]_{补}$的反变量送到加法器与$[X]_{补}$相加，并由 $1\to F$ 信号使加法器的最低位加 1。

4. 符号扩展

符号扩展主要应用在两个不同长度的二进制数相加的场合。两个表示长度不等的二进制数直接相加，会存在一些问题。例如，计算 13 和－5 两数的和，其中 13 用 16 位二进制表示为 0000000000001101，而－5 用 6 位二进制表示为 111011。ALU 计算的结果为

$$\begin{array}{r} 0000000000001101 \\ +\qquad\qquad 111011 \\ \hline \end{array}$$

问题是我们应该如何处理 111011 缺少的位呢？如果把缺少的位填为 0，那么与＋13 相加的数将不再是－5，因为 0000000000111011 代表的是＋59，这样计算出的结果将是＋72，显然是错误的。

然而,如果将6位二进制数做符号扩展,转换为16位二进制数,则计算式如下:

$$\begin{array}{r} 0000000000001101 \\ +\ 1111111111111011 \\ \hline 0000000000001000 \end{array}$$

于是,结果正确,即+8。

由此可见:符号扩展,在二进制正数前面添加任意多的0不会改变其值;同样,在二进制负数前面添加任意多的1也不会改变其值。

5. 补码校正乘法

补码乘法不能简单地套用原码乘法的算法,这是因为补码的符号位是参加运算的。所谓校正法,是将$[X]_{补}$和$[Y]_{补}$按原码规则运算,所得结果根据情况再加以校正,从而得到$[X\times Y]_{补}$。下面分两种情况讨论。

(1) 被乘数X的符号任意,乘数Y为正数。

因为

$$[X]_{补}=X_s.X_1X_2\cdots X_n=2+X \pmod 2$$
$$[Y]_{补}=0.Y_1Y_2\cdots Y_n=Y$$

所以

$$[X]_{补}\times[Y]_{补}=[X]_{补}\times Y=(2+X)\times Y=2Y+X\times Y$$

由于Y是大于0的正数,根据模运算的性质,有$2Y=2 \pmod 2$。

所以

$$[X]_{补}\times[Y]_{补}=2+XY=[X\times Y]_{补} \pmod 2$$

可见,当乘数$Y>0$时,不管被乘数X的符号如何,都可直接按原码乘法运算,只是移位时按补码规则进行。

(2) 被乘数X的符号任意,乘数Y为负数。

因为

$$[X]_{补}=X_s.X_1X_2\cdots X_n=2+X \pmod 2$$
$$[Y]_{补}=1.Y_1Y_2\cdots Y_n=2+Y \pmod 2$$
$$Y=[Y]_{补}-2=1.Y_1Y_2\cdots Y_n-2=0.Y_1Y_2\cdots Y_n-1$$

所以

$$X\times Y=X\times(0.Y_1Y_2\cdots Y_n)-X$$
$$[X\times Y]_{补}=[X\times(0.Y_1Y_2\cdots Y_n)]_{补}+[-X]_{补}$$

因为

$$(0.Y_1Y_2\cdots Y_n)>0$$

所以

$$[X\times Y]_{补}=[X]_{补}\times(0.Y_1Y_2\cdots Y_n)+[-X]_{补}$$

可见,当乘数$Y<0$时,可以先把$[Y]_{补}$的符号位丢掉不管,仍按原码乘法运算,最后再加上$[-X]_{补}$进行校正。

将上述两种情况综合起来,就得到补码乘法的统一表达式:

$$[X\times Y]_{补}=[X]_{补}\times(0.Y_1Y_2\cdots Y_n)+[-X]_{补}\times Y_s$$

6. 补码 Booth 乘法

由于校正法在乘数为负数的情况下，需要进行校正，控制比较复杂，而比较法(即 Booth 法)则是一种比较好的带符号数乘法的方法，被广泛采用。

乘法运算的实现需要 3 个寄存器。被乘数$[X]_补$存放在 B 寄存器中；乘数$[Y]_补$存放在 C 寄存器中；A 寄存器用来存放部分积与最后乘积的高位部分，它的初值为 0。运算结束后寄存器 C 中不再保留乘数，改为存放乘积的低位部分。

补码乘法运算过程中，A、C 两个寄存器级联起来右移。若乘数的数值位为 n 位，共需进行 $n+1$ 次累加和 n 次右移，最后将得到一个数值位为 $2n$ 位的乘积，高位在 A 寄存器中，低位在 C 寄存器中。

在 Booth 乘法运算中，学生常犯的错误是忘记在乘数的最低位之后增加一位附加位 Y_{n+1}，Y_{n+1}的初值为 0。Booth 乘法规则中虽然每次比较两位乘数，但实际上只对一位乘数进行处理，如果不在乘数的最低位后增加 Y_{n+1}，则乘数的最低位 Y_n 将不能得到处理，运算结果当然就不正确了。

7. 补码加减交替除法

除法运算也需要 3 个寄存器。被除数存放在 A 寄存器中；除数存放在 B 寄存器中；C 寄存器用来存放商，它的初值为 0。运算过程中 A 寄存器的内容将不断发生变化，最后 A 寄存器中剩下的是扩大了若干倍的余数。

补码除法运算过程中，A、C 两个寄存器级联起来左移。若除数的数值位为 n 位，共需进行 $n+1$ 次累加和 n 次左移，最后得到数值位为 n 位的商和余数。

补码加减交替除法运算要比 Booth 乘法运算复杂一些，特别是对于够减的判断、上商规则和商符形成的理解，部分学生可能会感到困难。下面简单讨论一下够减的判断、上商规则和商符形成的问题，实际计算时并不需要深究这些问题，只要按规则一步步做就可以。

1) 够减的判断

除法运算实际上是在做减法运算，只不过如果两数同号，则真的做减法；而两数异号，做减法变成做加法。参加运算的两个数符号任意，够减的情况如下：

(1) 两数同号：

$$X>0,\quad Y>0,\quad X-Y>0$$

$$X<0,\quad Y<0,\quad -X-(-Y)>0 \Rightarrow X-Y<0$$

(2) 两数异号：

$$X>0,\quad Y<0,\quad X-(-Y)=(X+Y)>0$$

$$X<0,\quad Y>0,\quad (-X)-Y>0 \Rightarrow X+Y<0$$

综合以上情况可得出下列结论：当被除数$[X]_补$(或部分余数)与除数$[Y]_补$同号时，如果得到的新部分余数$[r_i]_补$与除数$[Y]_补$同号，则表示够减，否则为不够减；当被除数$[X]_补$(或部分余数)与除数$[Y]_补$异号时，如果得到的新部分余数$[r_i]_补$与除数$[Y]_补$异号，则表示够减，否则为不够减。

2) 上商规则

如果$[X]_补$和$[Y]_补$同号，则商为正数，够减时上商 1，不够减时上商 0；如果$[X]_补$和$[Y]_补$异号，则商为负数，够减时上商 0，不够减时上商 1。

补码的上商规则最后可归结为：部分余数$[r_i]_补$和除数$[Y]_补$同号，商上 1；反之，商上0。

3) 商符的形成

第一次得出的商就是实际应得的商符。因为为了保证商是一个定点小数,必须要求 $|X|<|Y|$,所以第一次肯定不够减。当被除数与除数同号时,部分余数与除数必然异号,商上0,恰好与商符一致;当被除数与除数异号,部分余数与除数必然同号,商上1,也恰好就是商的符号。

在加减交替法除法运算中,学生常犯的错误主要有:①左移过程出错;②忘记商的最末一位应当恒置1。

在补码加减交替除法中采用双符号位进行运算,最左边的符号位是真符。左移时要特别注意,如:

00.1××××左移一位为01.××××0

11.0××××左移一位为10.××××0

左移之后出现双符号位的两个符号位不相同的情况,并不是出现了错误,此时只要再进行一次计算,即可保证两个符号位相同。

8. 浮点加减运算中的对阶和结果规格化

浮点数的加减运算首先需要对阶,对阶的实质就是小数点对齐。对阶的原则是:小阶向大阶看齐。使小阶的阶码增大,相应的尾数右移,直到两数的阶码相等为止。当尾数的基数 $r=2$ 时,每右移一位,阶码加1。

当尾数结果为00.0××…×或11.1××…×时,需要使尾数左移,以实现规格化,这个过程称为左规。左规可能需要进行多次,尾数每左移一位,阶码相应减1,直至成为规格化数为止。

当尾数结果为10.×××…×或01.×××…×时,应将尾数右移,以实现规格化,这个过程称为右规。右规最多只需要进行一次,尾数每右移一位,阶码相应加1。

尾数规格化后,有可能使阶码发生溢出。若阶码用双符号位补码表示,当:

$[E_C]_补=01$,×××…×,表示上溢。此时,浮点数真正溢出,机器须停止运算,做溢出中断处理。

$[E_C]_补=10$,×××…×,表示下溢。浮点数值趋于零,机器不做溢出处理,而是当作机器零处理。

9. 浮点除法运算中的尾数调整

对尾数来说,当被除数的绝对值大于或等于除数的绝对值时(即 $|M_A|\geqslant|M_B|$),在定点除法运算中是不允许的(因为我们只讨论了定点小数的除法,当 $|M_A|\geqslant|M_B|$ 时,商就不是定点小数了),但在浮点除法运算中是允许的。由于前述的除法规则是在 $|M_A|<|M_B|$ 的前提下推出的,为使定点除法规则在浮点除法尾数相除时也能应用,通常在尾数除法前加上尾数调整的步骤。

所谓尾数调整,是指将被除数尾数调整为小于除数的尾数,即经过调整后被除数的尾数为 M'_A,应使 $1/2<|M'_A|<|M_B|<1$。如 $|M_A|\geqslant|M_B|$,则 $|M'_A|=|M_A|/2$;如 $|M_A|<|M_B|$,则 $|M'_A|=|M_A|$。这样做不仅使定点除法规则可适用于浮点除法的尾数相除,而且所得的商必为规格化的数,省去了除法运算后规格化的步骤。

下面分两种情况加以证明。

(1) 若$|M_A|<|M_B|$,则 M_A 不需调整,$|M'_A|=|M_A|$。

因为$|M_A|<|M_B|$,故有$|M'_A|/|M_B|<1$。

对于$|M'_A|/|M_B|\geqslant 1/2$,可以采用反证法证明:

假设$|M'_A|/|M_B|=m<1/2$,则有$|M'_A|=m\times|M_B|$,由于$|M_B|<1$,故有$|M_A|=|M'_A|=m\times|M_B|<m<1/2$。这与 M_A 是规格化数矛盾,所以$|M'_A|/|M_B|\geqslant 1/2$。

因此,$1/2\leqslant|M'_A|/|M_B|<1$。

(2) 若$|M_A|\geqslant|M_B|$,则 M_A 需要调整,$|M'_A|=|M_A|/2$,此时必有$|M'_A|<|M_B|$。

因为$|M'_A|<|M_B|$,故有$|M'_A|/|M_B|<1$。

因为$|M_A|\geqslant|M_B|$,故有$|M_A|/|M_B|\geqslant 1$;

而$|M'_A|/|M_B|=(|M_A|/2)/|M_B|=(|M_A|/|M_B|)/2\geqslant 1/2$。

因此,$1/2\leqslant|M'_A|/|M_B|<1$。

综合以上两种情况可知,所得商必为规格化的数。

10. BCD 码的加法运算

BCD 码由 4 位二进制数表示,按二进制加法规则进行加法运算。十进制数的进位是 10,而四位二进制数的进位是 16,为此需要进行必要的十进制校正,才能使该进位正确。不同的 BCD 码对应的十进制校正规律是不一样的,因此硬件实现也是不同的。

主教材中已经讨论了 8421 码和余 3 码的加法规则和加法器。无论哪种 BCD 码,都需要首先找出其校正关系,然后再根据校正关系列出校正函数,最后得到相应的一位加法器电路。所以,找出 BCD 码的校正关系是解决问题的关键,由于两个一位的十进制数(0~9)相加,其和不会超过 18,考虑低位来的进位,其和的最大值是 19。校正关系表中应当列出正确的 BCD 码和校正前的二进制数,两者之间的区别就是需要校正(加或减)的数。常见的 BCD 码(8421 码、余 3 码、2421 码)的校正关系都不是很复杂,根据校正关系表找出其校正关系应该是不困难的。

11. 基本逻辑运算及其应用

逻辑运算的主要特点是:数据按位进行操作,每位均按二值布尔规则运算,各位之间无进位和借位关系,也没有溢出。

逻辑运算多用于按位或字段的处理,如用来改变某些指定位的状态;在一个字中取出一部分字段,或插入一部分新的数值;按照另外一个寄存器的内容改变现有数据等。

1) 利用与运算实现按位测试

让屏蔽字中的相应位为 1,其他位为 0,然后两个操作数相与,使需要检测的位保留原来的状态,不需要检测的位为 0。

目的操作数 A　　11001010

屏蔽字 B　　00001000

A AND B　　00001000

2) 利用与运算实现按位分离

让屏蔽字中对应于分离段的各位为 1,其他位为 0,然后两个操作数相与,以便分离出感兴趣的一段代码。

目的操作数 A　　11001010

屏蔽字 B　　00001111

A AND B　　00001010

3) 利用与运算实现按位清除

让屏蔽字中的相应位为 0,其他位为 1,然后与目的操作数相与。

目的操作数 A　　11001010

屏蔽字 B　　11110111

A AND B　　11000010

4) 利用或运算实现按位设置

让屏蔽字中的相应位为 1,其他位为 0,然后与目的操作数相或。

目的操作数 A　　11001010

屏蔽字 B　　00000100

A OR B　　11001110

5) 利用异或运算实现按位修改

被处理的数中哪些位需要变反,则屏蔽字中的相应位为 1,不修改的位为 0,然后两操作数相异或。

目的操作数 A　　11001010

屏蔽字 B　　00001000

A XOR B　　11000010

6) 利用异或运算实现判符合

将待判定的代码与设定的代码相异或,若结果各位均为 0,表示两者相同;若有一位不为 0,表示两数不相同。

目的操作数 A　　11001010

屏蔽字 B　　11001010

A XOR B　　00000000

7) 利用与、或运算实现插入

插入是指将代码中的某些位用新的数值取代。例如,要求在 A 的高 4 位插入新的数值 1101。首先使用与运算将 A 的高 4 位删除,然后再将 A 与要求插入的数值相或。

目的操作数 A　　11001010

屏蔽字 B　　00001111

A AND B　　00001010　　删除高 4 位

A　　00001010

屏蔽字 B　　11010000

A OR B　　11011010　　插入高 4 位

4.4 相关知识介绍

1. 全加器电路

全加器(FA)是最基本的加法单元,它有 3 个输入量:操作数 A_i 和 B_i、低位传来的进位 C_{i-1};两个输出量:本位和 S_i、向高位的进位 C_i。

根据全加器真值表,可得到全加器的和 S_i 与进位 C_i 的逻辑表达式为

$S_i = A_i \oplus B_i \oplus C_{i-1}$

$C_i = A_iB_i + A_iC_{i-1} + B_iC_{i-1} = A_iB_i + (A_i + B_i)C_{i-1} = A_iB_i + (A_i \oplus B_i)C_{i-1}$

图 4-2 为全加器的逻辑图。

根据数字电路的有关知识可知，对于各种门电路，从输入信号出现到产生输出信号是有时间延迟的，不同的门电路延迟时间不同。假设一级“与非门”的延迟时间为 $1ty$，一级“与或非门”“异或门”的延迟时间为 $1.5ty$，则产生和 S_i 要经过 $3ty$ 延时，产生进位 C_i 要经过 $3.5ty$ 延时。

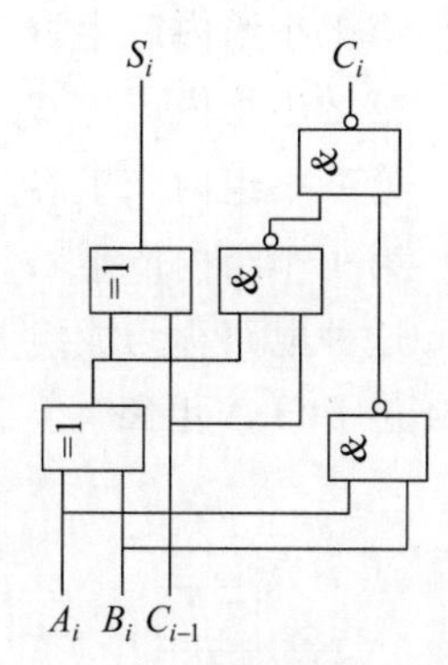

图 4-2 全加器的逻辑图

2. 4 位先行进位电路

提高加法器运算速度的关键是缩短串行进位中进位逐位的传递时间，让各位进位同时产生。在分组先行进位方式中，组内采用并行方式，假设 4 位为一组，4 个进位输出信号仅由进位产生函数 G_i、进位传递函数 P_i 以及最低位进位 C_0 决定，所以这些进位信号是同时产生的。

$C_1 = G_1 + P_1C_0$

$C_2 = G_2 + P_2C_1 = G_2 + P_2G_1 + P_2P_1C_0$

$C_3 = G_3 + P_3C_2 = G_3 + P_3G_2 + P_3P_2G_1 + P_3P_2P_1C_0$

$C_4 = G_4 + P_4C_3 = G_4 + P_4G_3 + P_4P_3G_2 + P_4P_3P_2G_1 + P_4P_3P_2P_1C_0$

实现上述进位逻辑函数的电路称为 4 位先行进位(Carry Look Ahead，CLA)电路，如图 4-3 所示。

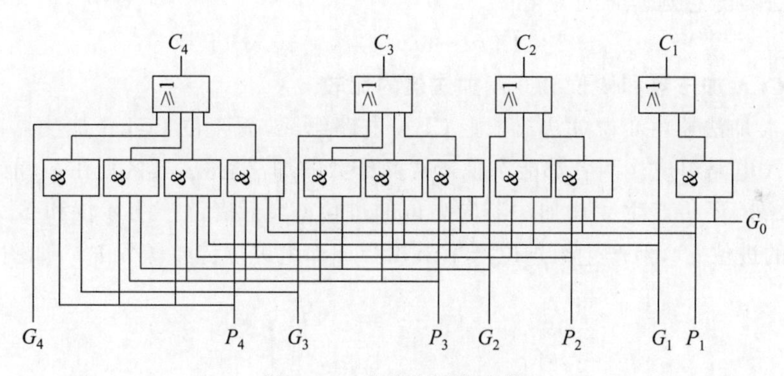

图 4-3 4 位先行进位电路

若用 4 位 CLA 电路组成 CLA 加法器，还必须配上进位产生/传递电路和求和电路。进位产生/传递电路是为了产生 G_i 和 P_i，而求和电路则是用来产生各位的和(S_i)。因为进位产生/传递电路的延迟时间是 $1.5ty$，求和电路的延迟时间是 $3ty$，所以用以上 3 种电路组成 16 位字长的单级 CLA 加法器，其总的延迟时间(包括 P_i、G_i 产生时间、进位延迟时间和求和时间)为

$$T = 1.5ty + 4 \times 2ty + 3ty = 12.5ty$$

其中 $4 \times 2ty$ 为四个 4 位 CLA 电路的进位传递时间。进一步分析可以看到，由 $C_0 \to C_4$ 的最长延迟时间为 $1.5ty + 2ty = 3.5ty$，由 $C_0 \to C_{16}$ 的最长延迟时间为 $(1.5 + 4 \times 2)ty = 9.5ty$。

3. 4位成组先行进位电路

为了产生组进位函数,需要对原来的CLA电路进行修改:

第1小组内产生G_1^*、P_1^*、C_3、C_2、C_1,不产生C_4;

第2小组内产生G_2^*、P_2^*、C_7、C_6、C_5,不产生C_8;

第3小组内产生G_3^*、P_3^*、C_{11}、C_{10}、C_9,不产生C_{12};

第4小组内产生G_4^*、P_4^*、C_{15}、C_{14}、C_{13},不产生C_{16}。

这种电路称为成组先行进位(Block Carry Look Ahead,BCLA)部件。图4-4为第1组的4位BCLA电路。

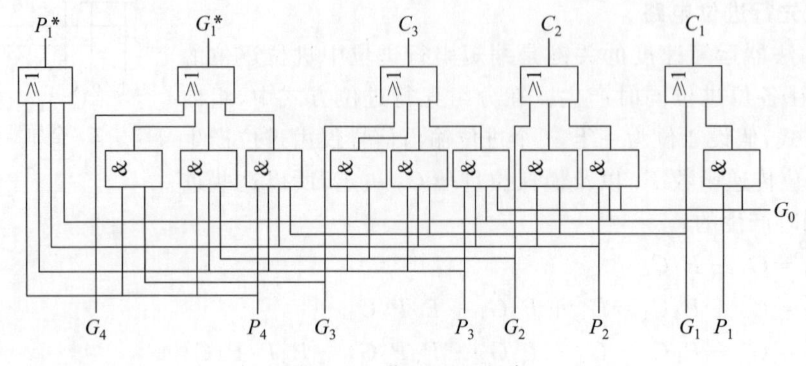

图4-4　4位BCLA电路

利用4位BCLA电路再配上前述的进位产生/传递电路与求和电路可组成BCLA加法器。整个加法器的总延迟时间为

$$T=1.5ty+6ty+3ty=10.5ty$$

4. 4位CLA加法器和4位BCLA加法器的比较

4位CLA加法器由4位加法器配上CLA电路组成,而4位BCLA加法器由4位加法器配上BCLA电路组成。两者都能实现4位操作数的加法运算,其区别在于,前者除产生4位和$S_4 \sim S_1$外,还将产生4位加法器向高位的进位C_4;后者除产生4位和$S_4 \sim S_1$外,不产生向高位的进位C_4,但产生组进位产生函数G_i^*和组进位传递函数P_i^*,如图4-5所示。

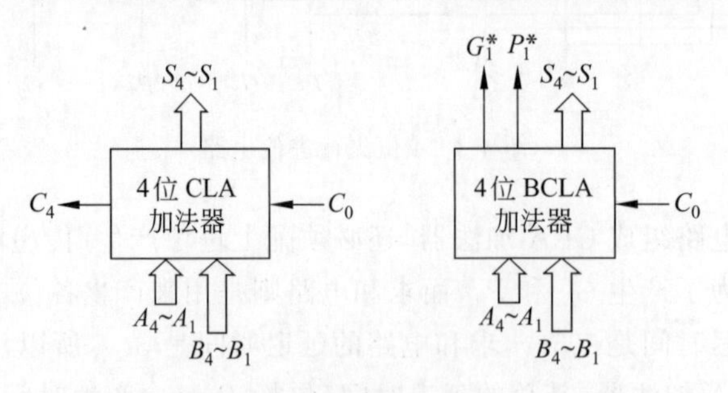

图4-5　4位CLA加法器和4位BCLA加法器

5. 原码和反码的加减运算

前面已经提到,在通用计算机中,通常采用补码实现加、减、乘、除运算。原码和反码的加减运算要比补码的加减运算复杂。下面讨论原码和反码的加减运算。

1）原码的加减运算

对原码表示的两个数进行加减运算时，计算机的实际操作是加还是减，不仅取决于指令的操作码，还取决于两个操作数的符号。例如，加法时可能要做减法（两数异号），减法时又可能做加法（两数异号），所以原码加减运算的实现是比较复杂的。

设有两个定点数：

$$被加(减)数[X]_{原}=X_s.X_1X_2\cdots X_n$$

$$加(减)数[Y]_{原}=Y_s.Y_1Y_2\cdots Y_n$$

两数之和（差）为

$$[S]_{原}=S_s.S_1S_2\cdots S_n$$

两个操作数的加减运算有8种可能的组合，它们可以组合归并为4类实际操作：

$$正数+正数=正数-负数$$

$$负数+负数=负数-正数$$

$$正数+负数=正数-正数$$

$$负数+正数=负数-负数$$

前两类是同号相加和异号相减，实际操作是做绝对值相加，结果符号取被加（减）数的符号。后两类是异号相加和同号相减，实际操作为绝对值相减，结果符号与绝对值大的数的符号相同。

指令加、减和机器实际加、减是两个不同的概念。机器加、减与指令加、减的关系式如下：

$$[机器加]=(\overline{X_s\oplus Y_s})[指令加]+(X_s\oplus Y_s)[指令减]$$

$$[机器减]=(X_s\oplus Y_s)[指令加]+(\overline{X_s\oplus Y_s})[指令减]$$

加减运算结果的符号表达式为

$$S_s=[机器减](|X|<|Y|)\overline{X_s}+\overline{[机器减](|X|<|Y|)}X_s$$

$$=([机器减](|X|<|Y|))\oplus X_s$$

在大多数计算机中，通常只设置加法器，而不设置减法器，因此减法运算将转换为加法运算实现。原码运算时，用$|X|+[|Y|]_{变补}$代替$|X|-|Y|$。

原码加减运算规则如下：

(1) 参加运算的操作数取其绝对值。

(2) 若做加法，则两数直接相加；若做减法，则将减数先变一次补，再进行加法运算。

(3) 运算之后，可能有两种情况：

① 有进位，结果为正，即得到正确的结果。

② 无进位，结果为负，则应再变一次补，才能得到正确的结果。

(4) 加上符号位，得到用原码表示的结果。

通常，运算之前的变补称为前变补，运算之后的变补称为后变补。

例 4-2 12－9＝3

```
       1100 …12
   +   0111 …对9变补(前变补)
   ----------
       0011 …结果为3,有进位,表示结果为正
   0   0011 …加符号
```

例 4-3　9－12＝－3

$$
\begin{array}{rl}
1\,0\,0\,1 & \cdots 9 \\
+\quad 0\,1\,0\,0 & \cdots \text{对 12 变补(前变补)} \\
\hline
1\,1\,0\,1 & \cdots \text{无进位,表示结果为负} \\
0\,0\,1\,1 & \cdots \text{后变补,结果为 3} \\
1\quad 0\,0\,1\,1 & \cdots \text{加符号}
\end{array}
$$

2）反码的加减运算

与补码加减运算类似,反码加减运算应有:

$$[X+Y]_{反}=[X]_{反}+[Y]_{反}$$
$$[X-Y]_{反}=[X]_{反}+[-Y]_{反}$$

反码加减运算规则如下:

(1) 参加运算的操作数用反码表示。

(2) 符号位作为数的一部分参加运算。

(3) 若做加法,则两数直接相加;若做减法,则将被减数与连同符号位一起变反后的减数相加。

(4) 运算时如果符号位产生进位,则在末位加 1,称为循环进位。

(5) 结果以反码表示。

例 4-4　$A=0.1001, B=-0.0100$,求$[A+B]_{反}$。

因为

$$[A]_{反}=0.1001,\quad [B]_{反}=1.1011$$

$$
\begin{array}{rl}
0.1001 & [A]_{反} \\
+\ 1.1011 & [B]_{反} \\
\hline
10.0100 & \\
\hookrightarrow 1 & \\
\hline
0.0101 & [A+B]_{反}
\end{array}
$$

所以

$$[A+B]_{反}=0.0101,\quad A+B=0.0101$$

例 4-5　$A=0.1001, B=-0.0100$,求$[A-B]_{反}$。

因为

$$[A]_{反}=0.1001,\quad [B]_{反}=1.1011,\quad [-B]_{反}=0.0100$$

$$
\begin{array}{rl}
0.1\,0\,0\,1 & [A]_{反} \\
+\quad 0.0\,1\,0\,0 & [-B]_{反} \\
\hline
0.1\,1\,0\,1 & [A-B]_{反}
\end{array}
$$

所以

$$[A-B]_{反}=0.1101,\quad A-B=0.1101$$

6. 补码的移位操作

算术移位时应保持数的符号位不变,而数值的大小要发生变化。左移一位相当于乘以 2,右移一位相当于除以 2。

例 4-6　设$[X]_{补}=X_s.X_1X_2\cdots X_n$,求证:$\left[\frac{1}{2}X\right]_{补}=X_s.X_sX_1X_2\cdots X_n$,

证明：因为

$$X=-X_s+\sum_{i=1}^{n}X_i2^{-i}$$

所以

$$\frac{1}{2}X=-\frac{1}{2}X_s+\frac{1}{2}\sum_{i=1}^{n}X_i2^{-i}=-X_s+\frac{1}{2}X_s+\frac{1}{2}\sum_{i=1}^{n}X_i2^{-i}$$

$$=-X_s+\frac{1}{2}\sum_{i=0}^{n}X_i2^{-(i+1)}$$

根据补码与真值的关系有

$$\left[\frac{1}{2}X\right]_{补}=X_s.X_sX_1X_2\cdots X_n$$

7. 各种舍入方法的比较

减少运算中精度损失的关键是要处理好运算中尾数超出字长的部分，使之精度损失小。

为了对不同的舍入处理方法进行对比，使用误差曲线，并以尾数基数 $r=2$，尾数位数 $m=2$ 为例讨论。图 4-6 中，横坐标是处理前的实际值，纵坐标是经舍入处理后的结果值，虚线为理想的无精度损失曲线。

1）恒舍法

其方法是：将尾数超出机器字长的部分截去，误差曲线如图 4-6(a)所示。对于正数，大多产生负误差，只有圆点处无误差。

这种方法的好处是实现最简单，不增加硬件，不需要处理时间，但由于最大误差较大，平均误差大且无法调节，因而已很少使用。

2）恒置 1 法

其方法是：令机器运算的规定字长的最低位恒为 1，误差曲线如图 4-6(b)所示。对于正数，误差有正有负(如 11|10…1 舍入成 11|，造成负误差；10|10…1 舍入成 11|，造成正误差；11|00…0 舍入成 11|，无误差)。统计平均误差接近于零但略偏正，平均误差无法调节。

这种方法的好处是实现简单，不需要增加硬件和处理时间，平均误差趋于零。主要缺点是最大误差在各种方法中最大，比恒舍法还大。

3）舍入法

舍入法又称下舍上入法(0 舍 1 入法)，误差曲线如图 4-6(c)所示。对于正数，误差有正有负(如 10|01…1 舍入成 10|，造成负误差；10|10…0 舍入成 11|，造成正误差；01|00…0 舍入成 01|，无误差)。统计平均误差趋于零但略偏正，平均误差无法调节。

这种方法的好处是实现简单，增加的硬件很少，最大误差小，平均误差接近零。主要缺点是处理速度慢，最坏的情况下可能需要从尾数最低位进位至最高位。

4）查表舍入法

查表舍入法的误差曲线如图 4-6(d)所示。这种方法速度较快，平均误差可调节到零，但缺点是需要的硬件量大。不过，随着器件价格的下降和集成度的改进，其使用将会增多。

8. 原码两位乘法

为了提高乘法的执行速度，可以选用两位乘法的方案。主教材中已经讨论了补码两位

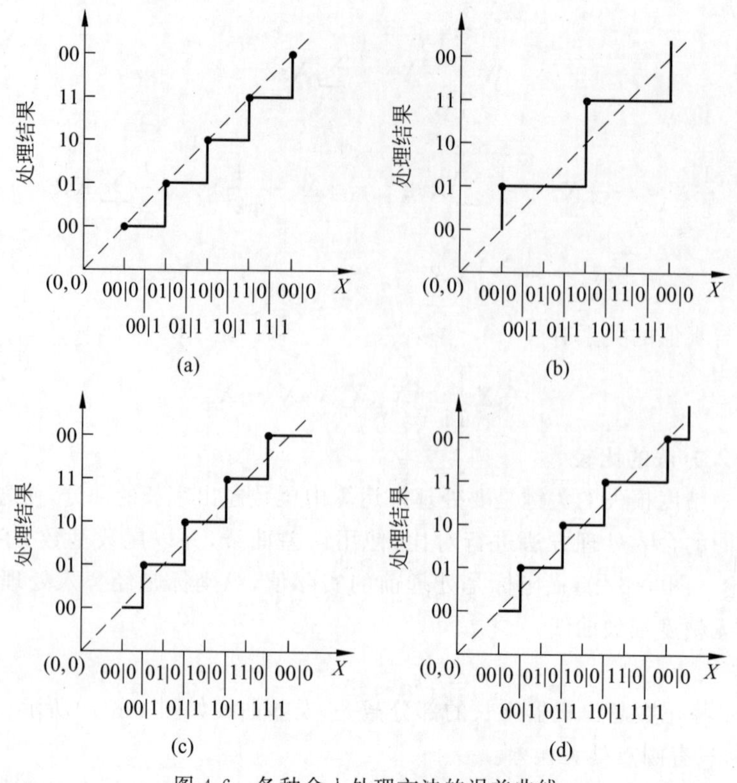

图 4-6 各种舍入处理方法的误差曲线

乘法,这里介绍原码两位乘法。

原码两位乘法和原码一位乘法一样,符号位单独处理。乘数的相邻两位 $Y_{i-1}Y_i$ 有 4 种状态,决定进行何种操作。

$Y_{i-1}Y_i=00$,相当于 $0\times X$,部分积 $+0$,右移两位。

$Y_{i-1}Y_i=01$,相当于 $1\times X$,部分积 $+X$,右移两位。

$Y_{i-1}Y_i=10$,相当于 $2\times X$,部分积 $+2X$,右移两位。

$Y_{i-1}Y_i=11$,相当于 $3\times X$,部分积 $+3X$,右移两位。

其中 $+3X$ 的运算,用普通的加法器不能一次完成,如果分为两次执行,则又降低了速度。可将 $3X$ 当作 $(4X-X)$ 处理,本次操作执行 $-X$,用一个欠账触发器 C_j 记下欠账,下次操作时再补上 $+4X$。由于本次累加后部分积要右移两位,从相对关系看,相当于被乘数左移了两位,因而下一次实际上只需执行 $+X$,就等于前一次完成了 $+4X$ 操作,下面通过一个实例说明这一关系。

设: $A=0.0001$, $X=0.0101$, $2^{-2}(A+4X)$ 为

```
          0 0 0.0 0 0 1        A
      +   0 0 1.0 1 0 0        4X
      ---------------------
          0 0 1.0 1 0 1
    2→    0 0 0.0 1 0 1 0 1
```

$2^{-2}A+X$ 为

$$
\begin{array}{rll}
 & 000.0001 & A \\
2\rightarrow & 000.000001 & \\
+ & 000.0101 & X \\
\hline
 & 000.010101 &
\end{array}
$$

所以

$$本次\ 2^{-2}(A+4X)=下次(A'+X)$$

其中,A'为已右移了两位的 A,即 $A'=2^{-2}A$。

原码两位乘法规则:

(1) 参加运算的操作数取其绝对值。

(2) 符号位单独处理,$P_s=X_s\oplus Y_s$。

(3) 欠账触发器 C_j 初始值为 0。

(4) 根据乘数的最低两位 $Y_{n-1}Y_n$ 和欠账触发器 C_j 的值决定每次应执行的操作,见表 4-1。

(5) $-|X|$通过$+[|X|]_{变补}$实现,所以右移按补码规则进行。

(6) 当乘数的数值位为 n 位(不连符号位),应作 $n/2$ 次累加和移位,如有欠账,再作一次加法。

表 4-1 原码两位乘法运算操作

$Y_{n-1}Y_n$	C_j	操 作	$Y_{n-1}Y_n$	C_j	操 作
00	0	部分积+0,右移两位,$0\rightarrow C_j$	10	0	部分积+2|X|,右移两位,$0\rightarrow C_j$
00	1	部分积+|X|,右移两位,$0\rightarrow C_j$	10	1	部分积−|X|,右移两位,$1\rightarrow C_j$
01	0	部分积+|X|,右移两位,$0\rightarrow C_j$	11	0	部分积−|X|,右移两位,$1\rightarrow C_j$
01	1	部分积+2|X|,右移两位,$0\rightarrow C_j$	11	1	部分积+0,右移两位,$1\rightarrow C_j$

由于在运算中有$+2|X|$,累加时产生的进位可能侵占符号位,所以被乘数和部分积应取 3 个符号位。乘数须凑足偶数位,以便于两位一组的运算,由于最后可能会有欠账,故乘数应取双符号位,以便最后一次能处理前面留下的欠账(出现 001 代码)。实际上,乘数不取符号位也可以,但要记住还清欠账。

注意:不要将原码两位乘法和 Booth 乘法相混淆,C_j 是欠账触发器,它是由前次操作是否有欠账决定置位或复位的,而不像 Booth 乘法中的 Y_{n+1} 是由乘数直接右移得到的。另外,每次得到的部分积也不同,前者表示每次得到两位乘数的部分积,后者表示只得到一位乘数的部分积。

例 4-7 已知:$X=-0.111111$,$Y=0.111001$,利用原码两位乘法求 $X\times Y$。

解:

$$|X|=000.111111\rightarrow B,$$

$$|Y|=000.111001\rightarrow C,\quad 0\rightarrow A$$

$$[|X|]_{变补}=111.000001,$$

$$2|X|=001.111110$$

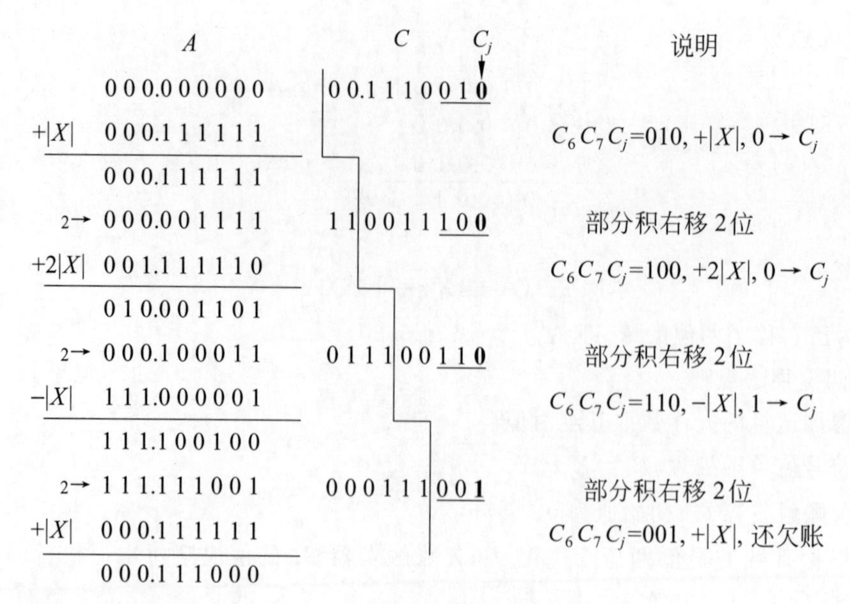

$$P_s = X_s \oplus Y_s = 1 \oplus 0 = 1$$

所以

$$[X \times Y]_{原} = 1.111000000111$$

$$X \times Y = -0.11100000011$$

9. 不同情况除法运算中的寄存器安排

主教材中已经讨论了原码、补码的恢复余数法和不恢复余数除法。在这几种除法算法中,被除数和除数都是定点小数,且数值位的位数都为 n。如果被除数为 $2n$ 位(双倍字长)或被除数和除数都是定点整数,前述的算法还适用吗?应当说除法的算法是基本适用的,但是在除法运算中要用到的3个寄存器的安排上有些变化。不同情况下,寄存器的安排见表4-2。

表4-2 不恢复余数除法运算时寄存器的安排

操作数类型		A寄存器		B寄存器	C寄存器	
		初态	终态		初态	终态
定点小数	单字长	被除数	→(部分余数)→余数	除数	0	→商
	双字长	被除数高位	→(部分余数)→余数	除数	被除数低位	→商
定点整数	单字长	0	→(部分余数)→余数	除数	被除数	→商
	双字长	被除数高位	→(部分余数)→余数	除数	被除数低位	→商

若用双字长 $2n$ 位被除数除以 n 位的除数,得到 n 位的商数,这种除法通常称为双精度除法。当被除数为双字长时,被除数高位部分存放在寄存器 A 中,低位部分存放在寄存器 C 中,其余同前述的单精度除法。

进行整数除法时,必须满足|被除数|≥|除数|的条件,否则结果就是小数了。同时,寄存器的分配也与进行小数除法时有所不同。若参加运算的操作数是整数,则在运算初始时,

寄存器 A 的初值为 0，寄存器 B 用于存放除数，寄存器 C 用于存放被除数。除法结束时，A 中存放余数，C 中存放商，B 中内容不变。

10. 二进制移码加减法

在浮点数据表示时，阶码通常使用移码表示。我们已经知道，两个 $n+1$ 位、偏置值为 2^n 的移码在做加减运算时，操作数用移码表示，结果也用移码表示。直接利用移码运算后的结果需要进行必要的修正，即

$$[A+B]_{移}=[A]_{移}+[B]_{移}-2^n$$
$$[A-B]_{移}=[A]_{移}+[-B]_{移}+2^n$$

由于此时移码与补码的不同仅在于两者的最高位(符号位)不同，故有

$$[A]_{移}=[A]_{补}+2^n$$

所以，进行移码加减运算时，通常使用如下公式：

$$[A+B]_{移}=[A]_{移}+[B]_{补}$$
$$[A-B]_{移}=[A]_{移}+[-B]_{补}$$

为了便于判断溢出，移码采用两位符号位(变形移码)：第一位符号为 0，第二位代表数据的正负，即当 A 为正数时，$[A]_{移}$ 的符号为 01；当 A 为负数时，$[A]_{移}$ 的符号为 00。变形移码只是在运算过程中采用，在传送和存储时仍只保留一位符号位。

因此，移码加减运算规则可归纳如下：

(1) 参加运算的两个操作数均用移码表示。

(2) 采用两位符号位，即用变形移码表示。

(3) 符号位作为数的一部分参加运算。

(4) 运算结果以移码表示，若第一位符号为 0，结果正常；若第一位符号为 1，表示溢出；符号位为 10 时表示正溢出，符号位为 11 时表示负溢出。

例 4-8 $A=1011, B=-1110$，求 $[A+B]_{移}$。

解：因为

$$[A]_{移}=011011 \quad [B]_{补}=110010$$

$$\begin{array}{rl} 011011 & [A]_{移} \\ +\ 110010 & [B]_{补} \\ \hline 001101 & [A+B]_{移} \end{array}$$

所以

$$[A+B]_{移}=001101$$

结果 $A+B=-0011$。

例 4-9 $A=1011, B=-0010$，求 $[A-B]_{移}$。

解：因为

$$[A]_{移}=011011 \quad [B]_{补}=111110 \quad [-B]_{补}=000010$$

$$\begin{array}{rl} 011011 & [A]_{移} \\ +\ 000010 & [-B]_{补} \\ \hline 011101 & [A-B]_{移} \end{array}$$

所以

$$[A-B]_{移}=011101$$

结果 $A-B=1101$。

例 4-10 $A=-1011, B=-1010$,求$[A+B]_{移}$。

解:因为

$$[A]_{移}=000011 \quad [B]_{补}=110110$$

$$\begin{array}{rl} & 000011 \quad [A]_{移} \\ + & 110110 \quad [B]_{补} \\ \hline & 111001 \quad [A+B]_{移} \end{array}$$

结果为负溢出。

例 4-11 $A=1101, B=-1010$,求$[A-B]_{移}$。

解:因为

$$[A]_{移}=011101 \quad [B]_{补}=110110 \quad [-B]_{补}=001010$$

$$\begin{array}{rl} & 011101 \quad [A]_{移} \\ + & 001010 \quad [-B]_{补} \\ \hline & 100111 \quad [A-B]_{移} \end{array}$$

结果为正溢出。

11. 浮点乘法运算的溢出和舍入问题

浮点乘法运算需要做阶码相加。同号相加,若为正阶码,则可能上溢;若为负阶码,则可能下溢。如何正确判断出上溢和下溢呢?下面分别讨论下溢和上溢的问题。

1) 判下溢

产生乘法下溢有两种可能:一是求乘积的阶码时已下溢;二是乘积左规时阶码减1而造成下溢。这样,就有一个什么时候判下溢的问题。

例 4-12 已知 $A=-1\times2^{-128}, B=-1\times2^{-1}$,求 $A\times B$。

解:假设 A、B 的阶码和尾数均采用补码表示,阶码取9位(包括两位符号位),则

$$[A]_{补}=110000000,11.00\cdots0; \quad [B]_{补}=111111111,11.00\cdots0$$

按照运算规则:

$$[A\times B]_{补}=101111111,01.00\cdots0$$

此时,两数阶码之和为101111111(即-129),尾数之积为01.00…0(即$+1$)。如果在阶码求和之后就判溢出,则此时被判为下溢。但实际上计算结果需要右规,阶码$+1$,最后阶码为110000000(即-128),尾数为00.10…0,结果没有溢出。

例4-12说明,如果在阶码求和后就判溢出,可能出现本没有溢出,而被误认为是下溢的情况,错误地扩大了溢出范围。因此,正确的做法是在规格化后判溢出,这才不会扩大溢出范围,但这种做法也有可能造成判断错误。

例 4-13 已知 $A=0.5\times2^{-128}, B=0.5\times2^{-128}$,求 $A\times B$。

解:

$$[A]_{补}=110000000,00.10\cdots0; \quad [B]_{补}=110000000,00.10\cdots0$$

按照运算规则:

$$[A\times B]_{补}=100000000,00.01\cdots0$$

此时,两数阶码之和为100000000(即-256),尾数之积为00.01…0,此时阶符为10,应该判断为下溢。计算结果左规后,积的尾数变成00.10…0。阶码需要-1($+111111111$):

$$100000000+111111111=011111111$$

规格化后,由于阶码减1,阶符为01,变成了上溢的形式。

例4-13说明,如果在规格化后判溢出,就可能把本来的下溢错判为上溢。

如何解决这个矛盾呢?一个简单的方法是:用求阶码和后的阶码寄存器的最高位(代表阶符)参与控制。设求阶码和后,阶码寄存器的内容为

$$R_{ES}\ R_{E0}\ R_{E1}\ R_{E2}\ R_{E3}\ R_{E4}\ R_{E5}\ R_{E6}\ R_{E7}$$

左规时,阶码加法器的输出为

$$F_{ES}\ F_{E0}\ F_{E1}\ F_{E2}\ F_{E3}\ F_{E4}\ F_{E5}\ F_{E6}\ F_{E7}$$

当$R_{ES}=1$,且$F_{ES}\neq F_{E0}$时下溢,即下溢条件$=R_{ES}\cdot(F_{ES}\oplus F_{E0})$。

这样,在规格化后判下溢,既不会扩大溢出范围,也不会错判成上溢。

判断出下溢后,应相应地将下溢标志触发器置1,并将下溢中断标志位置1,以便在规格化之后将乘法结果清为机器零。

2) 判上溢

产生乘法上溢也有两种可能:一是求乘积的阶码时已上溢;二是乘积右规时阶码加1而造成上溢。这样,也有一个什么时候判上溢的问题。

例4-14 已知$A=0.5\times2^{127}$,$B=0.5\times2^{1}$,求$A\times B$。

解:

$$[A]_{补}=001111111,00.10\cdots0;\quad [B]_{补}=000000001,00.10\cdots0$$

按照运算规则:

$$[A\times B]_{补}=010000000,00.01\cdots0$$

此时,两数阶码之和为010000000(即128),尾数之积为00.01…0。如果在阶码求和之后就判溢出,则此时被判为上溢。但实际上,计算结果需要左规,最后阶码为001111111(即127),尾数为00.10…0,结果没有溢出。

例4-14说明,如果在阶码求和后就判溢出,可能出现本不应为溢出,而被误认为是上溢,错误地扩大了溢出范围。因此,正确的做法是应该在规格化后判溢出,此时并不存在类似下溢时出现的问题,不会把上溢错判为下溢。

例4-15 已知$A=-1\times2^{127}$,$B=-1\times2^{127}$,求$A\times B$。

解:

$$[A]_{补}=001111111,11.00\cdots0;\quad [B]_{补}=001111111,11.00\cdots0$$

按照运算规则:

$$[A\times B]_{补}=011111110,01.00\cdots0$$

此时,两数阶码之和为01111110(即254),尾数之积为01.00…0,阶符为01,应该判断为上溢。计算结果右规后,积的尾数变成00.10…0。阶码需要+1,修正为011111111(即255),仍保持上溢的形式,不会错判为下溢。

例4-15说明,如果在规格化之后判溢出,并不会出现误判。

但是,下溢时已用$R_{ES}\cdot(F_{ES}\oplus F_{E0})$判断,如果上溢时只用$\overline{F_{ES}}F_{E0}$判断,则类似例4-13中出现的下溢就可能被误判为上溢。因此,只有用类似判下溢的方法判上溢,才不会与下溢相混淆,也就不会出错。所以,上溢的条件$=\overline{R_{ES}}\cdot(F_{ES}\oplus F_{E0})$。

实际上,只会出现$\overline{R_{ES}}\ \overline{F_{ES}}F_{E0}$的情况,而不会出现$\overline{R_{ES}}F_{ES}\overline{F}$的情况,只是为使判上溢与

判下溢统一而已。

同样,判断出上溢后,也应相应地将上溢标志触发器置1,并将上溢中断标志位置1,以便进行上溢中断的处理。

由于参加运算的数为规格化的数,因而乘积的尾数的绝对值必定大于或等于1/4,所以即使需要左规,最多只需一次,且左规无舍入问题。由于补码$[-1]_补$是有意义的,所以,当两数尾数都为$[-1]_补$时,尾数相乘后为01.00…0(即+1),此时需要右规,右规也只能一次。由于右移1位并未丢掉尾数,所以也不需舍入。乘法的舍入只发生在乘积不取双倍字长,而取单字长的情况下,为确保一定乘积精度时的舍入处理。

12. 多功能算术逻辑单元74181

74181是对前述的4位先行进位加法器进行修改得到的。74181可以实现多种算术运算和逻辑运算,由功能选择线$S_3 \sim S_0$和操作方式M控制。为了和选择信号S_i有所区别,将原先行进位加法器的输出和S_i改为F_i,并且进位C_i受M的控制。经过修改后,和及进位的公式变成

$$F_i = A_i \oplus B_i \oplus C_{i-1} = P_i \oplus C_{i-1}$$

$$C_i = G_i \cdot \overline{M} + P_i \cdot \overline{M} \cdot C_{i-1}$$

74181还提供了3个信号:G、P和$\overline{C_{n+4}}$,供级联更多位数的ALU使用。G和P即4位先行进位加法器的组进位产生函数和组进位传递函数,$\overline{C_{n+4}}$即$\overline{C_n}$。74181的逻辑图如图4-7所示。

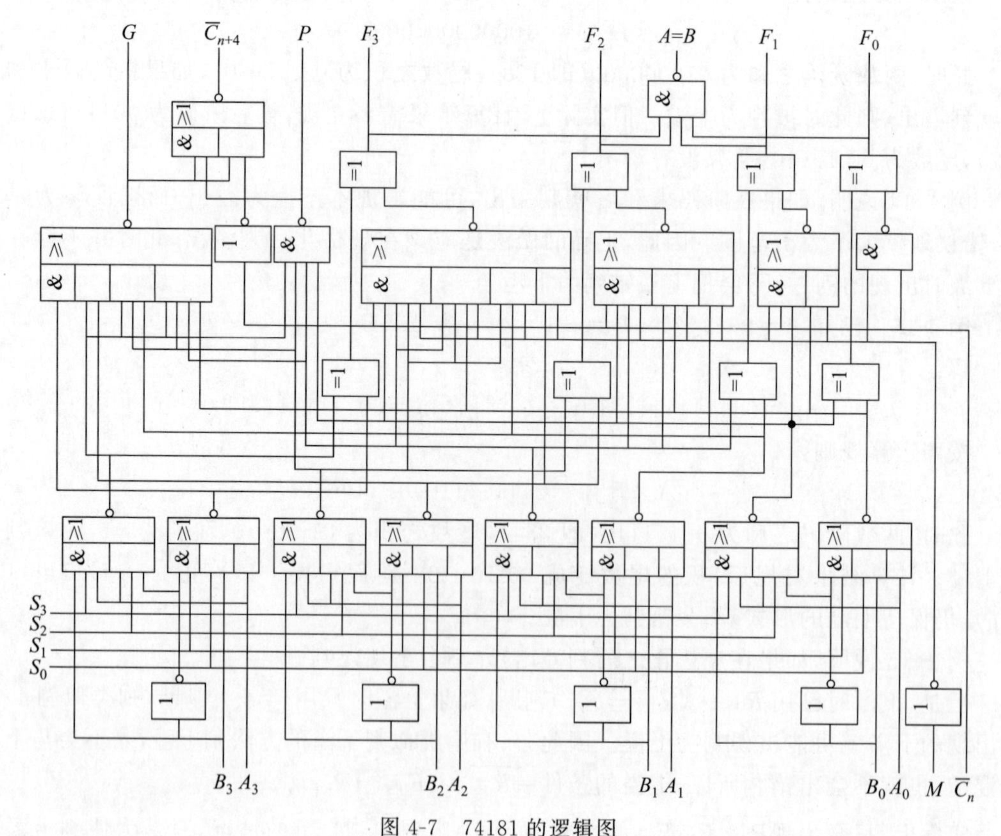

图4-7 74181的逻辑图

74181的结构适合于将它们级联成各种位数的ALU。每片74181可作为一个4位先行进位加法器。当加法器采用组间串行进位时，利用$\overline{C_{n+4}}$输出端，可将多个74181串联，组成字长是4的倍数的ALU。当加法器采用两级先行进位时，利用G、P输出端，此时另需一片74182先行进位发生器。

74181除能实现16种算术、逻辑运算功能外，还能实现很多比较功能，如=、>、≥、<、≤、≠。这些功能见表4-3。检查$A=B$输出端和进位输出$\overline{C_{n+4}}$的值，选择一定的操作，就可以决定A和B的相对大小。

表4-3 用74181执行比较操作

输出	状态	操作	负逻辑	正逻辑	备　注
$A=B$	1	A 减 B	$A=B$	$A=(B$ 减 $1)$	
	1	$\overline{A\oplus B}$	$A\neq B$	$A=B$	
	1	$A\oplus B$	$A=B$	$A\neq B$	
C_{n+4}	1	A 减 B	$A\geqslant B$	$A<B$	有进位输入时
	0	A 减 B	$A<B$	$A\geqslant B$	
	1	A 减 B 减 1	$A>B$	$A\leqslant B$	无进位输入时
	0	A 减 B 减 1	$A\leqslant B$	$A>B$	

13. 先行进位发生器74182

图4-8是74182的逻辑图。图中，$\overline{C_{n+x}}$、$\overline{C_{n+y}}$和$\overline{C_{n+z}}$是3个进位输出信号，G、P是大组进位产生函数和进位传递函数。

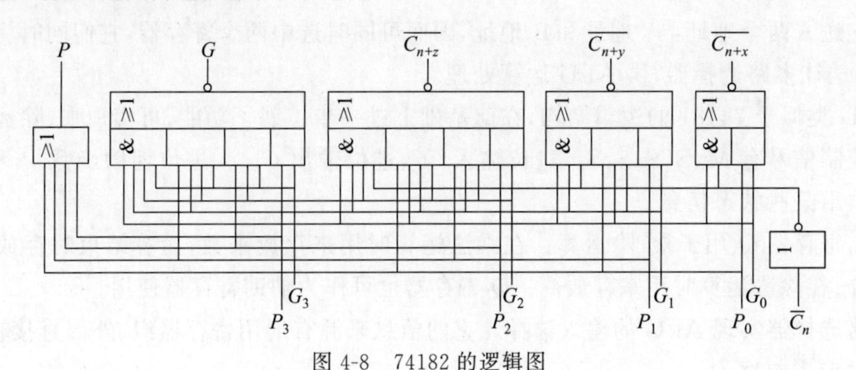

图4-8 74182的逻辑图

$$\overline{C_{n+x}}=\overline{G_0(P_0+C_n)}$$
$$\overline{C_{n+y}}=\overline{G_1[P_1+G_0(P_0+C_n)]}$$
$$\overline{C_{n+z}}=\overline{G_2\{P_2+G_1[P_1+G_0(P_0+C_n)]\}}$$
$$G=G_3(P_3+G_2)(P_3+P_2+G_1)(P_3+P_2+P_1+G_0)$$
$$P=P_3+P_2+P_1+P_0$$

图4-8中的$G_0\sim G_3$即$G_0^*\sim G_3^*$，$P_0\sim P_3$即$P_0^*\sim P_3^*$，G即G^{**}，P即P^{**}。

74181 的 4 位作为一个小组,小组间既可以采用串行进位,也可以采用并行进位。当采用串行进位时,只把低一片的$\overline{C_{n+4}}$与高一片的$\overline{C_n}$相连即可。当采用组间并行进位时,需要增加一片 74182,74182 的输出$\overline{C_{n+x}}$、$\overline{C_{n+y}}$和$\overline{C_{n+z}}$分别接前 3 片 74181 的$\overline{C_n}$端。

14. 位片式运算器

采用大规模集成电路技术可将 n 位寄存器组、n 位选择器、n 位 ALU、n 位移位器等集成在一块芯片上,成为一片 n 位运算器。将若干块这样的位片连接起来,就能构成较长位数的运算器。这种方法使系统组成灵活方便,且可大批量生产位片。代表性的位片有 AMD 2900/29000/29300 序列。图 4-9 是 AMD 2900 系列位片的组成框图。

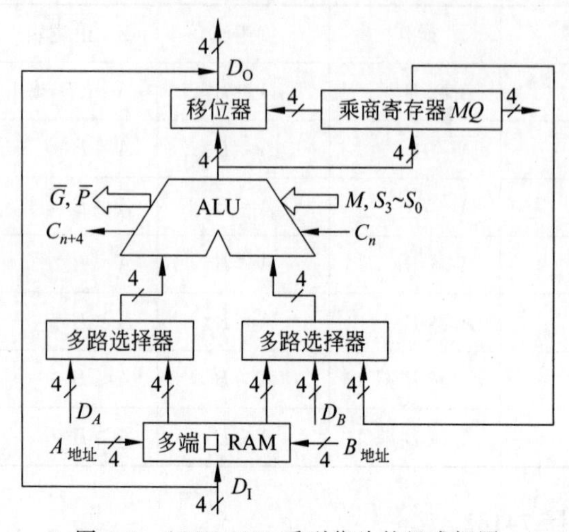

图 4-9　AMD 2900 系列位片的组成框图

双端口随机存储器(RAM)构成一个 16×4 位的通用寄存器组。所谓双端口,是指可以同时向它送入两个地址:A 地址和 B 地址,因而可同时选中两个寄存器,它们同时将各自的 4 位数据送往多路选择器,供 ALU 运算处理。

ALU 类似于 74181 的逻辑结构,在此基础上进一步扩展了功能,可实现乘、除运算。它的功能控制信号有 M、$S_3S_2S_1S_0$、进位输入 C_n、进位输出 C_{n+4}、进位辅助函数 $\overline{P}$ 和 $\overline{G}$ 等,此外还输出某些状态信息。

乘商寄存器 Q 用于乘、除运算。在乘法运算时用来存放乘数,运算结束时存放乘积的低位部分;在除法运算时用来存放商。Q 寄存器也可作为辅助寄存器使用。

多路选择器实现 ALU 的输入选择。它的信息来源有通用寄存器组、外部直接输入 D_A 和 D_B、乘商寄存器 Q。

D_I 和 D_O 分别是位片的数据输入、输出端。虽然每片只有 4 位,但将若干位拼接起来,再加上微程序控制器芯片,就可方便地构成中央处理器(CPU)。

4.5　教材习题解答

4-1　证明:在全加器里进位传递函数 $P=A_i+B_i=A_i\oplus B_i$。

解:并行加法器中的每个全加器都有一个从低位送来的进位和一个传送给较高位的进

位。进位表达式为

$$C_i = A_iB_i + (A_i \oplus B_i)C_{i-1}$$

欲证明 $P_i = A_i + B_i = A_i \oplus B_i$，也就是要证明 $C_i = A_iB_i + (A_i \oplus B_i)C_{i-1} = A_iB_i + (A_i + B_i)C_{i-1}$。

用卡诺图法，图 4-10(a)和图 4-10(b)分别是两个逻辑表达式的卡诺图。两个卡诺图相同，两个逻辑表达式就相等，则进位传递函数的两种形式相等。

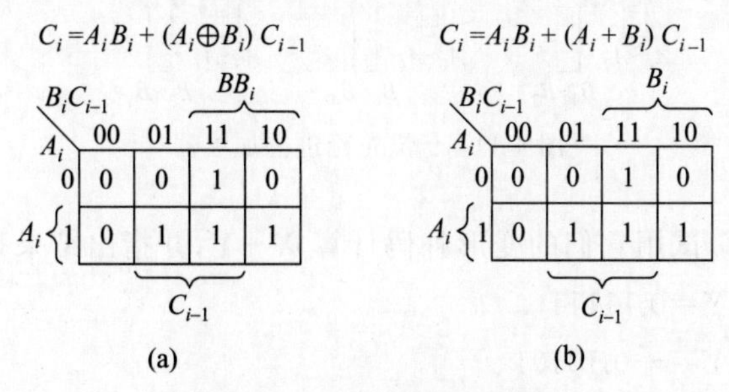

图 4-10 全加器的卡诺图

4-2 某加法器采用组内并行、组间并行的进位链，4 位一组，写出进位信号 C_6 的逻辑表达式。

解：最低一组的进位输出为

$$C_4 = G_1{}^* + P_1{}^* C_0$$

其中

$$G_1^* = G_4 + P_4G_3 + P_4P_3G_2 + P_4P_3P_2G_1$$

$$P_1^* = P_4P_3P_2P_1$$

$$C_5 = G_5 + P_5C_4$$

所以

$$C_6 = G_6 + P_6C_5 = G_6 + P_6G_5 + P_6P_5C_4$$

4-3 设计一个 9 位先行进位加法器，每 3 位为一组，采用两级先行进位线路。

解：

$$C_1 = G_1 + P_1C_0$$

$$C_2 = G_2 + P_2G_1 + P_2P_1C_0$$

$$C_3 = G_3 + P_3G_2 + P_3P_2G_1 + P_3P_2P_1C_0$$

设

$$G_1{}^* = G_3 + P_3G_2 + P_3P_2G_1, \quad P_1{}^* = P_3P_2P_1$$

则有

$$C_3 = G_1{}^* + P_1{}^* C_0$$

$$C_6 = G_2{}^* + P_2{}^* G_1{}^* + P_2{}^* P_1{}^* C_0$$

$$C_9 = G_3{}^* + P_3{}^* G_2{}^* + P_3{}^* P_2{}^* G_1{}^* + P_3{}^* P_2{}^* P_1{}^* C_0$$

9 位先行进位加法器如图 4-11 所示。

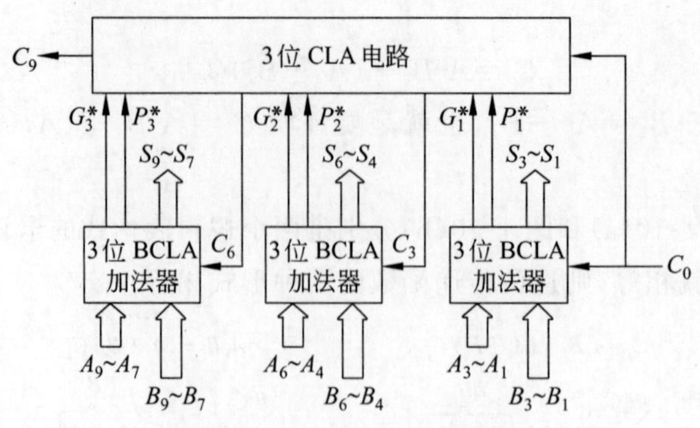

图4-11 9位先行进位加法器

4-4 已知X和Y,试用它们的变形补码计算$X+Y$,并指出结果是否溢出。

(1) $X=0.11011, Y=0.11111$

(2) $X=0.11011, Y=-0.10101$

(3) $X=-0.10110, Y=-0.00001$

(4) $X=-0.11011, Y=0.11110$

解:

(1) $[X]_补=0.11011, [Y]_补=0.11111$

$$\begin{array}{rll} & 00.11011 & [X]_补 \\ + & 00.11111 & [Y]_补 \\ \hline & \underline{01}.11010 & [X+Y]_补 \end{array}$$

结果正溢

(2) $[X]_补=0.11011, [Y]_补=1.01011$

$$\begin{array}{rll} & 00.11011 & [X]_补 \\ + & 11.01011 & [Y]_补 \\ \hline & \underline{00}.00110 & [X+Y]_补 \end{array}$$

$$X+Y=0.00110$$

(3) $[X]_补=1.01010, [Y]_补=1.11111$

$$\begin{array}{rll} & 11.01010 & [X]_补 \\ + & 11.11111 & [Y]_补 \\ \hline & \underline{11}.01001 & [X+Y]_补 \end{array}$$

$$X+Y=-0.10111$$

(4) $[X]_补=1.00101, [Y]_补=0.11110$

$$\begin{array}{rll} & 11.00101 & [X]_补 \\ + & 00.11110 & [Y]_补 \\ \hline & \underline{00}.00011 & [X+Y]_补 \end{array}$$

$$X+Y=0.00011$$

4-5 已知X和Y,试用它们的变形补码计算$X-Y$,并指出结果是否溢出。

(1) $X=0.11011, Y=-0.11111$

(2) $X=0.10111, Y=0.11011$

(3) $X=0.11011, Y=-0.10011$

(4) $X=-0.10110, Y=-0.00001$

解:

(1) $[X]_{补}=0.11011, [Y]_{补}=1.00001, [-Y]_{补}=0.11111$

$$\begin{array}{rll} & 00.11011 & [X]_{补} \\ + & 00.11111 & [-Y]_{补} \\ \hline & \underline{0}1.00010 & [X-Y]_{补} \quad 结果正溢 \end{array}$$

(2) $[X]_{补}=0.10111, [Y]_{补}=0.11011, [-Y]_{补}=1.00101$

$$\begin{array}{rll} & 00.10111 & [X]_{补} \\ + & 11.00101 & [-Y]_{补} \\ \hline & \underline{1}1.11100 & [X-Y]_{补} \end{array}$$

$X-Y=-0.00100$

(3) $[X]_{补}=0.11011, [Y]_{补}=1.01101, [-Y]_{补}=0.10011$

$$\begin{array}{rll} & 00.11011 & [X]_{补} \\ + & 00.10011 & [-Y]_{补} \\ \hline & \underline{0}1.01110 & [X-Y]_{补} \quad 结果正溢 \end{array}$$

(4) $[X]_{补}=1.01010, [Y]_{补}=1.11111, [-Y]_{补}=0.00001$

$$\begin{array}{rll} & 11.01010 & [X]_{补} \\ + & 00.00001 & [-Y]_{补} \\ \hline & \underline{1}1.01011 & [X-Y]_{补} \end{array}$$

$X-Y=-0.10101$

4-6 已知 $X=0.1011, Y=-0.0101$。

求:$\left[\frac{1}{2}X\right]_{补}, \left[\frac{1}{4}X\right]_{补}, [-X]_{补}, \left[\frac{1}{2}Y\right]_{补}, \left[\frac{1}{4}Y\right]_{补}, [-Y]_{补}$。

解:

$[X]_{补}=0.1011$

$\left[\frac{1}{2}X\right]_{补}=0.0101, \quad \left[\frac{1}{4}X\right]_{补}=0.0010,$

$[-X]_{补}=1.0101$

$[Y]_{补}=1.1011$

$\left[\frac{1}{2}Y\right]_{补}=1.1101, \quad \left[\frac{1}{4}Y\right]_{补}=1.1110,$

$[-Y]_{补}=0.0101$

4-7 设下列数据长8位,包括一位符号位,采用补码表示,分别写出每个数据右移或左移两位之后的结果。

(1) 0.1100100

(2) 1.0011001

(3) 1.1100110

(4) 1.0000111

解：

(1) $[X]_{补}=0.1100100$

$$\left[\frac{1}{4}X\right]_{补}=0.0011001,\quad [4X]_{补}=0.0010000$$

(2) $[X]_{补}=1.0011001$

$$\left[\frac{1}{4}X\right]_{补}=1.1100110,\quad [4X]_{补}=1.1100100$$

(3) $[X]_{补}=1.1100110$

$$\left[\frac{1}{4}X\right]_{补}=1.1111001,\quad [4X]_{补}=1.0011000$$

(4) $[X]_{补}=1.0000111$

$$\left[\frac{1}{4}X\right]_{补}=1.1100001,\quad [4X]_{补}=1.0011100$$

4-8 分别用原码乘法和补码乘法计算 $X\times Y$。

(1) $X=0.11011, Y=-0.11111$

(2) $X=-0.11010, Y=-0.01110$

解：(1) 原码乘法：

$|X|=0.11011\rightarrow B$，$|Y|=0.11111\rightarrow C$，$0\rightarrow A$

	A	C	说明
	00.00000	0.11111	
+|X|	00.11011		$C_5=1$，+|X|
	00.11011		
→	00.01101	101111	部分积右移1位
+|X|	00.11011		$C_5=1$，+|X|
	01.01000		
→	00.10100	011111	部分积右移1位
+|X|	00.11011		$C_5=1$，+|X|
	01.01111		
→	00.10111	101111	部分积右移1位
+|X|	00.11011		$C_5=1$，+|X|
	01.10010		
→	00.11001	010111	部分积右移1位
+|X|	00.11011		$C_5=1$，+|X|
	01.10100		
→	00.11010	001011	部分积右移1位

所以

$$|X \times Y| = 0.1101000101$$

$$X \times Y = -0.1101000101$$

补码乘法：

$[X]_补=0.11011 \rightarrow B$，$[Y]_补=1.00001 \rightarrow C$，$0 \rightarrow A$

$[-X]_补=1.00101$

	A	C（附加位为末位）	说明
	00.000000	1.000010	
$+[-X]_补$	11.00101		$C_5C_6=10$，$+[-X]_补$
	11.00101		
→	11.10010	1100001	部分积右移1位
$+[X]_补$	00.11011		$C_5C_6=01$，$+[X]_补$
	00.01101		
→	00.00110	1110000	部分积右移1位
+0	00.00000		$C_5C_6=00$，+0
	00.00110		
→	00.00011	0111000	部分积右移1位
+0	00.00000		$C_5C_6=00$，+0
	00.00011		
→	00.00001	1011100	部分积右移1位
+0	00.00000		$C_5C_6=00$，+0
	00.00001		
→	00.00000	1101110	部分积右移1位
$+[-X]_补$	11.00101		$C_5C_6=10$，$+[-X]_补$
	11.00101		

所以

$$[X \times Y]_补 = 1.0010111011$$

$$X \times Y = -0.1101000101$$

(2) $X \times Y = 0.0101101100$，过程略。

4-9 根据补码两位乘法规则推导补码3位乘法规则。

解：先根据补码一位乘法规则推出补码两位乘法规则，再根据补码两位乘法规则推出补码三位乘法规则。

$$[Z']_补 = 2^{-1}\{[Z]_补 + (Y_{i+1} - Y_i)[X]_补\}$$

$$[Z'']_补 = 2^{-1}\{[Z']_补 + (Y_i - Y_{i-1})[X]_补\}$$

$$= 2^{-2}\{[Z]_补 + (Y_{i+1} + Y_i - 2Y_{i-1})[X]_补\}$$

$$[Z''']_补 = 2^{-1}\{[Z'']_补 + (Y_{i-1} - Y_{i-2})[X]_补\}$$

$$= 2^{-1}\{2^{-2}\{[Z]_补 + (Y_{i+1} + Y_i - 2Y_{i-1})[X]_补\} + (Y_{i-1} - Y_{i-2})[X]_补\}$$

$$=2^{-3}\{[Z]_{补}+(Y_{i+1}+Y_i-2Y_{i-1})\times[X]_{补}+2^2\times(Y_{i-1}-Y_{i-2})[X]_{补}\}$$
$$=2^{-3}\{[Z]_{补}+(Y_{i+1}+Y_i+2Y_{i-1}-4Y_{i-2})\times[X]_{补}\}$$

4-10 分别用原码和补码加减交替法计算 $X\div Y$。

(1) $X=0.10101, Y=0.11011$

(2) $X=-0.10101, Y=0.11011$

(3) $X=0.10001, Y=-0.10110$

(4) $X=-0.10110, Y=-0.11011$

解：(1)原码除法：

$|X|=0.10101\to A$，$|Y|=0.11011\to B$，$0\to C$

$[|Y|]_{变补}=1.00101$

	A	C	说明
	00.10101	0.00000	
$+[\lvert Y\rvert]_{变补}$	11.00101		$-\lvert Y\rvert$
	11.11010	0.0000**0**	部分余数为负，商0
←	11.10100		左移1位
$+\lvert Y\rvert$	00.11011		$+\lvert Y\rvert$
	00.01111	0.000**01**	部分余数为正，商1
←	00.11110		左移1位
$+[\lvert Y\rvert]_{变补}$	11.00101		$-\lvert Y\rvert$
	00.00011	0.00**011**	部分余数为正，商1
←	00.00110		左移1位
$+[\lvert Y\rvert]_{变补}$	11.00101		$-\lvert Y\rvert$
	11.01011	0.0**0110**	部分余数为负，商0
←	10.10110		左移1位
$+\lvert Y\rvert$	00.11011		$+\lvert Y\rvert$
	11.10001	0.**01100**	部分余数为负，商0
←	11.00010		左移1位
$+\lvert Y\rvert$	00.11011		$+\lvert Y\rvert$
	11.11101	**0.11000**	部分余数为负，商0
$+\lvert Y\rvert$	00.11011		最后一次恢复余数，$+\lvert Y\rvert$
	00.11000		

$$Q_s=X_s\oplus Y_s=0\oplus 0=0$$

所以

$$\frac{X}{Y}=0.11000+\frac{0.11000\times 2^{-5}}{0.11011}$$

补码除法：

$[X]_补=0.10101 \to A$，$[Y]_补=0.11011 \to B$，$0 \to C$

$[-Y]_补=1.00101$

	A	C	说明
	00.10101	0.00000	
$+[-Y]_补$	11.00101		$[X]_补$、$[Y]_补$同号，$+[-Y]_补$
	11.11010	0.0000**0**	$[r_i]_补$、$[Y]_补$异号，商0
←	11.10100		左移1位
$+[Y]_补$	00.11011		$+[Y]_补$
	00.01111	0.000**01**	$[r_i]_补$、$[Y]_补$同号，商1
←	00.11110		左移1位
$+[-Y]_补$	11.00101		$+[-Y]_补$
	00.00011	0.00**011**	$[r_i]_补$、$[Y]_补$同号，商1
←	00.00110		左移1位
$+[-Y]_补$	11.00101		$+[-Y]_补$
	11.01011	0.0**0110**	$[r_i]_补$、$[Y]_补$异号，商0
←	10.10110		左移1位
$+[Y]_补$	00.11011		$+[Y]_补$
	11.10001	0**.01100**	$[r_i]_补$、$[Y]_补$异号，商0
←	11.00010		左移1位
$+[Y]_补$	00.11011		$+[Y]_补$
	11.11101	**0.11001**	末位恒置1

所以

$$\left[\frac{X}{Y}\right]_补=0.11001+\frac{1.11101\times 2^{-5}}{0.11011}$$

$$\frac{X}{Y}=0.11001+\frac{-0.00011\times 2^{-5}}{0.11011}$$

（2）中间过程略。

原码除法：

$$X\div Y=-\left(0.11000+\frac{0.11000\times 2^{-5}}{0.11011}\right)$$

补码除法：

$$X\div Y=-0.11001+\frac{0.00011\times 2^{-5}}{0.11011}$$

（3）中间过程略。

原码除法：

$$X\div Y=-\left(0.11000+\frac{0.10000\times 2^{-5}}{0.10110}\right)$$

补码除法：

$$X \div Y = -0.11001 + \frac{0.00101 \times 2^{-5}}{0.10110}$$

(4) 中间过程略。

原码除法:

$$X \div Y = 0.11010 + \frac{0.00010 \times 2^{-5}}{0.11011}$$

补码除法:

$$X \div Y = 0.11011 - \frac{0.11001 \times 2^{-5}}{0.11011}$$

4-11 已知:$X=-7.25$,$Y=28.5625$

(1) 将X、Y分别转换成二进制浮点数(阶码占4位,尾数占10位,各包含一位符号位)。

(2) 用变形补码求$X-Y$的值。

解:

(1) $X=-7.25=-111.01B=-0.11101\times 2^3$,$Y=28.5625=11100.1001B=0.111001001\times 2^5$

设浮点数的阶码和尾数均采用补码,则有

$$[X]_{浮}=0011;1.000110000$$

$$[Y]_{浮}=0101;0.111001001$$

(2) M_X 右移2位,E_X+2,有

$$[X]'_{浮}=0101;1.110001100$$

$$[M_X]_{补}-[M_Y]_{补}=[M_X]_{补}+[-M_Y]_{补},$$

有

$$\begin{array}{r} 11.110001100 \\ +\ \ 11.000110111 \\ \hline 10.111000011 \end{array}$$

结果需右规处理,阶码加1。

因为

$$[X-Y]_{浮}=0110;1.011100001$$

所以

$$X-Y=-0.100011111\times 2^6=-100011.111=-35.875$$

4-12 设浮点数的阶码和尾数部分均用补码表示,按照浮点数的运算规则,计算下列各题(题中数字均为二进制数)。

(1) $X=2^{101}\times(-0.100010)$,$Y=2^{100}\times(-0.111110)$

(2) $X=2^{-101}\times 0.101100$,$Y=2^{-100}\times(-0.101000)$

(3) $X=2^{-011}\times 0.101100$,$Y=2^{-001}\times(-0.111100)$

求$X+Y$,$X-Y$。

解:(1)$X=2^{101}\times(-0.100010)$,$Y=2^{100}\times(-0.111110)$

$$[X]_{浮}=0101;1.011110$$

$$[Y]_{浮}=0100;1.000010$$

对阶，小阶向大阶看齐：

$$\Delta E = E_X - E_Y = 1$$

$$[Y]'_{浮} = 0101;1.100001$$

对阶之后，尾数相加和相减。

相加：

$$\begin{array}{r} 11.011110 \\ +\ \ 11.100001 \\ \hline 10.111111 \end{array}$$

需右规一次

$$[X+Y]_{浮} = 0110;1.011111$$

无溢出，所以

$$X+Y = 2^{110} \times (-0.100001)$$

相减

$$\begin{array}{r} 11.011110 \\ +\ \ 00.011111 \\ \hline 11.111101 \end{array}$$

需左规4次

$$[X-Y]_{浮} = 0001;1.010000$$

无溢出，所以

$$X-Y = 2^{001} \times (-0.110000)$$

(2) $X = 2^{-101} \times 0.101100, Y = 2^{-100} \times (-0.101000)$

$$[X]_{浮} = 1011;0.101100$$

$$[Y]_{浮} = 1100;1.011000$$

对阶，小阶向大阶看齐

$$\Delta E = E_X - E_Y = -1$$

$$[X]'_{浮} = 1100;0.010110$$

对阶之后，尾数相加和相减。

相加

$$\begin{array}{r} 00.010110 \\ +\ \ 11.011000 \\ \hline 11.101110 \end{array}$$

需左规一次

$$[X+Y]_{浮} = 1011;1.011100$$

无溢出，所以

$$X+Y = 2^{-101} \times (-0.100100)$$

相减

$$\begin{array}{r} 00.010110 \\ +\ \ 00.101000 \\ \hline 00.111110 \end{array}$$

无溢出,所以

$$X-Y=2^{-100}\times 0.111110$$

(3) $X=2^{-011}\times 0.101100, Y=2^{-001}\times(-0.111100)$

$$[X]_{浮}=1101;0.101100$$

$$[Y]_{浮}=1111;1.000100$$

对阶,小阶向大阶看齐:

$$\Delta E=E_X-E_Y=-2$$

$$[X]'_{浮}=1111;0.001011$$

对阶之后,尾数相加和相减。

相加

$$\begin{array}{r} 00.001011 \\ +\ \ 11.000100 \\ \hline 11.001111 \end{array}$$

无溢出,所以

$$X+Y=2^{-001}\times(-0.110001)$$

相减

$$\begin{array}{r} 00.001011 \\ +\ \ 00.111100 \\ \hline 01.000111 \end{array}$$

需右规一次

$$[X-Y]_{浮}=0000;0.100011$$

无溢出,所以

$$X-Y=2^{-000}\times 0.100011$$

4-13 设浮点数的阶码和尾数部分均用补码表示,按照浮点数的运算规则,计算下列各题。

(1) $X=2^3\times\frac{13}{16}, Y=2^4\times\left(-\frac{9}{16}\right)$

求 $X\times Y$。

(2) $X=2^3\times\left(-\frac{13}{16}\right), Y=2^5\times\left(\frac{15}{16}\right)$

求 $X\div Y$。

解:

(1) $X=2^3\times\frac{13}{16}, Y=2^4\times\left(-\frac{9}{16}\right)$

阶码相加:$E_X+E_Y=3+4=7$。

尾数相乘:由补码乘法规则求得-0.01110101。

结果规格化:左规一次,$X\times Y=-0.11101010\times 2^6$。

(2) $X=2^3\times\left(-\frac{13}{16}\right), Y=2^5\times\left(\frac{15}{16}\right)$

尾数调整:因为$|X_{尾数}|\leqslant|Y_{尾数}|$,所以无须尾数调整。

阶码相减 $E_X - E_Y = 3 - 5 = -2$。

尾数相除：由补码除法规则求得

$$-0.1101 + \frac{-0.1101 \times 2^{-4}}{0.1111}$$

$$X \div Y = \left(-0.1101 + \frac{-0.1101 \times 2^{-4}}{0.1111}\right) \times 2^{-2}$$

4-14 用流程图描述浮点除法运算的算法步骤。

解：浮点除法运算的算法流程图如图 4-12 所示。

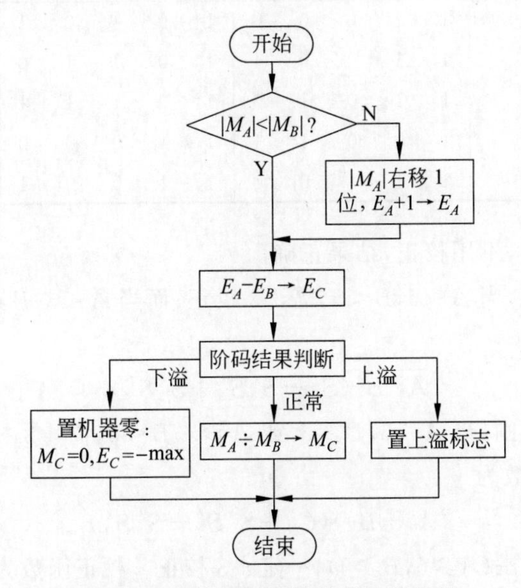

图 4-12 浮点除法运算的算法流程图

4-15 设计一个一位 5421 码加法器。

解：设被加数为 $A_4\ A_3\ A_2\ A_1$，加数为 $B_4\ B_3\ B_2\ B_1$。5421 码的校正关系见表 4-4。

表 4-4 5421 码的校正关系

分组	十进制数	5421 码					校正前的二进制数					校正关系
		C_4	S_4	S_3	S_2	S_1	C'_4	S'_4	S'_3	S'_2	S'_1	
①	0	0	0	0	0	0	0	0	0	0	0	不校正
	1	0	0	0	0	1	0	0	0	0	1	
	2	0	0	0	1	0	0	0	0	1	0	
	3	0	0	0	1	1	0	0	0	1	1	
	4	0	0	1	0	0	0	0	1	0	0	
②	5	0	1	0	0	0	0	0	1	0	1	若 $A<5$，$B<5$，则 $+3$ 校正
	6	0	1	0	0	1	0	0	1	1	0	
	7	0	1	0	1	0	0	0	1	1	1	
	8	0	1	0	1	1	0	1	0	0	0	
	9	0	1	1	0	0	0	1	0	0	1	

续表

分组	十进制数	5421码					校正前的二进制数					校正关系
		C_4	S_4	S_3	S_2	S_1	C'_4	S'_4	S'_3	S'_2	S'_1	
③	10	1	0	0	0	0	0	1	1	0	1	若 A 或 $B \geqslant 5$,B 或 $A < 5$,则+3校正
	11	1	0	0	0	1	0	1	1	1	0	
	12	1	0	0	1	0	0	1	1	1	1	
	13	1	0	0	1	1	1	0	0	0	0	
	14	1	0	1	0	0	1	0	1	0	1	
④	15	1	1	0	0	0	1	0	1	0	1	若 $A \geqslant 5$,$B \geqslant 5$,则+3校正
	16	1	1	0	0	1	1	0	1	1	0	
	17	1	1	0	1	0	1	0	1	1	1	
	18	1	1	0	1	1	1	1	0	0	0	
	19	1	1	1	0	0	1	1	0	0	1	

(1) 和在0~4范围,不用校正,结果正确。

(2) 和在5~9范围,当 $A<5$,$B<5$,需+3校正;而当 $A<5$,$B \geqslant 5$ 或 $A \geqslant 5$,$B<5$ 时,不需校正,故校正函数为

$$\overline{A_4}\ \overline{B_4}(S'_4+S'_3S'_2+S'_3S'_1)$$

(3) 和在10~14范围,当 $A<5$,$B \geqslant 5$,或 $A \geqslant 5$,$B<5$,需+3校正;而当 $A \geqslant 5$,$B \geqslant 5$ 时,不需校正,故校正函数为

$$(A_4 \oplus B_4)(C'_4+S'_3S'_2+S'_3S'_1)$$

(4) 和在15~19范围($A \geqslant 5$,$B \geqslant 5$),一定+3校正。校正函数为

$$A_4B_4(S'_4+S'_3S'_2+S'_3S'_1)$$

将3部分校正函数统一考虑并化简,得到如下的校正函数

$$S'_3S'_2+S'_3S'_1+\overline{(A_4 \oplus B_4)}S'_4+(A_4 \oplus B_4)C'_4=S'_3S'_2+S'_3S'_1+C'_3$$

4-16 某计算机利用二进制的加法器进行8421码的十进制运算,采用的方法是:

(1) 对某一操作数预加6后,与另一操作数一起进入二进制加法器。

(2) 有进位产生时,直接得到和的8421码。

(3) 没有进位时,反减6再得到和的8421码。

试求+6、−6的校正逻辑。

解:设某一操作数为 $A_4A_3A_2A_1$,+6校正后的操作数为 $A'_4A'_3A'_2A'_1$;设校正前的和为 $S'_4S'_3S'_2S'_1$,进位为 C'_4,若 $C'_4=1$,即为正确和 $S_4S_3S_2S_1$;若 $C_4{}'=0$,−6校正(+1010),其加法器逻辑图如图4-13所示。

4-17 用74181和74182芯片构成一个64位的ALU,采用多级分组并行进位链(要求速度尽可能快)。

解:共需要16片74181和5片74182组成三级先行进位的64位ALU,如图4-14所示。

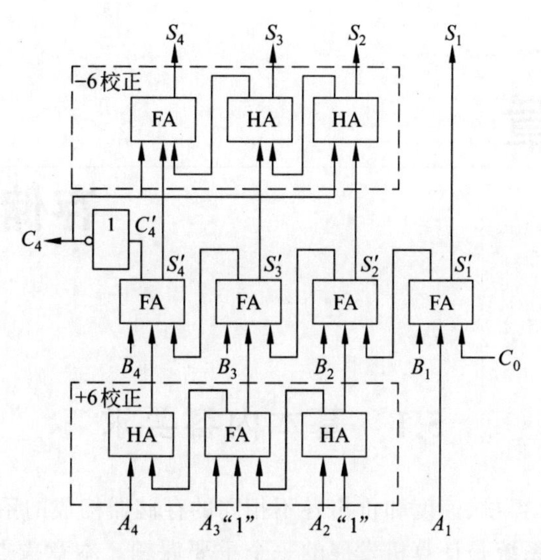

图 4-13　8421 码加法器逻辑图

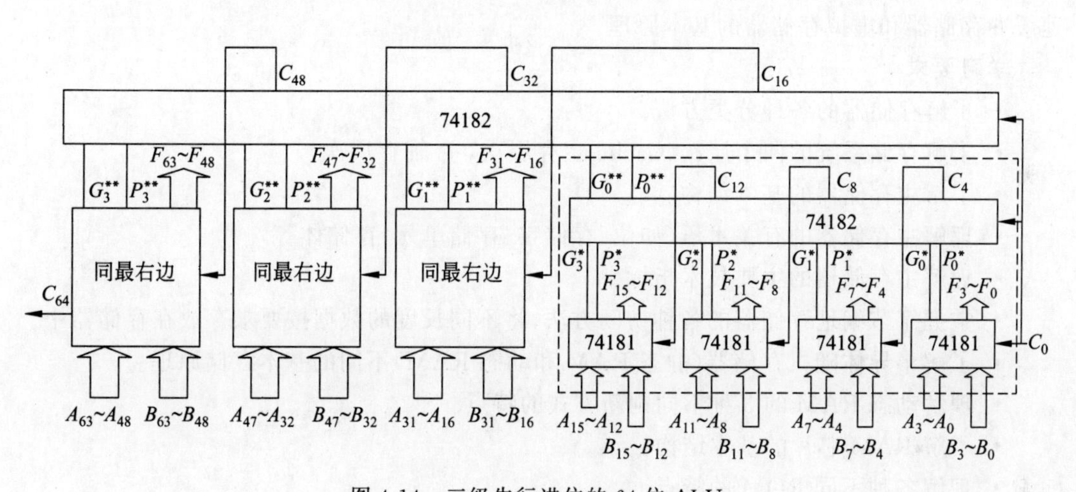

图 4-14　三级先行进位的 64 位 ALU

第 5 章 存储系统和结构

5.1 基本内容要求

存储系统是由几个容量、速度和价格各不相同的存储器构成的系统。设计一个容量大、速度快、成本低的存储系统是计算机发展的一个重要课题。本章重点讨论主存储器的工作原理、组成方式以及运用半导体存储芯片组成主存储器的一般原则和方法,此外还介绍了高速缓冲存储器和虚拟存储器的基本原理。

学习要求

- 了解存储器的各种分类方法。
- 了解存储系统的两个层次(Cache-主存层次,主-辅存层次)。
- 了解主存储器的基本结构。
- 理解主存储器的有关术语(如位、存储字、存储单元、存储体等)。
- 理解主存储器的主要技术指标。
- 掌握字节编址存储器的各种访问方法,将不同长度的数据按要求存放在存储器中。
- 了解半导体随机存储器(静态 RAM 和动态 RAM)不同的基本存储原理。
- 理解动态 RAM 的 3 种不同刷新方式的特点。
- 了解 RAM 芯片的基本结构。
- 理解各种不同 ROM 的特点。
- 理解主存储器中包括 RAM 和 ROM 两种形式。
- 掌握主存储器容量的各种扩展方法,使用若干存储芯片构成存储器。
- 掌握存储芯片的地址分配和片选信号的产生。
- 理解主存储器和 CPU 的软连接(读写操作)。
- 了解主存的奇偶校验和 ECC。
- 理解 PC 系列微机的存储器接口。
- 了解提高 RAM 芯片速度的技术。
- 了解并行交叉存储技术。
- 理解 Cache 的特点和 Cache 的实现技术。
- 理解虚拟存储器的概念。

5.2 教师授课参考

存储器是一个记忆装置，用来存放程序和数据，它是计算机五大功能部件中的重要部件，是计算机能够实现“存储程序控制”的基础。现代计算机系统都以存储器为中心，存储器在系统中的地位越来越重要。通常，将两个或两个以上速度、容量和价格各不相同的存储器用硬件、软件或硬件与软件相结合的方法连接起来形成存储系统。这个系统对应用程序员透明，即从应用程序员角度看，它是一个大的“存储器”，这个“存储器”的速度接近速度最快的存储器，存储容量与容量最大的存储器相等，单位容量的价格接近最便宜的存储器。

本章内容主要涉及三级存储系统中的主存储器和高速缓冲存储器，对于辅助存储器的讨论将在第8章中进行。本章的重点和难点比较多，如主存储器的组成和结构、主存容量的扩展、高速缓冲存储器的特点和实现技术等，特别是使用若干存储芯片构成主存储器、实际存储芯片与CPU的连接等问题对于初学者来说往往比较困难，需要花费比较多的时间介绍。在教学过程中要注意把握重点，如在讲解存储芯片与CPU的连接时，要关注存储空间的地址分配及片选逻辑的形成；在讲解Cache-主存映像时，要关注Cache地址和主存地址的关系；等等。总之，要教会学生分析问题和解决问题的方法，使学生能运用基本原理和基本方法解决实际问题，而不是让学生死记硬背基本概念。

根据教育部发布的《全国硕士研究生入学统一考试计算机科学与技术学科联考计算机学科专业基础考试大纲》对计算机组成原理部分的要求看，本章对应考研大纲中的第四部分——存储器层次结构。

（一）存储器的分类
（二）存储器的层次化结构
（三）半导体随机存取存储器
1. SRAM存储器
2. DRAM存储器
3. 只读存储器
4. Flash存储器
（四）主存储器与CPU的连接
（五）双口RAM和多模块存储器
（六）高速缓冲存储器(Cache)
1. Cache的基本工作原理
2. Cache和主存之间的映射方式
3. Cache中主存块的替换算法
4. Cache写策略
（七）虚拟存储器
1. 虚拟存储器的基本概念
2. 页式虚拟存储器

3. 段式虚拟存储器
4. 段页式虚拟存储器
5. TLB(快表)

考试的试题既可以以选择题形式出现,也可以以综合应用题形式出现,灵活运用基本原理和基本方法,对实际问题进行分析、设计是考查的热点,也是难点。这部分的综合应用题往往比较灵活,考生需要仔细分析试题才能解答。

5.3 误点疑点解惑

1. 存储系统和存储器

在同一台计算机中,有各种工作速度、存储容量、访问方式、用途等均不相同的存储器,这些存储器构成一个层次结构,如图5-1所示。从上到下,各种存储器的存储容量越来越大,每位价格越来越便宜,但存取周期越来越长。

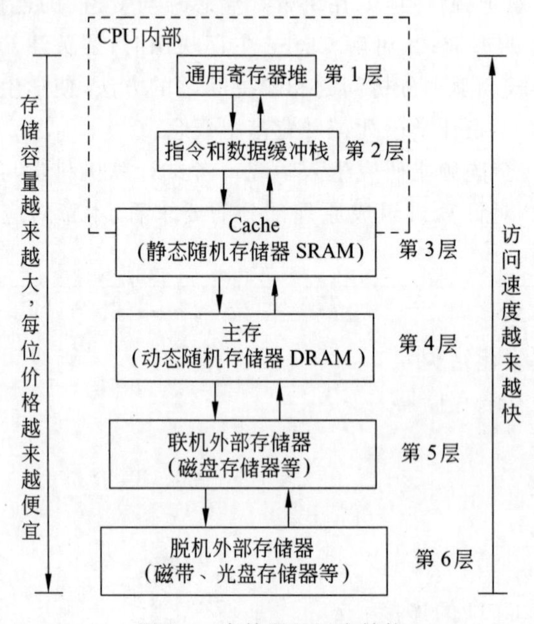

图5-1 存储器的层次结构

需要提醒学生注意的是,并非将各种用途不同的存储器放在一起就构成了一个存储系统。存储系统是指两个或两个以上速度、容量和价格各不相同的存储器用硬件、软件或硬件与软件相结合的方法连接起来的一个系统。这个系统对应用程序员透明,可以把它看作一个"存储器",其速度接近速度最快的存储器,存储容量与容量最大的存储器相等或接近,单位容量的价格接近最便宜的存储器。

所以,存储系统和存储器是两个完全不同的概念,如果在一台计算机中只有存储器,甚至有多种存储器,但没有存储系统,这台计算机的性能将会很差,这些存储器的性能也不可能得到充分发挥。

2. 主存储器组织

主存储器的核心是存储体，程序和数据都存放在存储体中。存储体是由若干存储单元组成的，存储单元的编号称为地址，地址和存储单元之间有一对一的对应关系。这就像一座大楼有许多房间，而每个房间都有其唯一房间号一样。

位是二进制数的最小单位，是半导体存储器的基本记忆单元。存储字由若干二进制位组成，可以作为一个整体存入或取出。一个存储单元可能存放一个字，也可能存放一个字节，这是由计算机的结构确定的。对于字编址的计算机，最小寻址单位是一个字，相邻的存储单元地址指向相邻的存储字；对于字节编址的计算机，最小寻址单位是一个字节，相邻的存储单元地址指向相邻的存储字节。所以，存储单元是 CPU 对主存可访问操作的最小存储单位，根据存储单元的地址可以找到相应存储单元的内容。

3. 字节编址计算机的大端方案和小端方案

许多数据格式使用多个字节表示一个数值，有两种常用的多字节数据排列顺序，即每个字中的字节顺序可以从左到右或从右到左编排，前者称为大端方案，后者称为小端方案。Intel 80x86 是采用小端方案的机器，IBM 370、Motorola 680x0 和大多数 RISC 计算机则采用大端方案，Power PC 是一个既支持大端方案又支持小端方案的计算机。图 5-2(a)描述的是使用大端方案的 32 位计算机的一段主存。图 5-2(b)描述的是使用小端方案的 32 位计算机的一段主存。图中每个存储单元上的数字表示字节顺序。

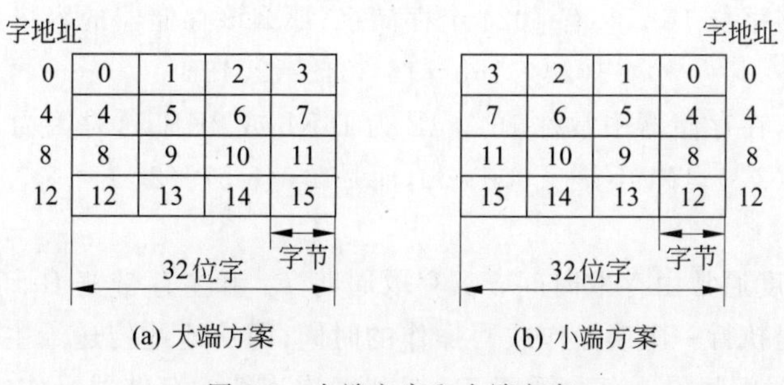

图 5-2 大端方案和小端方案

例如，十六进制数 01020304H 从存储单元 100H 开始存储，则存储结果见表 5-1。依照大端方案，最高字节存储在 100H 中，次高字节存储在 101H 中……；依照小端方案，最低字节存储在单元 100H 中，次低字节存储在 101H 中……。

表 5-1 大端方案和小端方案存储结果

大端方案		小端方案	
存储器地址	数据(十六进制)	存储器地址	数据(十六进制)
100	01	100	04
101	02	101	03
102	03	102	02
103	04	103	01

大端方案和小端方案存放 ASCII 码字符串和 BCD 码数据的顺序相反，但是必须指出的是，不管是上述哪个系统，表示一个 32 位整数时两个方案是一致的。如 6，都是在最右边

的(最低位)3位上存放有110,前面29位都是0。也就是说,在大端方案中,110这3位应该放在字节3(或7、11等)中,而在小端方案中,110这3位应该放在字节0(或4、8等)中。

如果计算机只用来存放整数,就不会有任何问题,然而,许多应用中要存放的是整数、字符串和其他数据类型的混合结构,这就可能出现混乱。这个问题的解决方法是在每个数据项前面加上一个头描述其后的数据类型和数据长度,使接收方可对数据进行必要的转换。

对于字节和字而言,无论使用哪种排列组织方式,都不会影响CPU和计算机系统的性能。只要设计CPU处理一种特定的格式,就不存在谁比谁强的问题,主要问题在于具有不同排列组织方式的CPU之间传输数据的问题。例如,如果一个小端方案结构的计算机传输01020304H的数据给一个大端方案结构的计算机,而没有转换数据,那么该大端方案计算机读出的值为04030201H。有程序可以将两种数据文件进行格式转换,并且某些处理器有特殊的指令可以执行这种转换。

4. 主存储器的存储容量和存取速度

描述主存储器性能的主要技术指标是存储容量和存取速度。

1) 存储容量

存储容量是指整个主存储器所能存放的二进制信息的总位数,可以这样定义:

$$S_M = W \times L$$

其中,W为存储字数,L为存储器字长。

例如,某存储器字长16b,共有1024个存储字,那么该存储器的容量为

$$1024 \times 16\text{b} = 16\ 384\text{b} = 2048\text{B}$$

需要注意的是,在存储器中常称16 384B为16Kb或2KB,这是因为,存储器中的1K不是1000,而是1024(2^{10});1M不是1 000 000,而是1 048 576(2^{20})。

2) 存取速度

主存的存取速度通常由存取时间T_a、存取周期T_m和主存带宽B_m等参数描述。

存取时间T_a是执行一次读操作或写操作的时间,即从地址传送给主存开始到数据能够被使用为止所用的时间间隔。存取周期T_m是指两次连续的存储器操作(如两次连续的读操作)之间所需要的最小时间间隔。一般情况下,$T_m > T_a$,对于破坏性读出的存储器,$T_m = 2T_a$。

主存带宽B_m是指连续访问主存时主存所能提供的数据传送率。例如,对于SDRAM而言,若工作频率为100MHz,其数据传输率可以达到800MB/s(100×64÷8=800);若工作频率为133MHz,其数据传输率可以达到1.06GB/s(133×64÷8=1064)。对于DDR SDRAM而言,由于在同一个时钟的上升沿和下降沿都能传输数据,所以工作频率在200MHz时,数据传输率可以达到3.2GB/s(200×64×2÷8=3200)。

5. 边界对齐的数据存放方法

多字节字的一个值得关注的问题是对齐问题。现代微处理器在某一时刻可以读出多个字节的数据。例如,M68040微处理器能同时读入4个字节的数据,然而,这4个字节必须在连续的单元中,它们的地址除了最低两位不同之外,其余的位均相同。该CPU可以同时读单元100、101、102和103,但不能同时读单元101、102、103和104,后者需要两个读操作,一个操作读单元100(不需要的)、101、102和103,另一个操作读单元104、105(不需要的)、106(不需要的)和107(不需要的)。

在采用字节编址的存储器中,数据有3种不同的存放方法,其中边界对齐的存放方法是

最有效的方法。边界对齐简单地说就是使存储多字节值的起始单元刚好是某个多字节读取模块的开始单元，所以边界对齐的数据存放方式对数据的存放位置有下列要求：

8位数据，占用1个存储单元，其地址为×…××××(任意)。

16位数据，占用2个存储单元，存放数据的起始地址为×…×××0(2的整倍数)。

32位数据，占用4个存储单元，存放数据的起始地址为×…××00(4的整倍数)。

64位数据，占用8个存储单元，存放数据的起始地址为×…×000(8的整倍数)。

例5-1 某机字长32位，主存储器按字节编址，现有4种不同长度的数据(字节、半字、单字、双字)，请采用一种既节省存储空间，又能保证任何长度的数据都在单个存取周期内完成读写的方法，将一批数据顺序存入主存，画出主存中数据的存放示意图。

这批数据一共有10个，它们依次为字节、半字、双字、单字、字节、单字、双字、半字、单字、字节。

解：根据题干可以知道4种长度的数据分别为：字节数据8位，半字数据16位，单字数据32位，双字数据64位。因为要保证任何长度的数据都在单个存取周期内完成读写，所以该机的存储字长应为64位。要特别注意的是，本例中数据字长(32位)和存储字长(64位)是不同的。

题干中要求采用一种既节省存储空间，又能保证任何长度的数据都在单个存取周期内完成读写的方法来顺序存入一批数据，所以只能选用边界对齐的存放方法，双字数据从字节地址为8的整倍数的地方开始存放，单字数据从字节地址为4的整倍数的地方开始存放，半字地址从字节地址为2的整倍数的地方开始存放。主存中数据的存放示意图如图5-3所示。

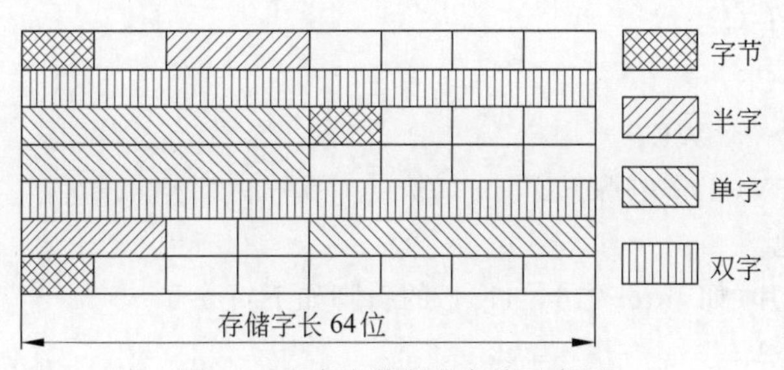

图5-3　主存中数据的存放示意图

6. 动态随机存储器的刷新

动态随机存储器(DRAM)利用栅极电容存储信息，电容上的电荷会随着时间的推移泄漏，必须定时刷新。

在讨论刷新问题时，首先要清楚刷新和重写(再生)这两个完全不同的概念。重写是随机的，某个存储单元只有在破坏性读出之后才需要重写。而刷新是定时的，即使许多记忆单元长期未被访问，若不及时补充电荷，信息也会丢失。重写是按存储单元进行的，破坏性地读出了哪个单元就只对这个单元重写，而不需要涉及其他的存储单元；刷新则不论某个单元是否被读出，均需要进行，所以是以存储体矩阵中的一行为单位进行的。

刷新的方式主要有集中式、分散式和异步式3种。其中异步刷新方式是一种比较实用的刷新方式，它的死区比较小，且刷新次数比较少。

刷新通常是一行一行地进行的，每一行中各记忆单元同时被刷新，故仅需要行地址，不需要列地址。由刷新控制电路中的刷新计数器产生行地址,刷新操作类似于读出操作,但仅有$\overline{RAS}$信号。

整个存储器中的所有芯片同时被刷新。考虑刷新问题时,应当从单个芯片的存储容量着手,而不是从整个存储器的容量着手。这是学生比较容易犯的一个错误,需要特别强调。

7. 各类半导体存储芯片的特点

半导体存储器包括半导体随机存储器(RAM)和半导体只读存储器(ROM)。RAM 多用 MOS 型电路组成,MOS RAM 按电路结构不同,又可分为静态 RAM(SRAM)和动态 RAM(DRAM)。

RAM 是可读、可写的存储器,CPU 可以对 RAM 的内容随机地读写访问。SRAM 的存取速度快,但集成度低,功耗也较大,所以一般用来组成高速缓冲存储器和小容量主存系统;DRAM 集成度高,功耗小,但存取速度慢,一般用来组成大容量主存系统。

ROM 是只能随机读出而不能写入的存储器,用来存放不需要改变的信息。ROM 的结构比 RAM 简单,集成度高,功耗低,可靠性高。

半导体存储芯片通过地址线、数据线和控制线与外部连接,地址线的数目与芯片容量有关;数据线的数目与芯片数据位数有关;控制线有读写控制线和片选线等。3 种不同类型的半导体存储芯片的对外连接信号有所不同,根据芯片的引脚图就可以区分这是哪种类型的芯片,并且能知道此芯片容量的大小和数据的位数。下面以几个常见的存储芯片为例,讨论各种不同类型存储芯片的特点。

(1) SRAM 芯片(如 Intel 2114)的引脚如下:

- 地址线——A_i。
- 数据线——I/O_i。
- 片选线——$\overline{CS}$。
- 读写控制线——$\overline{WE}$。
- Vcc——+5V,工作电源。
- GND——地。

(2) DRAM 芯片(如 Intel 2164/4164)的引脚如下:

- 地址线——A_i。
- 数据线——D_{IN}和D_{OUT}。
- 行地址选通线——$\overline{RAS}$。
- 列地址选通线——$\overline{CAS}$。
- 读写控制线——$\overline{WE}$。
- Vcc——+5V,工作电源。
- GND——地。

由于 DRAM 芯片集成度高,容量大,为了减少芯片引脚数量,DRAM 芯片采用了地址复用技术,把地址线分成相等的两部分,分两次从相同的引脚送入。两次输入的地址分别称为行地址和列地址,行地址由行地址选通信号$\overline{RAS}$送入存储芯片,列地址由列地址选通信号$\overline{CAS}$送入存储芯片。因此,DRAM 芯片每增加一条地址线,实际上是增加了两位地址,即增加了 4 倍的容量。

(3) EPROM 芯片(如 Intel 2732/2764/27128/27256)的引脚如下:

- 地址线——A_i。
- 数据线——O_i。
- 片选线——$\overline{CE}$。
- 输出允许线——$\overline{OE}$。
- 编程控制线——$\overline{PGM}$。
- Vcc——+5V,工作电源。
- Vpp——编程电源。
- GND——地。

读方式时,Vcc、Vpp都接+5V,$\overline{CE}$和$\overline{OE}$都接低电平(或负脉冲)。

编程方式时,Vpp接+21V,Vcc接+5V,$\overline{CE}$为低,$\overline{OE}$为高,$\overline{PGM}$端应输入一个宽50ms的低电平脉冲,这是写一个存储单元的时间。

例5-2 图5-4是某存储芯片的引脚图,请回答:

(1) 这个存储芯片的类型(是RAM,还是ROM)及容量。

(2) 若地址线增加一根,存储芯片的容量将变为多少?

(3) 这个芯片是否需要刷新?为什么?

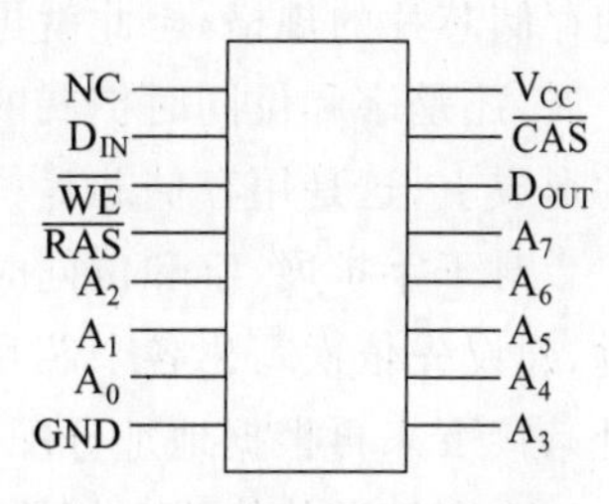

图5-4 某存储芯片的引脚图

解:

(1) 从芯片的引脚图可以看出,这是一个DRAM芯片,其容量为64K×1。

(2) 由于DRAM采用地址复用技术,故地址线增加一根,容量增加4倍,此时存储容量应为256K×1。

(3) 此芯片需要刷新,因为DRAM是利用栅极电容存储信息的,电容上的电荷会随着时间推移泄漏掉,必须定时刷新。

8. 存储芯片的地址译码系统

存储芯片的地址译码系统有单译码和双译码两种。

单译码方式仅有一个地址译码器。若译码器的输入线数为n,则输出线数为2^n,即有2^n条驱动线(又称字线)对应2^n个存储单元。每个存储单元由一条字线选择。

双译码方式有两个译码器:一个是X方向(行)译码器,一个是Y方向(列)译码器。这种方式将存储器地址分成两部分:X地址(n_x)和Y地址(n_y),即$n=n_x+n_y$;若$n_x=n_y$,每个译码器的输入为$k=\frac{n}{2}$条线,输出为2^k条线,每个译码器有2^k条驱动线(驱动器)。每根驱动线驱动一行(列)存储单元,也就是说,每个存储单元由一条X方向驱动线和一条Y方向驱动线选择。

设$n=16$,$n_x=n_y=8$。对于单译码方式,需要一个16位输入的地址译码电路,输出65 536条驱动线(驱动器),对应65 536个存储单元。对于双译码方式,需要2个8位输入的地址译码器,X方向有256条驱动线(驱动器),Y方向也有256条驱动线(驱动器),共512条驱动线(驱动器)。双译码方式与单译码方式相比,驱动线(驱动器)减少了99.2%。

9. 存储容量的扩展及存储芯片与CPU的连接

主存储器是整个存储系统的核心,通常分为随机存储器(RAM)和只读存储器(ROM)两大部分,RAM和ROM在主存中是统一编址的。有些学生误认为主存中就只有RAM,这是不正确的。RAM用来存放供用户随机读写的用户程序和数据,也可以作为系统程序的工作区;ROM用来存放系统程序。不管是RAM,还是ROM,通常都是由许多个不同容量的芯片组成的,其芯片的数量取决于各个存储区域的容量和每个芯片容量的大小。

存储容量的扩展有位扩展、字扩展、字和位同时扩展3种。当所用存储芯片中每个单元的位数小于CPU访存的字长时,采用位扩展法;当所用存储芯片中每个单元的位数与CPU访存的字长相同,但所要求的存储容量大于一片芯片的存储容量时,采用字扩展法;当所用存储芯片的容量和每个单元的位数均不能满足要求时,不仅要位扩展,还需要字扩展,这就是字和位同时扩展。

简单掌握以上3种扩展方式并不是很困难的问题,真正的难点在于,如何利用不同类型(RAM和ROM)、不同容量的各种存储芯片组成符合特定要求的主存储器。在解决用若干存储芯片构成存储器的问题时,首先要清楚对存储器规模的基本要求,然后要了解可供使用的存储芯片的规格,至此就可以确定这个系统需要多少个芯片,并知道应当采用位扩展、字扩展,还是字和位同时扩展的方法。此时应把注意力主要放在地址空间的分配和片选逻辑的形成上,这是用存储芯片构成存储器的关键。

对于字扩展、字和位同时扩展的方法,必须考虑各个芯片或各组芯片的地址空间分配问题,建议先依次写出各个芯片或各组芯片在最大存储空间中的地址范围(最低地址和最高地址),接下来再根据地址分配列出芯片的片选逻辑,最后画出连接图。

由存储芯片构成存储器并与CPU连接时,要完成:

- 地址线的连接;
- 数据线的连接;
- 控制线的连接。

每个存储芯片上的引脚都与芯片的类型和容量对应,要注意连接到芯片上的地址线、数据线的数量和方向,尤其是当选用的多个芯片容量不同、位数不同时,更要特别小心。片选逻辑通常会用到译码器或其他的门电路,这要求学生有一定的数字电路的基础。还有一点需要提醒的是,ROM是只读存储芯片,芯片上没有读写控制引脚,因此不能将CPU的读写控制线接到ROM芯片上。

10. 选片地址的全译码和部分译码

CPU访问主存时需要首先给出地址码,一般将地址码分成片内地址和选片地址两部分。片内地址由低位的地址码构成,其长度取决于所选存储芯片的字数,选片地址由高位的地址码构成,用于选择存储芯片,大多数情况下由选片地址通过译码后产生存储芯片的片选信号。

选片地址的译码有全译码和部分译码之分。除去片内地址以外的全部地址位都参加译码的方法称为全译码,仅使用高位地址码的部分位参加译码的方法称为部分译码。

对于实际使用的存储空间小于CPU可访问的最大存储空间的情况,全译码意味着实际使用的存储空间的地址范围被严格地限定在最大允许的存储空间中某个一定的区间内,而其他的区域将是空闲的。也就是说,译码器的一些输出端将闲置,不接任何存储芯片。全译码方式的最大特点是使用的存储芯片的地址范围是唯一的,不存在地址重叠的问题。

对于实际使用的存储空间小于CPU可访问的最大存储空间的情况，部分译码仅使用高位地址码的部分位译码，剩余的地址位不参与译码，此时存储芯片的地址范围不再是唯一的，而出现了重叠的地址。其地址重叠区的个数取决于没有参加译码的高位地址码的位数：如果有2位地址没有参加译码，就会出现4个地址重叠区；有3位地址没有参加译码，就会出现8个地址重叠区……

11. 数据Cache和指令Cache

讨论存储系统时，通常认为指令和数据共享存储层次结构中的各级存储器的空间。对于主存储器和虚拟存储器来说，这种想法一般是正确的，但是对于Cache来说，数据和指令经常分别存储在独立的数据Cache和指令Cache中。之所以采用这种被称为哈佛结构的Cache，是因为这种结构允许处理器同时从指令Cache中提取指令和从数据Cache中提取数据。若某个Cache同时包含指令和数据时，就称它为统一Cache。

将指令Cache与数据Cache分开的另一优点是：程序一般不会修改自己的指令，这样就可以把指令Cache设计成只读型设备，不允许对它所包含的指令进行修改，这意味着没有写回主存的问题。将指令Cache和数据Cache分开，还可以避免指令块与数据块之间产生冲突。但是，将指令Cache与数据Cache分开的缺点是：编写自修改程序会变得更加困难。当某个程序想修改自己的指令时，这些指令就会被当作数据存储在数据Cache中，而不是存储在指令Cache中。要执行已被修改的指令，该程序必须利用特定的Cache刷新操作，以确保该指令的原始版本不会出现在指令Cache中。这样，在执行这些已修改的指令之前，该程序必须从主存储器中提取这些指令的修改版本。当数据Cache是写回式Cache时，还需要执行额外的Cache刷新操作，以确保在将已被修改的指令写入指令Cache中之前，已经将它们写回主存中。

某个系统的指令Cache通常会明显小于数据Cache(前者是后者的1/2～1/4)，这是因为程序中的指令一般要比该程序中的数据占用的存储空间小得多，所以设计人员通常会选择将更多的芯片面积用于数据Cache，而不是用于指令Cache。

在许多系统中，存储层次结构中有多级存储器都是采用Cache实现的。最常见的情况是，将第1级Cache(它最接近处理器)作为独立指令Cache和数据Cache实现，而将其他各级Cache作为统一Cache实现。

12. 数据Cache的实现

数据Cache通常包含一个标记阵列和一个数据阵列，还有一个命中/缺失逻辑。标记阵列包含Cache中所含数据的地址，而数据阵列中包含的是数据本身。将Cache分成独立的标记阵列和数据阵列，可以减少Cache的访问时间，因为标记阵列通常要比数据阵列包含相对较少的位数，所以访问它要比访问数据阵列或者数据阵列和标记阵列的某种组合快得多。

一般来说，标记阵列被组织成二维结构，该结构中包括的每一行标记项都代表着Cache中的每一组，其列数等于Cache的相联度。图5-5显示了一个4路组相联Cache的标记阵列结构。

每个标记项描述一个数据Cache块。标记项由标记字段、有效位以及脏位(仅适用于写回式Cache)3部分组成，如图5-6所示。Cache块的大小又称为Cache的行长。

标记阵列需要占用的存储空间由以下因素决定：Cache中的块数、每项需要的标记字段位数、有效位和脏位。

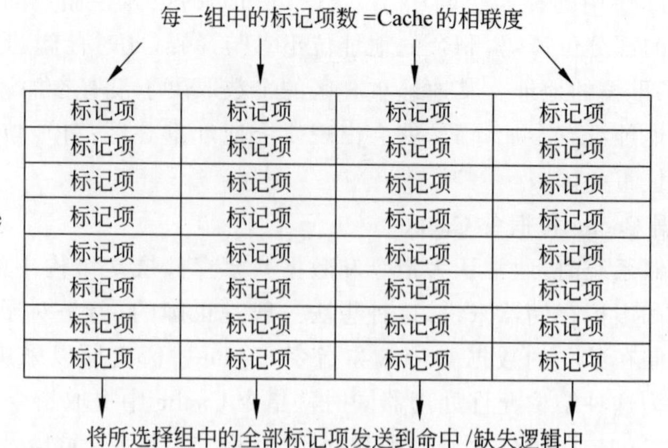

图 5-5 4 路组相联 Cache 的标记阵列结构

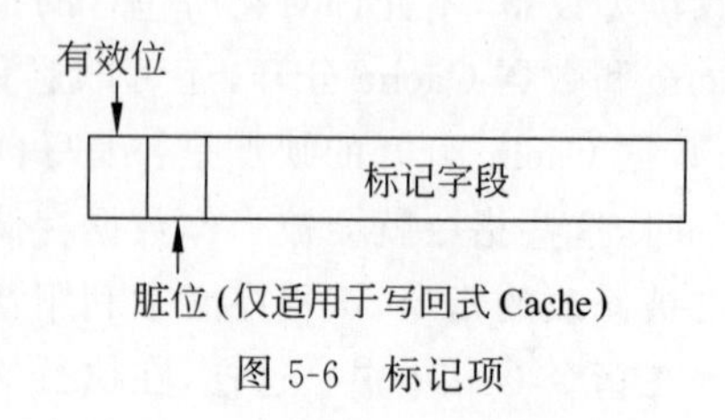

图 5-6 标记项

例 5-3 Cache 的容量大小为 32KB,块的大小为 256B,并且该 Cache 是写回式 4 路组相联 Cache。该标记阵列共需要多少个存储位?假定该系统的主存地址是 32 位。

解:Cache 的容量大小为 32KB,块的大小为 256B,则共有 128 块(32KB÷256B),又因为是 4 路组相联,则共有 32 组(128÷4),所以组号字段为 5 位;又因为块的大小为 256B,所以块内地址为 8 位。因此,每个标记阵列中的标记项的标记字段长度为 32－5－8＝19 位。另外,还需要加上有效位和脏位。这样,每个标记项需要的位数是 21 位,该标记阵列中需要 21×128＝2688 个存储位。

Cache 中数据阵列的结构类似于标记阵列的结构。数据阵列也被组织成二维阵列,其中的每一行代表该 Cache 中的每一组,其列数等于该 Cache 的相联度。

命中/缺失逻辑负责将主存地址中的标记字段(Tag)与该组中各个标记项的标记字段内容进行比较。当这些字段的各位相匹配,并且对该标记项的有效位进行设置以后,就会产生一次命中,如图 5-7 所示。

例 5-4 某计算机的主存地址位数为 32 位,按字节编址。假定数据 Cache 中最多存放 128 个主存块,采用 4 路组相联方式,块大小为 64B,每块设置了 1 位有效位。采用一次性写回策略,为此每块设置了 1 位脏位。要求:

(1) 分别指出主存地址中标记(Tag)、组号(Index)和块内地址(Offset)3 部分的位置和位数。

(2) 计算该数据 Cache 的总位数。

解:

(1) 因为块大小为 64B,所以块内地址字段为 6 位,位于主存地址后部;因为 Cache 中有

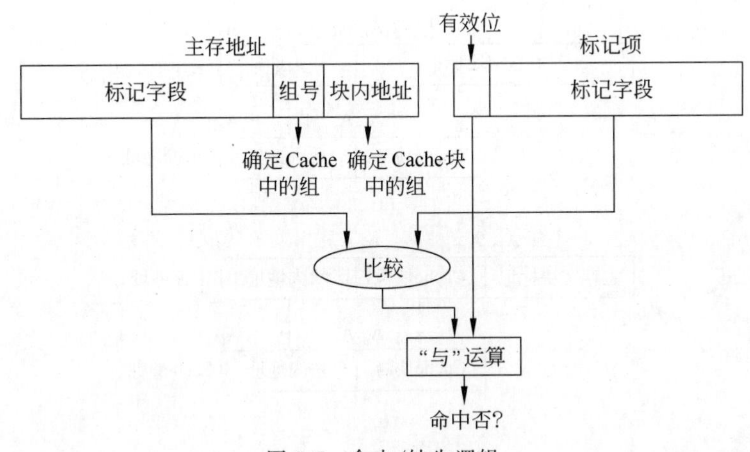

图 5-7　命中/缺失逻辑

128 个主存块，采用 4 路组相联，Cache 分为 32 组(128÷4=32)，所以组号字段为 5 位，位于主存地址中部；标记字段为剩余位，32－5－6=21 位，位于主存地址前部。

(2) 数据 Cache 的总位数应包括标记项的总位数和数据块的位数。每个 Cache 块对应一个标记项，标记项中应包括标记字段、有效位和脏位(仅适用于写回法)，故标记项的总位数=128×(21+1+1)=128×23=2944 位。数据块位数=128×64×8=65 536 位，所以数据 Cache 的总位数=2944+65 536=68 480 位。

13. 主存与 Cache 之间的地址变换与映像方式

在 Cache 中，地址映像是指把主存地址空间映像到 Cache 地址空间，具体地说，就是把存放在主存中的程序按照某种规则装入 Cache 中，并建立主存地址与 Cache 地址之间的对应关系。地址变换则是指当程序已经装入 Cache 之后，在实际运行过程中，主存地址如何变换成 Cache 地址。

无论采用什么样的地址映像和地址变换方式，都要把主存和 Cache 划分成同样大小的块，每块可包含几十个或几百个存储字，显然主存中的块数会比 Cache 中的块数多得多。

例 5-5　某系统中主存容量为 512KB，而 Cache 容量为 4KB，每 64B 为一块，试分别指出全相联映像、直接映像和 4 路组相联映像的主存地址格式。

解：因为主存容量为 512KB，而 Cache 容量为 4KB，每 64B 为一块，则主存中共有 8192 块，而 Cache 中只有 64 块，这就是说，任何时候主存中最多只能有 64 块信息进入 Cache 中。

全相联映像方式是指主存的任何一块可调入 Cache 的任何一块位置，主存和 Cache 之间的地址变换简化成为块号的变换。主存有 8192 块，Cache 共 64 块，主存和 Cache 的地址结构如图 5-8(a)所示。

直接映像方式是指主存中的某些块只能固定地调入 Cache 中的某一块位置，它们之间存在着固定的关系。主存和 Cache 之间的地址结构如图 5-8(b)所示。

4 路组相联映像方式将 Cache 分成若干同样大小的组，每个组内包含 4 块，组内采用全相联映像，组间采用直接映像方式。Cache 共 64 块，分成 16 组，每个小组 4 块，主存和 Cache 的地址结构如图 5-8(c)所示。

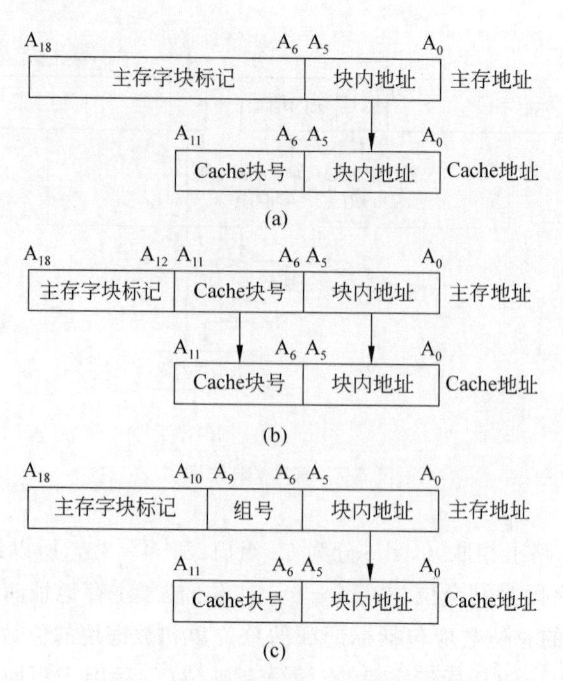

图 5-8 主存和 Cache 的地址结构

5.4 相关知识介绍

1. 存储系统的性能分析

表示存储系统的性能有 3 个主要参数：容量 S、价格 C 和速度 T，组成这个存储系统的每个存储器也有同样的 3 个参数。图 5-9 表示由两个存储器 M_1 和 M_2 组成的存储系统。两个存储器的容量、价格和速度分别为 S_1、C_1、T_1 和 S_2、C_2、T_2。

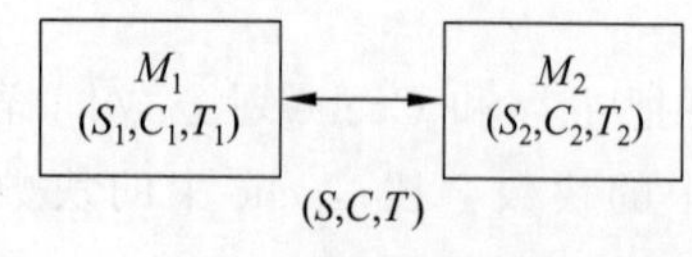

图 5-9 由两个存储器组成的存储系统

整个存储系统的单位容量平均价格可以表示为

$$C=\frac{C_1S_1+C_2S_2}{S_1+S_2}$$

当 $S_2>>S_1$ 时，有 $C\approx C_2$，因此，整个存储系统的单位容量价格接近比较便宜的 M_2 存储器。

存储系统的访问周期与命中率 H 的关系比较大，命中率可以简单地定义为在 M_1 存储器中访问到的概率，即

$$H=\frac{N_1}{N_1+N_2}$$

其中，N_1 表示对 M_1 存储器的访问次数，N_2 表示对 M_2 存储器的访问次数。

例 5-6 假设某计算机的存储系统由 Cache 和主存组成。某程序执行过程中访存 1000 次，其中访问 Cache 失效(未命中)50 次，则 Cache 的命中率是多少？

解：程序访存次数 $N_1+N_2=1000$ 次，其中访问 Cache 的次数 N_1 为访存次数减去失

效次数。

$$H=\frac{1000-50}{1000}\times 100\%=95\%$$

不命中率或失效率是指由 CPU 产生的逻辑地址在 M_1 中访问不到的概率。对于两级存储层次，失效率为 $1-H$。

两级存储层次的等效访问时间 T_A 根据主存的启动时间有以下两种情况。

假设 *Cache* 访问和主存访问是同时启动的，则

$$T_A=H\times T_{A1}+(1-H)\times T_{A2}$$

假设 Cache 不命中时才启动主存，则

$$T_A=H\times T_{A1}+(1-H)\times(T_{A1}+T_{A2})=T_{A1}+(1-H)\times T_{A2}$$

为了便于分析，定义存储系统的访问效率为

$$e=\frac{T_{A1}}{T_A}=\frac{T_{A1}}{H\times T_{A1}+(1-H)\times T_{A2}}=\frac{1}{H+(1-H)\times\frac{T_{A2}}{T_{A1}}}=f\left(H,\frac{T_{A2}}{T_{A1}}\right)$$

访问效率越高，说明存储系统的速度与相对比较快的存储器速度越接近。从上式可以看到，存储系统的访问效率主要与命中率和构成存储系统的两级存储器的速度之比有关。要使存储系统的速度接近相对比较快的存储器的速度，有两种途径：①提高命中率；②使构成存储系统的两个存储器的速度不要相差太大。通常，Cache 存储系统中两个存储器的速度之比$\frac{T_{A2}}{T_{A1}}$比较小，约为 3～10；而虚拟存储系统中两个存储器的速度之比$\frac{T_{A2}}{T_{A1}}$比较大，约为 10^5，所以，虚拟存储系统如果要想获得比较高的访问效率，需要极高的命中率。

例 5-7 CPU 执行一段程序时，Cache 完成存取的次数为 5000 次，主存完成存取的次数为 200 次。已知 Cache 存储周期 T_C 为 40ns，主存存取周期 T_M 为 160ns，分别求(当 Cache 不命中时才启动主存)：

(1) Cache 的命中率 H；

(2) 等效访问时间 T_A；

(3) Cache-主存系统的访问效率 e。

解：

(1) $H=\frac{5000}{5000+200}\approx 96\%$

(2) $T_A=T_{A1}+(1-H)\times T_{A2}=40\text{ns}+(1-0.96)\times 160\text{ns}=46.4\text{ns}$

(3) $e=\frac{T_{A1}}{T_A}=\frac{40}{46.4}=86.2\%$

2. 访问的局部性原理

程序往往重复使用它刚刚使用过的数据和指令。实验表明，一个程序用 90%的执行时间执行仅占 10%的程序代码。局部性分为时间上的局部性和空间上的局部性两种。时间上的局部性是指：如果一个存储单元被访问，则可能该单元会很快被再次访问，这是因为程序存在着循环。空间上的局部性是指：如果一个存储单元被访问，则该单元邻近的单元也可能很快被访问。这是因为程序中大部分指令是顺序存储、顺序执行的，数据一般也是以向量、数组、树、表等形式簇聚地存储在一起的。也就是说，最近的、未来要用的指令和数据大

多局限于正在用的指令和数据，或是存放在与这些指令和数据位置上邻近的单元中。这样就可以把目前常用或将要用到的信息预先放在 M_1 中，从而使CPU的访问速度大大提高。存储系统的构成是以访问的局部性原理为基础的。

3. SRAM芯片分析

Intel 2114是一种曾经广泛使用的小容量SRAM芯片，它的结构框图如图5-10所示，由存储矩阵、行/列地址选择电路、列I/O电路及三态读写电路组成。

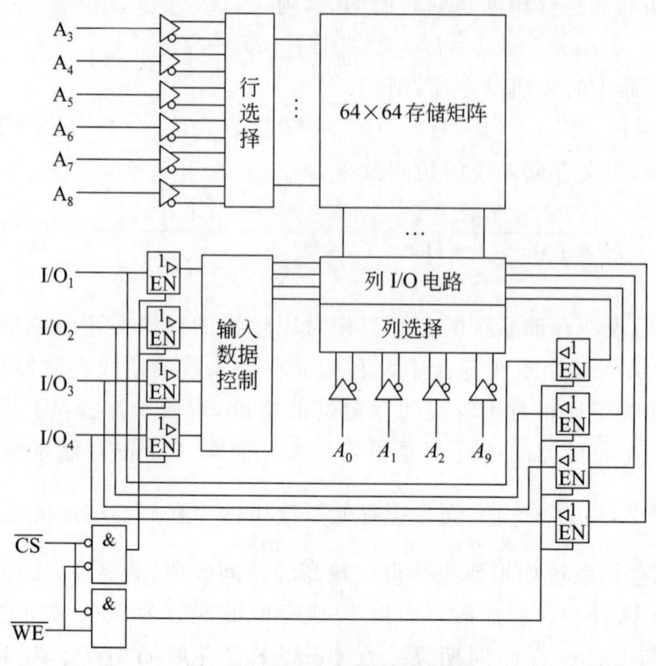

图5-10 2114逻辑结构框图

2114的存储容量为1K×4，由4096个六管记忆单元电路组成，它们排成64×64的矩阵，采用字段结构。64列被分成4组，每组包含16列。第一组的64行×16列中的各记忆单元表示1024个存储单元中的第一位，第二组的64行×16列中的各记忆单元表示1024个存储单元中的第二位，以此类推，便构成存储芯片的4位。2114芯片存储体内部结构如图5-11所示。

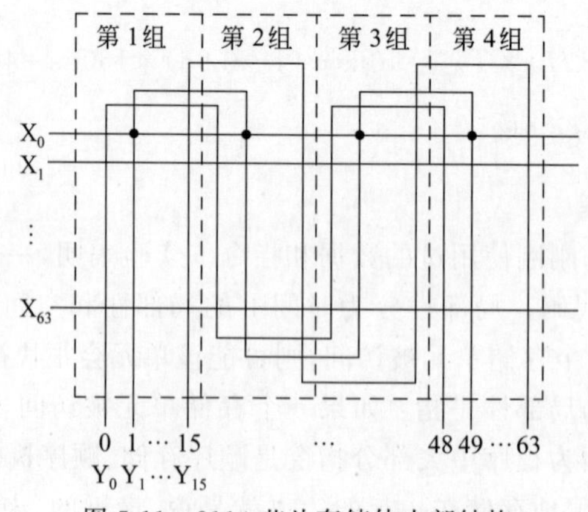

图5-11 2114芯片存储体内部结构

CPU 送来的地址总线共 10 位($A_0 \sim A_9$),其中 6 位($A_3 \sim A_8$)作为行选择电路的输入,经行地址译码器产生 64 条行选择线($X_0 \sim X_{63}$);另 4 位($A_0 \sim A_2$,A_9)作为列选择电路的输入,经列地址译码器产生 16 条列选择线($Y_0 \sim Y_{15}$)。当任何一条 X 选择线和 Y 选择线被选时,其交点处的 4 个记忆单元被选。

$I/O_1 \sim I/O_4$ 是受输入三态门和输出三态门控制的双向数据线,由片选信号$\overline{CS}$和写允许信号$\overline{WE}$一起控制这些三态门。在$\overline{CS}$有效(低电平)的情况下,如果$\overline{WE}$有效(低电平),则输入三态门打开,数据总线上的信息便写入存储器;如果$\overline{WE}$无效,则打开输出三态门,信息从存储器中读出,送到数据总线上。由于读或写操作是分时进行的,即读时不写,写时不读,因此,输入和输出三态门是互锁的。

4. 动态 RAM 芯片分析

Intel 2164/4164 是 64K×1 的 DRAM 芯片,片内集成有 65 536 个单管 MOS 动态记忆单元,2164/4164 芯片的逻辑结构框图如图 5-12 所示。

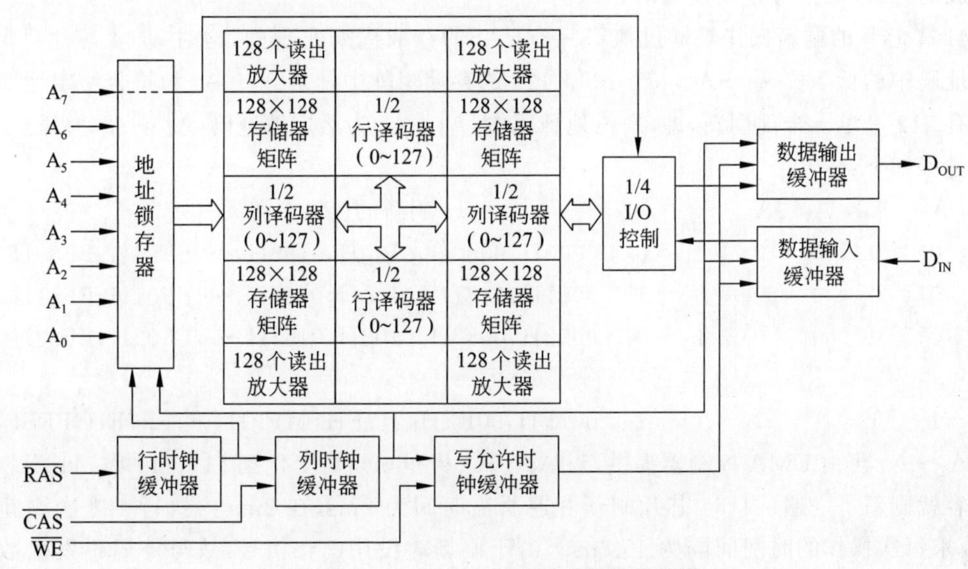

图 5-12　2164/4164 芯片的逻辑结构框图

2164/4164 芯片的存储体分成 4 个 128×128 的存储矩阵。选择 64K 容量本来需要 16 位地址,而 4164 芯片的地址线引脚只有 8 条($A_7 \sim A_0$),需分时复用。4164 芯片内部设有 8 位的地址锁存器,将 16 位的地址信息分成两次送到 4164 芯片内,共同译码指定被访问的存储单元。低 8 位地址作为行地址,高 8 位地址作为列地址,行/列地址转换控制电路如图 5-13 所示。图中,ADDR SEL 是行/列地址转换控制信号,当它为 0 时,地址码的低 8 位 $XA_{7\sim0}$通过多路选择器;为 1 时,地址码的高 8 位 $XA_{15\sim8}$通过多路选择器。

行地址由行地址选通信号$\overline{RAS}$送至地址锁存器,其中低 7 位经过译码后产生 128 条行选择线,可选择 128 行中的任一行。接着,列地址由列选通信号$\overline{CAS}$送至地址锁存器,其中低 7 位列地址经过译码后产生 128 条列选择线,分别选择 128 列中的任一列,这时 4 个存储矩阵中各有一位与 I/O 控制电路连接,最后将行地址和列地址的最高位(A_7 和 A_{15})送到 I/O 控制电路,用以选择 4 个矩阵中的一个矩阵。当$\overline{WE}$为高电平时,把 16 位地址指定的单

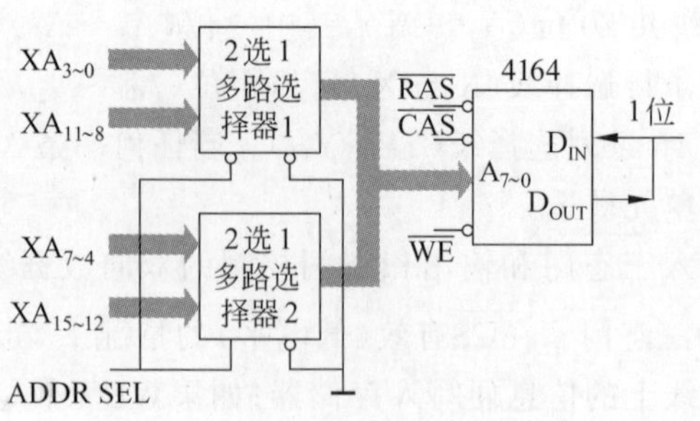

图 5-13　行/列地址转换控制电路

元中的数据通过数据输出缓冲器送到 D_{OUT} 端；当$\overline{WE}$为低电平时，D_{IN} 端的数据通过数据输入缓冲器输入，写入指定的单元中。

4164 芯片中每一列都有读出放大器，这是因为芯片的记忆单元是由单个 MOS 管和电容组成的，其读出信号是很微弱的。

4164 芯片的刷新操作是通过执行只有$\overline{RAS}$的存取周期实现的，这时 4164 芯片只取 8 位地址码中的低 7 位 $A_6 \sim A_0$，4 个 128×128 的存储矩阵中凡是 $A_6 \sim A_0$ 为符合给定地址码的所有 512 个单元全部刷新，即 16 位地址码中，$A_6 \sim A_0$ 为给定地址码，$A_{15} \sim A_7$ 为任意项，刷新过程如下：

A_6	A_5	A_4	A_3	A_2	A_1	A_0	刷新的 512 个单元
0	0	0	0	0	0	0	0000H，0080H，0100H，0180H，…，FF00H，FF80H
0	0	0	0	0	0	1	0001H，0081H，0101H，0181H，…，FF01H，FF81H
0	0	0	0	0	1	0	0002H，0082H，0102H，0182H，…，FF02H，FF82H
			⋮				
1	1	1	1	1	1	1	007FH，00FFH，017FH，01FFH，…，FF7FH，FFFFH

$A_6 \sim A_0$ 可由 DMA 控制器提供，当 $A_6 \sim A_0$ 从 0000000 变化到 1111111 时，4164 芯片的内容就刷新了一遍。4164 芯片刷新一遍所需时间为 2ms，在 2ms 内执行 128 次刷新操作，要求每次操作的时间间隔为 15.6μs。由于刷新时没用$\overline{CAS}$信号，故与外界不发生数据传送。

5. MROM 和 PROM 的写入

ROM 一般情况下只能读出，不能写入，那么 ROM 中的内容是如何事先存入的呢？下面看 MROM 和 PROM 的写入原理。

1）掩膜式 ROM(MROM)

它的内容是由半导体制造厂按用户提出的要求在芯片的生产过程中直接写入的，写入之后任何人都无法改变其内容。MROM 中的记忆单元可采用二极管、电阻、双极型晶体管、MOS 管等作为耦合元件。通常，耦合处有元件表示存储 0 信息，无元件表示存储 1 信息。

图 5-14 为一个简单的 4×4 位 MOS 管 ROM，采用单译码结构，两位地址线 A_1、A_0 译码后可有 4 种状态，驱动 4 条选择线，可分别选中 4 个单元，每个单元有 4 位输出。

图 5-14 所示的矩阵中，在行和列的交点处，既可有耦合元件 MOS 管，也可没有。若地址线 A_1A_0＝00，则选中 0 号单元，即字线 0 为高电平，其他字线为低电平。如果位线上有 MOS 管与字线 0 相连(如位线 2 和 0)，其对应的 MOS 管导通，位线输出为 0；如果位线上没

有 MOS 管与字线相连(如位线 1 和 3),则位线输出为 1。

2) 一次可编程 ROM(PROM)

PROM 产品出厂时,所有记忆单元均制成 0(或制成 1),用户根据需要可自行将其中某些记忆单元改为 1(或改为 0)。常见的 PROM 根据写入原理可分为两类:结破坏型和熔丝型。由于它们的写入都是不可逆的,所以只能一次性写入。

结破坏型在每个行、列线的交点处制造一对彼此反向的二极管,它们因为彼此反向而不能导通,故全部内容均为 0。若某位需要写入 1,则在相应的行、列之间加上较高电压,将反偏的一只二极管永久性击穿,只留下正向导通的一只二极管,故该位被写入 1。显然,这种写入是一次性的,不可逆转的。

熔丝型的基本记忆单元电路是由三极管 T 连接一段镍-铬熔丝组成的,如图 5-15 所示。典型的 PROM 芯片出厂时,T 与列线之间的熔丝都存在,表示全部内容均为 0。当用户需要某一位写入 1 时,则设法将 T 管的电流加大为正常工作电流的 5 倍以上,从而使镍-铬熔丝熔断,1 被写入。由于熔丝熔断之后不能再恢复,显然这种写入也是不可逆转的。

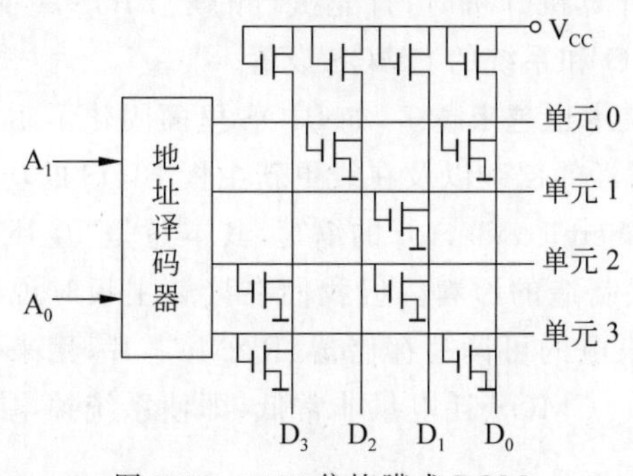

图 5-14　4×4 位掩膜式 ROM

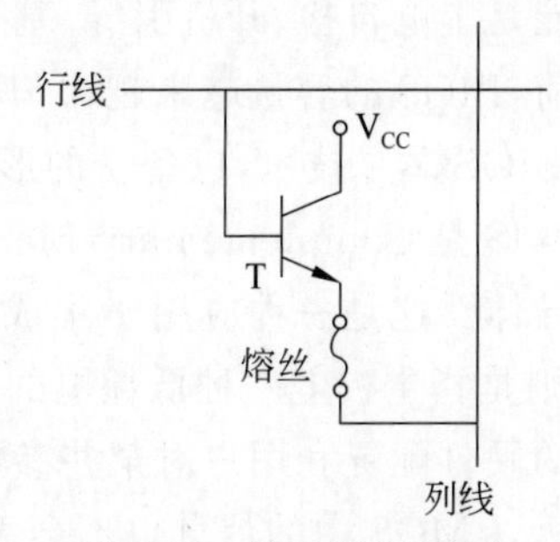

图 5-15　熔丝型 PROM

6. RAM 的奇偶校验电路

为了检测存储过程中的错误,RAM 中常用奇偶校验法。例如,用 4164 芯片组成的 64KB 存储器的奇偶校验电路如图 5-16 所示。

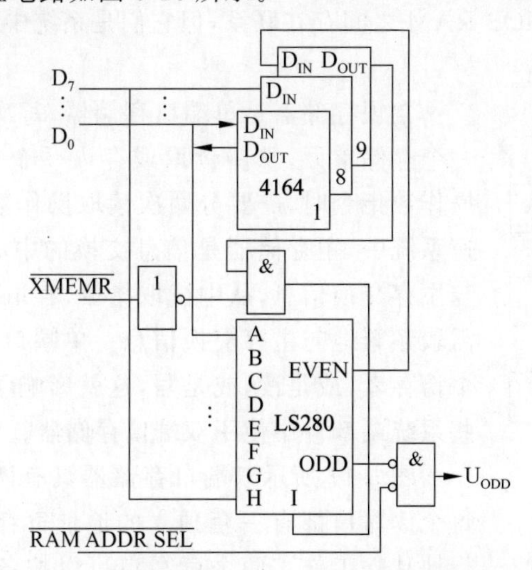

图 5-16　用 4164 芯片组成的 64KB 存储器的奇偶校验电路

从图5-16中可以看出,该存储器由9片4164芯片组成,其中1～8片组成64K×8存储器,第9片用作奇偶校验。该电路的核心是74LS280,它有9个输入端(A～I)和两个互非的输出端(EVEN和ODD)。当输入端1的个数为偶数时,EVEN为高电平,ODD为低电平;当输入端1的个数为奇数时,ODD为高电平,EVEN为低电平。

奇偶校验(以奇校验为例)的原理是:写操作时,存储器读信号$\overline{\text{XMEMR}}=1$,使LS280的I输入端为0,这样,当8位数据中1的个数为偶数时,便使第9片4164芯片的相应单元写入1,否则写入0。当读这个单元的数据时,$\overline{\text{XMEMR}}=0$,若所存的8位数据没有发生读出错误,就使ODD=1,$U_{ODD}=0$;若发生读出错误,则使ODD=0,$U_{ODD}=1$。也就是说,U_{ODD}的输出即可判断有无奇偶错误,此信号向CPU发出奇偶校验错的中断请求信号。

7. BIOS和CMOS芯片

BIOS是Basic Input/Output System的缩写,意思是“基本输入输出系统”,通常固化在ROM中,所以又称为ROM-BIOS。ROM-BIOS是计算机系统中用来提供最低级、最直接的硬件控制的程序,是连接软件程序和硬件设备之间的枢纽,可以直接对计算机系统中的输入输出设备进行设备级、硬件级的控制。当计算机开机时,首先执行的是BIOS中的程序,它的功能是上电自检、开机引导、基本外设I/O和系统的CMOS设置。

目前,BIOS的容量越来越大,其中的新技术也越来越多,如BIOS里面固化了防病毒技术和双BIOS芯片技术,以备份的形式防止病毒的侵袭以及在线更新主板BIOS的功能等。

CMOS是Complementary Metal Oxide Semiconductor的缩写,其本意是“互补金属氧化物半导体”,这是一种应用于集成电路芯片制造的原料。但我们在接触主板时说的这个CMOS则是指主板上一种低耗电的、靠电池供电的可读写存储器(RAM)芯片,用来保存当前系统的硬件配置和用户对某些参数的设定。CMOS耗电量非常低,即使系统掉电或者长期不开机,CMOS中的信息也不会丢失。

BIOS与CMOS既相关,又不同。BIOS中的系统设置程序是完成参数设置的手段,CMOS是设定系统参数的存放场所。它们与系统设置都密切相关,正确的说法是:当进入BIOS对硬盘参数或者其他BIOS进行设置并保存它们时,这些设置会被存储到CMOS RAM芯片中。每次系统引导时,系统都会从CMOS RAM芯片中读出所存的参数决定如何配置系统,BIOS和CMOS RAM之间存在联系,但它们是系统中两个完全不同的部分。

8. 双端口存储器

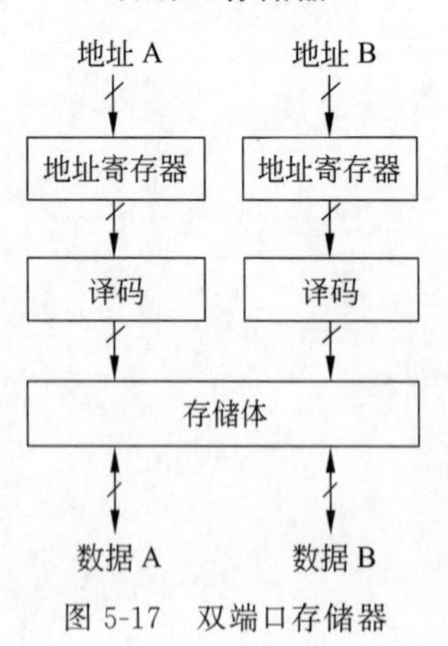

图5-17　双端口存储器

常规存储器是单端口存储器,每次只接收一个地址,访问一个存储单元,从中读取或存入一个字节或一个字。执行双操作数指令时,需要分两次读取操作数,工作速度较低。在高速系统中,主存储器是信息交换的中心,一方面,CPU频繁地与主存交换信息,从中读取指令、存取数据,另一方面,外设也需较频繁地与主存交换信息。单端口存储器每次只能接受一个访存者,或是读,或是写,这就影响了工作速度。为此,在某些系统或部件中使用双端口存储器。

图5-17所示双端口存储器具有两个彼此独立的读写口,每个读写口都有一套独立的地址寄存器和译码电路,可以并行地独立工作。两个读写口可以按各自接收的地址,同时读

出或写入，或一个写入，另一个读出。与两个独立的存储器不同，两套读写口的访存空间相同，可以访问同一区间、同一存储单元。

双端口存储器的常见应用场合有以下几个。一种应用是在运算器中采用双端口存储芯片，作为通用寄存器组，能够快速提供双操作数，或快速实现寄存器间传送。另一种应用是让双端口存储器的一个读写口面向CPU，通过专门的存储总线（或称局部总线）连接CPU与主存，使CPU快速访问主存；另一个读写口则面向外设或输入输出处理机，通过共享的系统总线连接。如显示器上使用的视频DRAM（又称VRAM），它的两个端口中，一个允许CPU随机读写，另一个只能被视频显示电路读取，且一次只能读一整行。此外，在多机系统中常用双端口存储器甚至多端口存储器作为各CPU的共享存储器，实现多CPU之间的通信。

9. 多体并行系统

n个并行的存储器具有各自的地址寄存器（MAR）、读写电路和数据寄存器（MDR），它们能各自以同等的方式与CPU传递信息，形成可以同时工作又独立编址且容量相同的n个分存储体，这就是多体系统。各个存储体能并行工作，也能分时交叉工作。

并行工作即同时访问n个存储体，同时启动，同时读出，完全并行地工作；分时工作即n个存储体以$\frac{T_m}{n}$的时间间隔进入并行工作状态。

图5-18所示的是高位交叉编址的多体存储系统。存储器地址寄存器的高位表示体号，低位表示体内地址。程序按体内地址连续存放，一个体存满后，再存入下一个体。

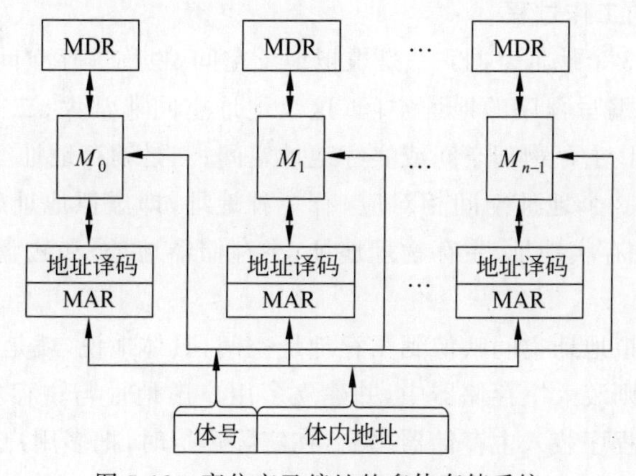

图5-18　高位交叉编址的多体存储系统

高位交叉编址时，系统地址的连续地址落在同一存储体内，容易发生访存冲突，并行存取的可能性很小。

图5-19是按低位交叉编址的多体存储系统。同一存储体中的地址是不连续的，程序连续存放在相邻体中。存储器地址寄存器的低位部分选择不同的存储体，而高位部分指向存储体内的存储字。

低位交叉编址时，系统地址在同一存储体中不是连续的，而是以n为模交叉编址的。所以，连续的程序或数据将交叉地存放在n个存储体中，可实现以n为模的交叉并行存取，访存冲突的概率会变得很小。

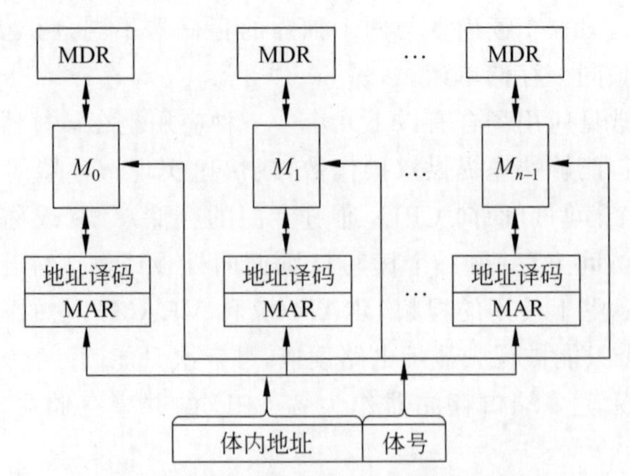

图 5-19 低位交叉编址的多体存储系统

目前大多数计算机都采用多体低位交叉编址并行主存,这将大大提高主存频宽,从而提高计算机系统的性能。并行主存的实际频宽总是小于最大频宽,换句话说,访存冲突总是存在的。究其原因,除了程序不总是顺序执行和数据随机存放之外,还与存储体个数一般为2的整数次幂有关。可以证明当存储体个数 n 取5以上的素数时,访存冲突将大大减小,且 n 取的素数越大,访存冲突越少,因此称采用素数个存储体的低位交叉并行主存为无访问冲突并行主存,其实际频宽接近最大频宽。无冲突并行主存,因存储体个数为素数,由系统地址变成体号和体内地址是很复杂的。

10. 虚拟存储器的工作过程

虚拟存储器中有3个地址空间:一是虚拟地址空间,也称虚存空间和虚拟存储器空间,它是应用程序员用来编写程序的地址空间,这个地址空间非常大;二是主存储器的地址空间,也称主存地址空间、主存物理空间或实存地址空间;三是辅存地址空间,也就是磁盘存储器的地址空间。与这3个地址空间相对应,有3种地址,即虚拟地址(也称虚存地址、虚地址)、主存地址(也称主存实地址、主存物理地址、主存储器地址)和磁盘存储器地址(也称磁盘地址、辅存地址)。

地址映像是把虚拟地址空间映像到主存地址空间,具体地说,就是把用户用虚拟地址编写的程序按照某种规则装入主存储器中,并建立多用户虚地址与主存实地址之间的对应关系。地址变换则是在程序装入主存储器之后,在实际运行时,把多用户虚地址变换成主存实地址(内部地址变换)或磁盘存储器地址(外部地址变换)。

下面以页式虚拟存储器为例,讨论虚拟存储器的工作过程,如图5-20所示。

在页式虚拟存储器的访问过程中,可能会用到3张表:一是页表,也称为内页表,它是在内部地址变换中使用的,每个用户都有一张内页表,表中应包含虚页号、实页号、装入位等信息。装入位为1,表示该实页已被占用;二是外页表,它是在外部地址变换中使用的,每个用户都有一张外页表,其内容至少应包括辅存实页号(磁盘地址)和装入位,如果装入位为1,表示要访问的页面已经在磁盘存储器中,否则表示不在磁盘存储器中,需要从其他海量存储器中调入;三是整个系统还需要设置一个页面分配表,供所有用户公用,这个表用来记录当前各个实存页面的使用情况,表中至少包含用户号、装入位、历史位和修改位等信息。

虚拟存储器的工作过程是:CPU用虚地址访问存储器,首先查内页表,判断实页是否

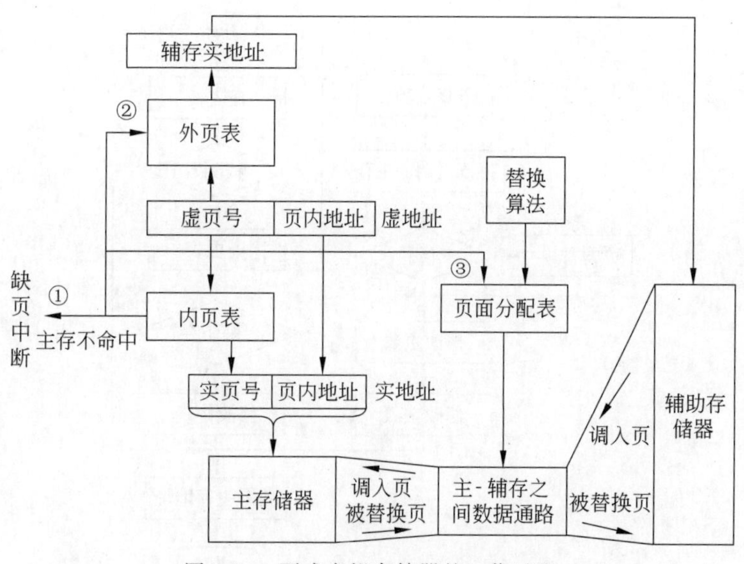

图 5-20　页式虚拟存储器的工作过程

命中。若命中,则从内页表中得到实页号,并将其与页内地址拼接起来构成访问实存的实地址;若不命中,则需要完成3项任务:①向CPU发出缺页中断;②查外页表得到该页的辅存实页号,并用该页号访问辅存,将该页调入实存中,并填写好外页表;③查实存页面分配表,若实存中还有空闲页面,则将从辅存中取出的页面直接写入实存的空闲页中,并填写好内页表,若实存空间已满,则须根据采用的替换算法确定当前的被替换页面。若该页面内容在执行中被修改过,则先将它写回辅存中原来所在的页面,然后才能将新页调入实存覆盖被替换的页;若未曾修改过,则可将新页直接覆盖被替换页,并填写好内页表,然后才能用原虚地址访问实存,这时实存肯定命中,经内部地址变换后,可直接访问实存,完成一次访问虚拟存储器的全过程。

11. 快表和慢表

对于页式虚拟存储器,页表设置在主存中。使用页表进行地址转换的一个主要缺点是:每次访问存储器时都必须访问该页表。在带有单级页表的系统中,这样会使存储器的访问次数增加一倍,而在带有多级页表的系统中,该问题会变得更加严重,因为在遍历页表过程中需要多次访问存储器。

为了尽可能提高速度,可借鉴Cache的思路,将页表中最活跃的部分放在高速存储器中构成快表(TLB,又称为转换旁路缓冲器)。快表扮演的角色是作为页表的Cache。对快表的查找和管理全用硬件实现。快表一般很小,仅是主存中的页表(相对于快表,称其为慢表)的一小部分。只有在快表中找不到时,才访问慢表。页式虚拟存储器快、慢表的工作流程如图5-21所示。

12. 相联存储器

常规存储器是按地址访问的,即送一个地址码,选中相应的一个编址单元,然后进行读写操作。在信息检索一类工作中,需要的是按信息内容选中相应单元,进行读写。相联存储器又称为联想存储器,它不是根据地址访问存储器,而是根据所存数据字的全部内容或部分内容进行存取,是一种按内容寻址的存储器。相联存储器的基本组成如图5-22所示。设存

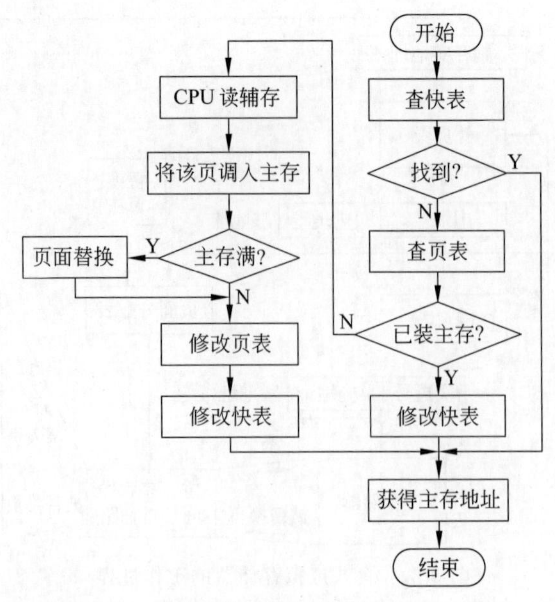

图 5-21　页式虚拟存储器快、慢表的工作流程

储器有 W 个字,字长 n 位,CR 为比较数寄存器,字长也为 n 位,存放要比较的数(或要检索的内容)。MR 为屏蔽寄存器,与 CR 配合使用,字长也为 n 位。当按比较数的部分内容进行检索时,相应地把 MR 中要比较的位设置成 1,不要比较的位设置成 0。图 5-22 中表示需要按第 2～6 位的内容进行比较,所以 MR 的第 2～6 位置 1,其余各位均清零。置成 1 的字段称为关键字段。SRR 为查找结果寄存器,字长为 W 位,假如比较结果第 i 个字满足要求,则 SRR 中的第 i 位为 1,其余各位均为 0,若同时有 m 个字满足要求,则相应地就有 m 位为 1。有的相联存储器还设置有字选择寄存器(WSR),用来确定哪些字参与检索,若字选择寄存器某位为 1,则表示其对应的存储字参与检索;若某位为 0,则表示其对应的存储字不参与检索。

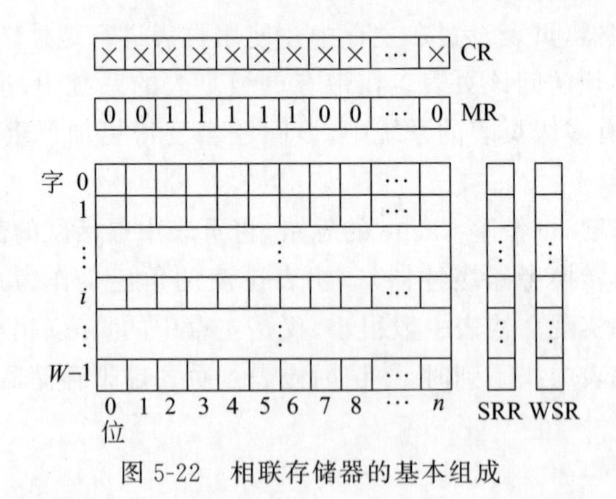

图 5-22　相联存储器的基本组成

为了进行检索,还要求相联存储器能进行各种比较操作(如相等、不等、小于、大于、求最大值和最小值等)。比较操作是并行进行的,即 CR 值的关键字段与存储器的所有 W 个字的相应字段同时进行比较。

相联存储器常用于虚拟存储器和Cache中，还经常用于数据库与知识库中按关键字进行检索。从按地址访问的存储器中检索某一个单元，平均约进行 $W/2$ 次操作（W 为存储单元数），而在相联存储器中仅需要进行一次检索操作，所以大大提高了处理速度。

5.5 教材习题解答

5-1 如何区别存储器和寄存器？两者是一回事的说法对吗？

解：存储器和寄存器不是一回事。存储器在CPU的外边，专门用来存放程序和数据，访问存储器的速度较慢。寄存器属于CPU的一部分，访问寄存器的速度很快。

5-2 存储器的主要功能是什么？为什么把存储系统分成若干个不同层次？主要有哪些层次？

解：存储器的主要功能是用来保存程序和数据。存储系统是由几个容量、速度和价格各不相同的存储器用硬件、软件、硬件与软件相结合的方法连接起来的系统。把存储系统分成若干个不同层次的目的是为了解决存储容量、存取速度和价格之间的矛盾。由高速缓冲存储器、主存储器、辅助存储器构成的三级存储系统可以分为两个层次，其中高速缓存和主存间称为Cache-主存存储层次（Cache存储系统）；主存和辅存间称为主存-辅存存储层次（虚拟存储系统）。

5-3 在一个字节编址的计算机中，假定int型变量 i 的地址为0200H，i 的机器数为01234567H，请用表格的方式分别列出大端方案和小端方案情况下各个字节对应的主存地址。

解：

大端方案		小端方案	
存储器地址	数据	存储器地址	数据
0200H	01H	0200H	67H
0201H	23H	0201H	45H
0202H	45H	0202H	23H
0203H	67H	0203H	01H

5-4 某机存储字长64位，主存储器按字节编址，现有4种不同长度的数据：字节、半字（16位）、单字（32位）、双字（64位），请采用一种既节省存储空间，又能保证任一数据都在单个存取周期中完成读写的方法，将不同长度的数据存入主存（采用大端方案）。

（1）写出不同长度数据存放在主存中地址的限定要求（即第一个字节的地址）。

（2）画出将字节、双字、半字、单字、字节这5个数据依次存放在主存中的示意图（不能改变顺序）。

解：采用边界对齐的存放方法最有效。

（1）8位数据（字节），占用1个存储单元，其地址为×…××××（任意）。

16位数据（半字），占用2个存储单元，存放数据的起始地址为×…×××0（2的整倍数）。

32位数据（单字），占用4个存储单元，存放数据的起始地址为×…××0 0（4的整倍数）。

64位数据（双字），占用8个存储单元，存放数据的起始地址为×…×0 0 0（8的整倍数）。

(2) 数据存放在主存中的示意图如图5-23所示。

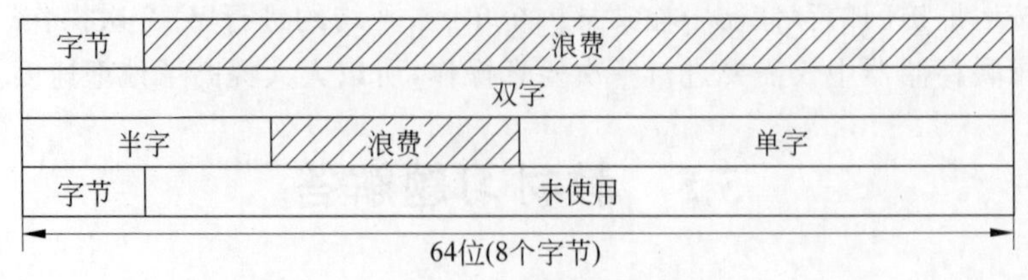

图5-23 5-4题的数据存放示意图

5-5 动态RAM为什么要刷新?一般有几种刷新方式?各有什么优缺点?

解:DRAM记忆单元是通过栅极电容上存储的电荷暂存信息的,由于电容上的电荷会随着时间的推移被逐渐泄放掉,因此每隔一定的时间,必须向栅极电容补充一次电荷,这个过程就叫作刷新。

常见的刷新方式有集中式、分散式和异步式3种。集中式的特点是读写操作时不受刷新工作的影响,系统的存取速度比较高;但有死区,而且存储容量越大,死区越长。分散式的特点是没有死区;但它加长了系统的存取周期,降低了整机的速度,且刷新过于频繁,没有充分利用允许的最大刷新间隔。异步式虽然也有死区,但比集中方式的死区小得多,而且减少了刷新次数,是比较实用的一种刷新方式。

5-6 一般的存储芯片都设有片选端$\overline{CS}$,它有什么用途?

解:片选端$\overline{CS}$用来决定该芯片是否被选中。$\overline{CS}=0$,芯片被选中;$\overline{CS}=1$,芯片未被选中。

5-7 DRAM芯片和SRAM芯片通常有何不同?

解:主要区别如下:

(1) DRAM记忆单元利用栅极电容存储信息,SRAM记忆单元利用双稳态触发器存储信息。

(2) DRAM集成度高,功耗小,但存取速度慢,一般用来组成大容量主存系统;SRAM的存取速度快,但集成度低,功耗也较大,所以一般用来组成高速缓冲存储器和小容量主存系统。

(3) SRAM芯片需要有片选端$\overline{CS}$;DRAM芯片可以不设$\overline{CS}$,而用行选通信号$\overline{RAS}$、列选通信号$\overline{CAS}$兼作片选信号。

(4) SRAM芯片的地址线直接与容量相关,DRAM芯片常采用地址复用技术,以减少地址线的数量。

5-8 有哪几种只读存储器?它们各自有何特点?

解:只读存储器有以下4种。

MROM:可靠性高,集成度高,形成批量之后价格便宜,但用户对制造厂的依赖性过大,灵活性差。

PROM:允许用户利用专门的设备(编程器)写入自己的程序,但一旦写入后,其内容将无法改变。写入都是不可逆的,所以只能进行一次性写入。

EPROM:不仅可以由用户利用编程器写入信息,而且可以对其内容进行多次改写。EPROM又可分为紫外线擦除(UVEPROM)和电擦除(EEPROM)两种。

闪速存储器：既可在不加电的情况下长期保存信息，又能在线进行快速擦除与重写，兼有 EEPROM 和 RAM 的优点。

5-9 说明存取周期和存取时间的区别。

解：存取周期是指主存进行一次完整的读写操作所需的全部时间，即连续两次访问存储器操作之间需要的最短时间。存取时间是指从启动一次存储器操作到完成该操作经历的时间。存取周期一定大于存取时间。

5-10 一个 1K×8 的存储芯片需要多少根地址线、数据输入线和输出线？

解：需要 10 根地址线，8 根数据输入输出线。

5-11 某计算机字长为 32 位，其存储容量是 64KB，按字编址的寻址范围是多少？若主存以字节编址，试画出主存字地址和字节地址的分配情况。

解：某计算机字长为 32 位，其存储容量是 64KB，按字编址的寻址范围是 16KW。若主存以字节编址，每个存储字包含 4 个单独编址的存储字节。假设采用大端方案，即字地址等于最高有效字节地址，且字地址总是等于 4 的整数倍，正好用地址码的最末两位区分同一个字中的 4 个字节。主存字地址和字节地址的分配如图 5-24 所示。

字地址	字节地址			
0	0	1	2	3
4	4	5	6	7
8	8	9	10	11
⋮	⋮	⋮	⋮	⋮
65 532	65 532	65 533	65 534	65 535

图 5-24 主存字地址和字节地址的分配

5-12 一个容量为 16K×32 的存储器，其地址线和数据线的总和是多少？当选用下列不同规格的存储芯片时，各需要多少片？

1K×4，2K×8，4K×4，16K×1，4K×8，8K×8

解：地址线 14 根，数据线 32 根，共 46 根。

若选用不同规格的存储芯片，则需要：1K×4 芯片 128 片，2K×8 芯片 32 片，4K×4 芯片 32 片，16K×1 芯片 32 片，4K×8 芯片 16 片，8K×8 芯片 8 片。

5-13 现有 1024×1 的存储芯片，若用它组成容量为 16K×8 的存储器。试求：

(1) 实现该存储器所需的芯片数量？

(2) 若将这些芯片分装在若干块板上，每块板的容量为 4K×8，该存储器所需的地址线总位数是多少？其中几位用于选板？几位用于选片？几位用作片内地址？

解：

(1) 需 1024×1 的芯片 128 片。

(2) 该存储器所需的地址线总位数是 14 位，其中 2 位用于选板，2 位用于选片，10 位用作片内地址。

5-14 已知某计算机字长 8 位，现采用半导体存储器作主存，其地址线为 16 位，若使用 1K×4 的 SRAM 芯片组成该机所允许的最大主存空间，并采用存储模板结构形式。

(1) 若每块模板容量为 4K×8，共需多少块存储模板？

(2) 画出一个模板内各芯片的连接逻辑图。

解：

(1) 根据题干可知存储器容量为 $2^{16}=64\text{KB}$,故共需 16 块存储模板。

(2) 一个模板内各芯片的连接逻辑图如图 5-25 所示。

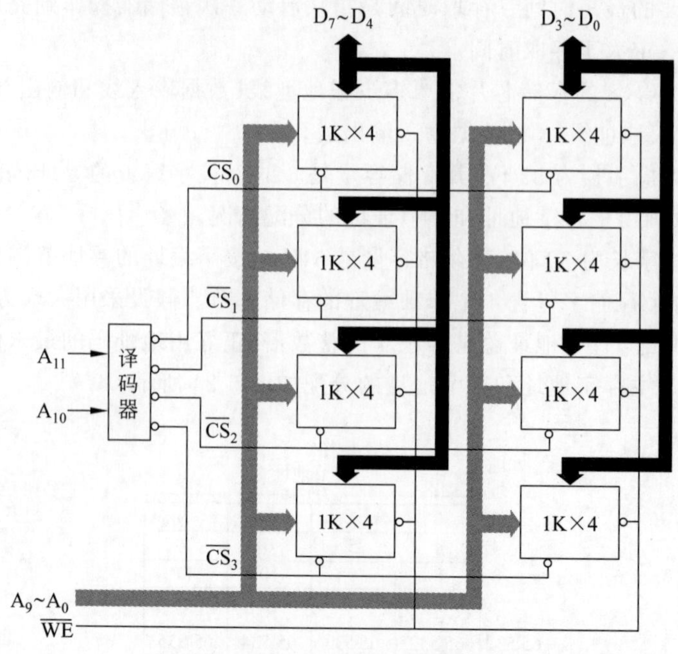

图 5-25　模板内各芯片的连接逻辑图

5-15　某半导体存储器容量 16K×8,可选 SRAM 芯片的容量为 4K×4;地址总线 $A_{15}\sim A_0$(A_0 为最低位),双向数据总线 $D_7\sim D_0$(D_0 为最低位),由 $R/\overline{W}$ 线控制读写。设计并画出该存储器的逻辑图,并注明地址分配、片选逻辑及片选信号的极性。

解：存储器的逻辑图与图 5-25 很相似,区别仅在于地址线的连接上,故省略。

地址分配如下：

A_{15}	A_{14}	A_{13}	A_{12}	$A_{11}\sim A_0$	
×	×	0	0	—	第一组
×	×	0	1	—	第二组
×	×	1	0	—	第三组
×	×	1	1	—	第四组

假设采用部分译码方式,片选逻辑为

$$\overline{CS_0}=\overline{\overline{A_{13}}\cdot\overline{A_{12}}}$$

$$\overline{CS_1}=\overline{\overline{A_{13}}\cdot A_{12}}$$

$$\overline{CS_2}=\overline{A_{13}\cdot\overline{A_{12}}}$$

$$\overline{CS_3}=\overline{A_{13}\cdot A_{12}}$$

5-16　现有如下存储芯片：2K×1 的 ROM、4K×1 的 RAM、8K×1 的 ROM。若用它

们组成容量为16KB的存储器，前4KB为ROM，后12KB为RAM，CPU的地址总线16位。

(1) 各种存储芯片分别用多少片？

(2) 正确选用译码器及门电路，并画出相应的逻辑结构图。

(3) 指出有无地址重叠现象。

解：

(1) 需要用2K×1的ROM芯片16片，4K×1的RAM芯片24片。

不能使用8K×1的ROM芯片，因为它大于ROM应有的空间。

(2) 各存储芯片的地址分配如下：

A_{15}	A_{14}	A_{13}	A_{12}	A_{11}	$A_{10}\sim A_0$	
×	×	0	0	0	—	2KB ROM
×	×	0	0	1	—	2KB ROM
×	×	0	1	—	—	4KB RAM
×	×	1	0	—	—	4KB RAM
×	×	1	1	—	—	4KB RAM

相应的逻辑结构图如图5-26所示。

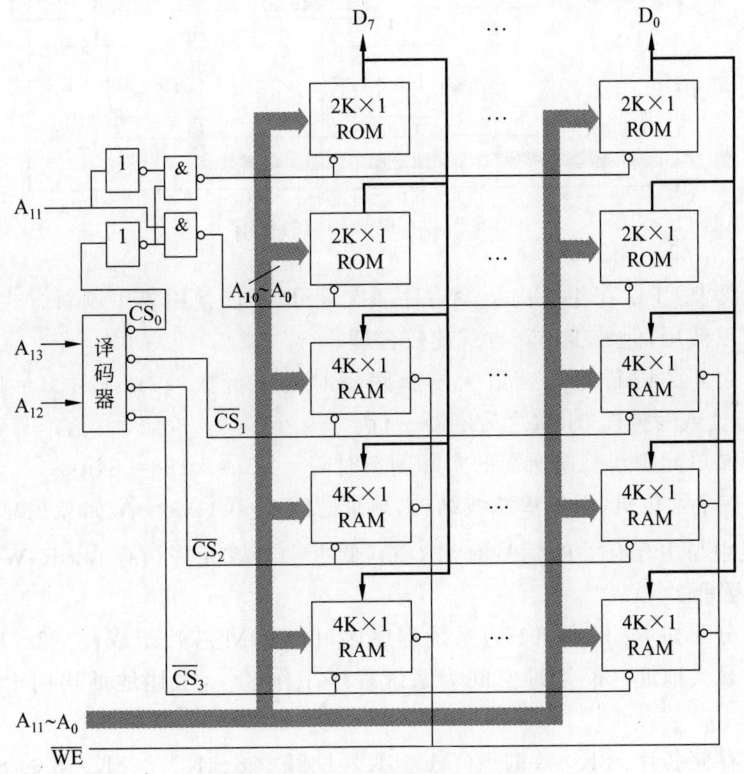

图5-26　存储器的逻辑结构图

(3) 有地址重叠现象。因为地址线A_{15}、A_{14}没有参加译码。

5-17　用容量为16K×1的DRAM芯片构成64KB的存储器。

(1) 画出该存储器的结构框图。

(2) 设存储器的读写周期均为 0.5μs,CPU 在 1μs 内至少访存一次,试问采用哪种刷新方式比较合理?相邻两行之间的刷新间隔是多少?对全部存储单元刷新一遍所需的实际刷新时间是多少?

解:

(1) 存储器的结构框图如图 5-27 所示。

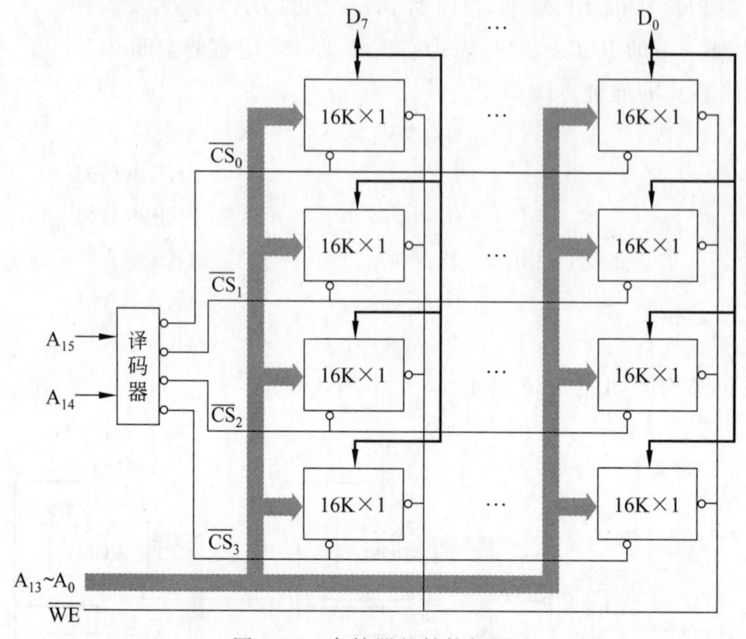

图 5-27 存储器的结构框图

(2) 因为要求 CPU 在 1μs 内至少访存一次,所以不能使用集中刷新方式,分散和异步刷新方式都可以使用,但异步刷新方式比较合理。

相邻两行之间的刷新间隔=最大刷新间隔时间÷行数=2ms÷128=15.625μs。取 15.5μs,即进行读或写操作 31 次之后刷新一行。

对全部存储单元刷新一遍所需的实际刷新时间=0.5μs×128=64μs。

5-18 有一个 8 位机,采用单总线结构,地址总线 16 位(A_{15}~A_0),数据总线 8 位(D_7~D_0),控制总线中与主存有关的信号有 $\overline{MREQ}$(低电平有效允许访存)和 R/$\overline{W}$(高电平为读命令,低电平为写命令)。

主存地址分配如下:0~8191 为系统程序区,由 ROM 芯片组成;8192~32767 为用户程序区;最后(最大地址)2K 地址空间为系统程序工作区。(上述地址均用十进制表示,按字节编址。)

现有如下存储芯片:8K×8 的 ROM,16K×1、2K×8、4K×8、8K×8 的 SRAM。从上述规格中选用芯片设计该机主存储器,画出主存的连接框图,并请画出片选逻辑及与 CPU 的连接。

解: 根据 CPU 的地址线、数据线,可确定整个主存空间为 64K×8。系统程序区由 ROM 芯片组成;用户程序区和系统程序工作区均由 RAM 芯片组成。共需 8K×8 的 ROM 芯片 1 片、8K×8 的 SRAM 芯片 3 片、2K×8 的 SRAM 芯片 1 片。

主存地址分配如图 5-28 所示。主存的连接框图如图 5-29 所示。

A_{15}	A_{14}	A_{13}	A_{12}	A_{11}	$A_{10} \sim A_0$	
0	0	0	—	—	—	8KB ROM
0	0	1	—	—	—	8KB RAM
0	1	0	—	—	—	8KB RAM
0	1	1	—	—	—	8KB RAM
1	1	1	1	1	—	2KB RAM

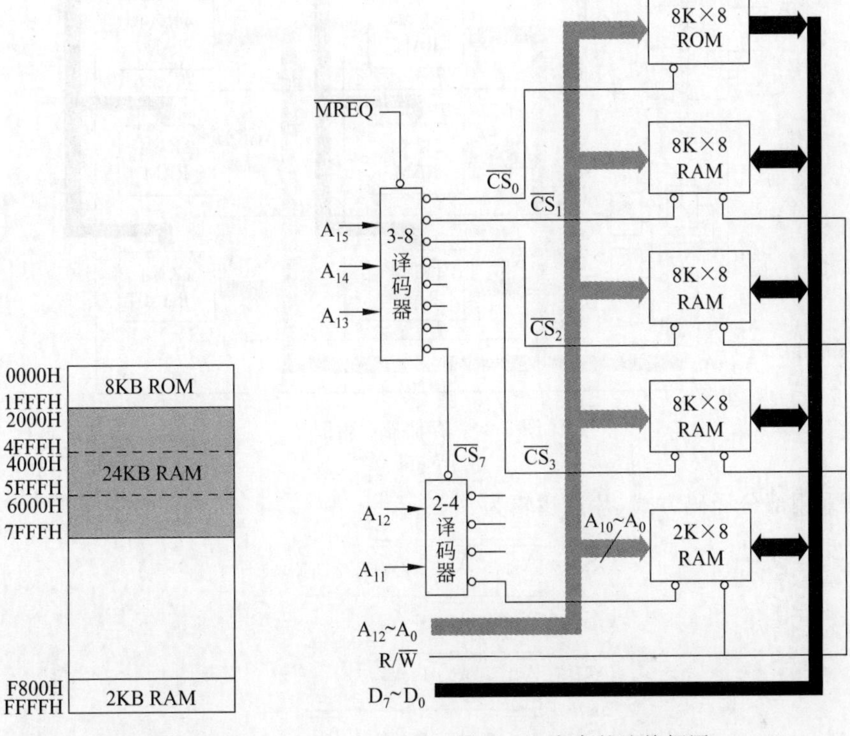

图 5-28　主存地址分配　　　　图 5-29　主存的连接框图

5-19　某半导体存储器容量 15KB，其中固化区 8KB，可选 EPROM 芯片为 4K×8；可随机读写区 7KB，可选 SRAM 芯片有 4K×4、2K×4、1K×4。地址总线 $A_{15} \sim A_0$（A_0 为最低位），双向数据总线 $D_7 \sim D_0$（D_0 为最低位），$R/\overline{W}$ 为控制读写，$\overline{MREQ}$为低电平时允许存储器工作信号。设计并画出该存储器逻辑图，注明地址分配、片选逻辑、片选信号极性等。

解：该存储器的地址分配如下：

4K × 8 EPROM	0000H ～ 0FFFH	8KB ROM
4K × 8 EPROM	1000H ～ 1FFFH	
4K × 4 RAM(2 片)	2000H ～ 2FFFH	7KB RAM
2K × 4 RAM(2 片)	3000H ～ 37FFH	
1K × 4 RAM(2 片)	3800H ～ 3BFFH	

存储器逻辑图如图 5-30 所示。

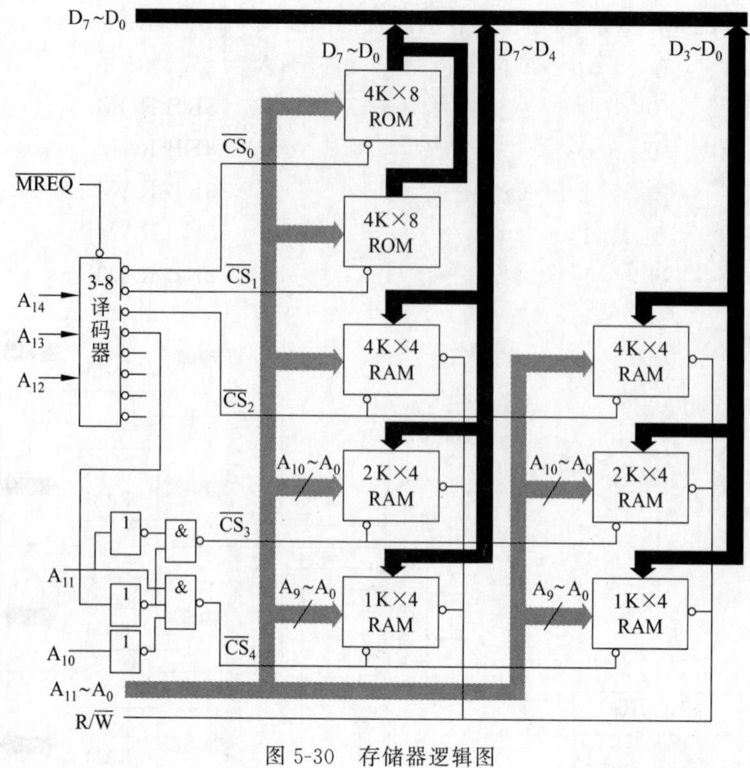

图 5-30　存储器逻辑图

假设采用部分译码方式,片选逻辑为

$$\overline{CS_0}=\overline{\overline{A_{14}}\cdot\overline{A_{13}}\cdot\overline{A_{12}}}$$

$$\overline{CS_1}=\overline{\overline{A_{14}}\cdot\overline{A_{13}}\cdot A_{12}}$$

$$\overline{CS_2}=\overline{\overline{A_{14}}\cdot A_{13}\cdot\overline{A_{12}}}$$

$$\overline{CS_3}=\overline{\overline{A_{14}}\cdot A_{13}\cdot A_{12}\cdot\overline{A_{11}}}$$

$$\overline{CS_4}=\overline{\overline{A_{14}}\cdot A_{13}\cdot A_{12}\cdot A_{11}\cdot\overline{A_{10}}}$$

5-20　某机地址总线16位 $A_{15}\sim A_0$(A_0 为最低位),访存空间64KB。外围设备与主存统一编址,I/O空间占用FC00～FFFFH。现用2164芯片(64K×1)构成主存储器,请设计并画出该存储器逻辑图,之后画出芯片地址线、数据线与总线的连接逻辑以及行选信号与列选信号的逻辑式,使访问I/O时不访问主存。动态刷新逻辑可以暂不考虑。

解:存储器逻辑图如图5-31所示,为简单起见,图中没有考虑行选信号和列选信号,行选信号和列选信号的逻辑式可参考题5-21。

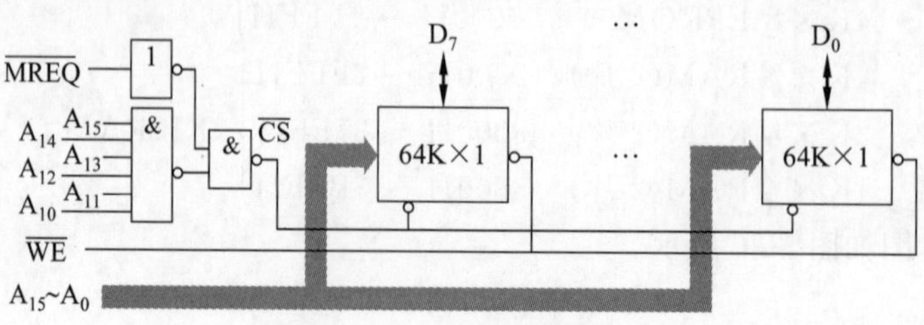

图 5-31　存储器逻辑图

64KB 空间的最后 1KB 为 I/O 空间，在此区间$\overline{CS}$无效，不访问主存。

5-21 已知有 16K×1 的 DRAM 芯片，其引脚功能如下：地址输入 $A_6 \sim A_0$，行地址选择$\overline{RAS}$，列地址选择$\overline{CAS}$，数据输入端 D_{in}，数据输出端 D_{out}，控制端$\overline{WE}$。请用给定芯片构成 256KB 的存储器，采用奇偶校验，试问：需要芯片的总数是多少？并完成下列问题。

(1) 正确画出存储器的连接框图。

(2) 写出各芯片$\overline{RAS}$和$\overline{CAS}$形成条件。

(3) 若芯片内部采用 128×128 矩阵排列，求异步刷新时该存储器的刷新间隔。

解：

(1) 需要的芯片数=128。存储器的连接框图如图 5-32 所示。

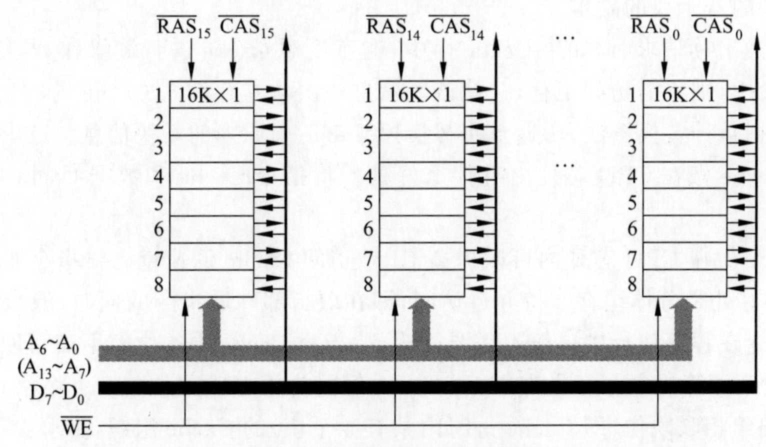

图 5-32 存储器的连接框图

(2) 存储器正常读写操作时，$\overline{RAS}$比$\overline{CAS}$先有效，由于行、列分时传送，所以$\overline{RAS}$与$\overline{CAS}$也应分时出现，且$\overline{RAS}$在先，$\overline{CAS}$在后，分别与时间因素 t_1、t_2 有关。$A_{17} \sim A_{14}$ 用于译码选择 16 个不同的 16KB 空间，译码电路如图 5-33 所示，$\overline{RAS}$和$\overline{CAS}$的形成条件分别为

$$\overline{RAS_0} = \overline{\overline{A_{17}} \cdot \overline{A_{16}} \cdot \overline{A_{15}} \cdot \overline{A_{14}} \cdot t_1}$$

$$\vdots$$

$$\overline{RAS_{15}} = \overline{A_{17} \cdot A_{16} \cdot A_{15} \cdot A_{14} \cdot t_1}$$

$$\overline{CAS_0} = \overline{\overline{A_{17}} \cdot \overline{A_{16}} \cdot \overline{A_{15}} \cdot \overline{A_{14}} \cdot t_2}$$

$$\vdots$$

$$\overline{CAS_{15}} = \overline{A_{17} \cdot A_{16} \cdot A_{15} \cdot A_{14} \cdot t_2}$$

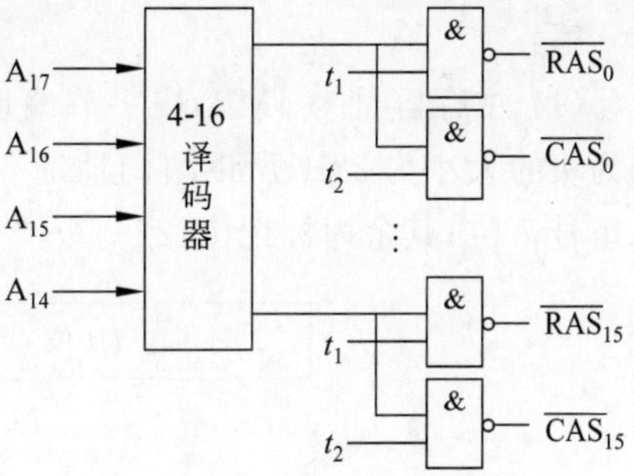

图 5-33 译码电路

(3) 若芯片内部采用 128×128 矩阵排列，设芯片的最大刷新间隔时间为 2ms，则相邻两行之间的刷新间隔为

$$刷新间隔=最大刷新间隔时间÷行数=2\text{ms}÷128=15.625\mu\text{s}$$

可取刷新间隔 15.5μs。

5-22 并行存储器有哪几种编址方式？简述低位交叉编址存储器的工作原理。

解：并行存储器有单体多字、多体单字和多体多字等几种系统。

多体交叉访问存储器可分为高位交叉编址存储器和低位交叉编址存储器。低位交叉编址又称为横向编址,连续的地址分布在相邻的存储体中,而同一存储体内的地址都是不连续的。存储器地址寄存器的低位部分经过译码选择不同的存储体,而高位部分则指向存储体内的存储字。如果采用分时启动的方法,可以在不改变每个存储体存取周期的前提下提高整个主存的速度。

5-23 什么是高速缓冲存储器?它与主存是什么关系?其基本工作过程如何?

解:高速缓冲存储器位于主存和 CPU 之间,用来存放当前正在执行的程序段和数据中的活跃部分,使 CPU 的访存操作大多数针对 Cache 进行,从而使程序的执行速度大大提高。

高速缓冲存储器的存取速度接近 CPU 的速度,但是容量较小,它保存的信息只是主存中最急需处理的若干块的副本。

当 CPU 发出读请求时,如果 Cache 命中,就直接对 Cache 进行读操作,与主存无关;如果 Cache 不命中,则仍需访问主存,并把该块信息一次从主存调入 Cache 内。若此时 Cache 已满,则须根据某种替换算法,用这个块替换掉 Cache 中原来的某块信息。

5-24 Cache 做在 CPU 芯片内有什么好处?将指令 Cache 和数据 Cache 分开又有什么好处?

解:Cache 做在 CPU 芯片内可以提高 CPU 访问 Cache 的速度。将指令 Cache 和数据 Cache 分开的好处是分体缓存支持并行访问,即在取指部件取指令的同时,取数部件要取数据。并且,指令在程序执行中一般不需要修改,故指令 Cache 中的内容不需写回主存中。

5-25 设某计算机主存容量为 4MB,Cache 容量为 16KB,每块包含 8 个字,每字 32 位,设计一个 4 路组相联映像(即 Cache 每组内共有 4 个块)的 Cache 组织,要求:

(1) 画出主存地址字段中各段的位数。

(2) 设 Cache 的初态为空,CPU 依次从主存第 0,1,2,…,99 号单元读出 100 个字(主存一次读出一个字),并重复按此次序读 8 次,问命中率是多少?

(3) 若 Cache 的速度是主存的 6 倍,试问有 Cache 和无 Cache 相比,速度提高多少倍?

解:

(1) 主存容量为 4MB,按字节编址,所以主存地址为 22 位,地址格式如图 5-34 所示。因为块的大小为 32B,所以块内地址 5 位;又因为 Cache 的组数=16KB÷32B÷4=128,所以组号 7 位;其余为标记位,22−7−5=10 位。

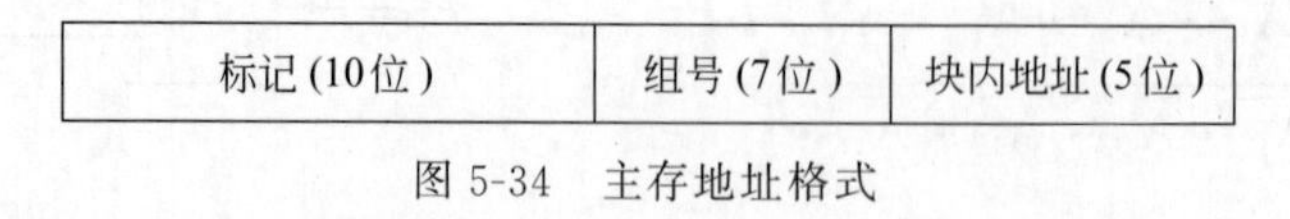

图 5-34 主存地址格式

(2) 由于每个字块有 8 个字,所以主存第 0,1,2,…,99 号字单元分别在字块 0~12 中,采用 4 路组相联映像将分别映像到第 0~12 组中,但 Cache 起始为空,所以第一次读时每块中的第一个单元没命中,但后面 7 次每个单元均可以命中。

$$命中率=\frac{N_c}{N_c+N_m}=\frac{100-13+7\times 100}{8\times 100}\times 100\%\approx 98.4\%$$

(3) 设 Cache 的存取周期为 T,则主存的存取周期为 $6T$。假设 Cache 不命中时才访问主存。

有 Cache 的访存时间 $= H \times T_c + (1-H) \times (T_c + T_m) = T_c + (1-H) \times T_m$

$$= T + (1 - 98.4\%) \times 6T = 1.096T$$

无 Cache 的访存时间为 $6T$。所以速度提高倍数 $= 6 \div 1.096 = 5.47$。

5-26 什么叫虚拟存储器？采用虚拟存储技术能解决什么问题？

解：虚拟存储器由主存储器和联机工作的辅助存储器(通常为磁盘存储器)共同组成，这两个存储器在硬件和系统软件的共同管理下工作，对于应用程序员，可以把它们看作一个单一的存储器。

采用虚拟存储技术可以解决主存容量不足的问题。虚拟存储器将主存和辅存的地址空间统一编址，形成一个庞大的存储空间。在这个大空间里，用户可以自由编程，完全不必考虑程序在主存中是否装得下以及这些程序将来在主存中的实际存放位置。

5-27 已知采用页式虚拟存储器，某程序中一条指令的虚地址是 000001111111100000。该程序的页表起始地址是 0011，页面大小 1K，页表中有关单元最末四位(实页号)见下表。

虚 页 号	装 入 位	实 页 号
007H	1	0001
⋮	⋮	⋮
300H	1	0011
⋮	⋮	⋮
307H	1	1100

指出指令地址(虚地址)变换后的主存实地址。

解：页面大小 1K，页内地址 10 位，根据页表可以得出主存实地址为 1100111100000。

第 6 章 中央处理器

6.1 基本内容要求

中央处理器(CPU)是整个计算机的核心,它包括运算器和控制器。本章着重讨论 CPU 的功能和组成、控制器的工作原理和实现方法、微程序控制原理、基本控制单元的设计以及先进的 CPU 系统设计技术。

学习要求

- 理解 CPU 的功能。
- 理解 CPU 中的通用寄存器和专用寄存器的设置及作用。
- 了解 CPU 的主要技术参数。
- 了解控制器的基本组成。
- 理解微操作信号发生器输出信号的产生。
- 掌握组合逻辑控制器和微程序控制器的区别。
- 理解时序系统中指令周期、机器周期的概念。
- 理解不同的控制方式(同步、异步、联合)。
- 理解一条指令执行的基本过程。
- 掌握取指周期的微操作序列(公共操作)。
- 理解微程序控制的有关术语(如微命令、微操作、微指令、微程序等)。
- 理解微程序控制计算机的两个层次(传统机器层和微程序层)。
- 掌握各种微指令编码法的特点以及微指令操作控制字段的设计。
- 理解微程序控制器的组成,熟悉其特有部件的作用。
- 了解微程序控制器执行指令的工作过程。
- 掌握微程序入口地址的形成方法。
- 理解微程序后继微地址的形成方法。
- 了解微程序设计技术。
- 了解组合逻辑控制单元的设计。
- 了解微程序控制单元的设计。
- 理解流水线技术。
- 了解 RISC 的特点和基本技术。

6.2 教师授课参考

CPU包括计算机五大功能部件中的两个核心部件——运算器和控制器。运算器已在第4章中进行了详细的讨论，所以在本章针对CPU的组成和运行原理的有关问题中，控制器成为主要的研究对象。控制器用于控制计算机各部件协同运行，保证信息（指令流、数据流）在计算机系统中适当合理地流动，即控制计算机硬件系统自动、连续地执行指令，正确地实现每条指令的功能。

本章内容属于本课程比较难掌握的部分，难就难在计算机系统整体概貌——整机概念的建立，对于初学者来说，理解某个侧面的某个具体问题不会太困难，但要建立起信息在计算机各部件之间流动的时间和空间关系就不那么简单了。这部分内容如果脱离了具体实例泛泛讲解所谓原理是不易理解的，但过于纠缠实例中的一些具体设计和实现中的细节问题也是没有必要的。在教学过程中要注意把握重点，关注计算机系统的整体组成和各部件之间的连接关系，关注控制器的硬布线（组合逻辑）和微程序实现的特点和区别，讲清楚基本原理和基本方法，而不是让学生死记硬背基本概念。

根据教育部发布的《全国硕士研究生入学统一考试计算机科学与技术学科联考计算机学科专业基础考试大纲》对计算机组成原理部分的要求看，本章对应考研大纲中的第五部分——CPU。

（一）CPU的功能和基本结构
（二）指令执行过程
（三）数据通路的功能和基本结构
（四）控制器的功能和工作原理
1. 硬布线控制器
2. 微程序控制器
微程序、微指令和微命令；微指令格式；微命令的编码方式；微地址的形成方式。
（五）指令流水线
1. 指令流水线的基本概念
2. 指令流水线的基本实现
3. 超标量和动态流水线的基本概念

考试的试题既可以以选择题形式出现，也可以以综合应用题形式出现，灵活运用基本原理和基本方法，对实际问题进行分析是考查的热点，也是难点。这部分的综合应用题有可能涉及前面各章的内容。

6.3 误点疑点解惑

1. CPU中寄存器的设置

CPU中有许多寄存器，一般将它们分为通用寄存器和专用寄存器两大类，也有些书上将它们细分为用于处理的寄存器、用于控制的寄存器和用于主存接口的寄存器。

1）通用寄存器

通用寄存器也就是用于处理的寄存器，它们可提供操作数并存放运算结果，或作为地址指针，或作为基址寄存器、变址寄存器，或作为计数器等。在指令系统中为这些寄存器分配了编号，可以编程指定使用其中的某个寄存器，对程序员来说是"看得见"的寄存器。

在对这组寄存器的设计上，有的计算机将它们设计成基本通用，如PDP-11中的通用寄存器命名为R_0、R_1、R_2、…，它们可被指定担任各种工作，大部分寄存器没有特定的任务上的分工。有的计算机则为这组寄存器分别规定了某一基本任务，并按各自的基本任务命名，如Intel 80x86中设置有累加器AX、基址寄存器BX、数据寄存器DX等。

CPU中还常设置一些用户不能直接访问的寄存器组用来暂存信息，称为暂存器。在指令系统中没有为它们分配编号，因而不能直接编程访问。对程序员来说，它们是看不见的。

2）专用寄存器

CPU至少有5个专用寄存器，它们又被分为用于控制的寄存器和用于主存接口的寄存器。

用于控制的寄存器在CPU中起着控制操作的作用。控制寄存器有以下3个：

(1) 程序计数器(PC)，又称为指令指针(IP)，用来存放指令地址。为了保证程序能自动连续执行，CPU必须能自动确定下一条指令的地址。在程序开始执行前，将程序的第一条指令所在的存储单元地址送入PC；在程序执行过程中，CPU将自动修改PC的内容，使其保存的总是将要执行的下一条指令的地址。顺序执行时，PC增量计数(加1)；遇到转移指令，则将转移地址送至PC。需要提醒学生注意的是，所谓PC加1中的"1"，代表的是一条指令，而不一定是一个存储单元，这取决于主存的编址方式，若主存按字节编址，则增量值为指令所占的字节数，即指令占1个字节，PC+1；指令占2个字节，PC+2……

(2) 指令寄存器(IR)，用来存放现行指令。当执行一条指令时，首先从主存将指令取出送到指令寄存器中，直到这条指令执行完毕再放入下条指令。为了提高指令的执行速度，现在大多数计算机都将指令寄存器扩充为指令队列(指令栈)，允许预取若干条指令。

(3) 程序状态字寄存器(PSWR)，用来存放程序状态字，其内容表示现行程序和机器运行的状态。一条指令执行完毕后，除去结果存放于寄存器或存储器外，还将根据运行结果自动修改寄存器中有关位的内容，这些内容可被后面的条件转移指令测试，作为决定程序流向的因素之一。

主存接口寄存器用于CPU与主存储器的数据交换。主存接口寄存器有以下两个：

(1) 存储器地址寄存器(MAR)，用来接收指令地址(PC的内容)、操作数地址或结果数据地址，以确定要访问的单元。

(2) 存储器数据寄存器(MDR)，也可称为存储器数据缓冲寄存器(MBR)。写入主存的数据一般先送至MDR，再送入主存；从主存读出的指令或数据一般先送入MDR，再送入指定寄存器。

2. CPU在取指周期将PC加1的原因

通常，CPU在取指周期中要递增程序计数器(PC)的值，为什么CPU要在取指周期中递增PC的值，如果不增加，会出现什么样的结果呢？例如，假设CPU从10号地址单元取某条指令，在取指周期它完成的操作是

(PC)→MAR

```
Read
M(MAR) →MDR→IR
(PC)+1→PC
```

取出指令之后,CPU对指令进行译码,然后执行该指令,接下来返回到取指周期继续取下一条指令,如果此时PC的值仍然是10,那么CPU将不断取出、译码、执行同一条指令!

下一条将被执行的指令存放在11号地址单元中。事实上,CPU只要在它返回到取指令阶段之前将PC加1即可。为了实现它,设计者有两种方案可以选择:①在取指周期使PC加1;②在执行周期使PC加1。相比之下,方案①比方案②的实现容易得多,因为取指周期是公操作,所有指令的取指操作都是相同的;而执行周期各条指令是不相同的,有的复杂,有的简单。所以,CPU通常采用在取指周期将PC加1的方法。

另外,现代计算机普遍采用流水线技术,第i条指令的执行阶段,是与第$i+1$条指令的分析阶段和第$i+2$条指令的取指阶段同时进行的,如果不在取指周期进行PC加1,同样会不断地取出、译码、执行同一条指令!指令流水线将无法正常工作,这是采用流水线技术的CPU必须在取指周期将PC加1的另一个原因。

3. 外频与CPU的总线规格

CPU通过主板上的芯片组与内存、显卡和外部设备相连。外频是CPU与主板之间同步运行的速度,而前端总线频率是数据传输的实际速度,数据传输最大带宽取决于同时传输的数据的宽度和传输频率,即数据带宽=(总线频率×数据位宽)÷8。100MHz外频特指数字脉冲信号在每秒钟震荡1000万次;而100MHz前端总线指的是每秒钟CPU可接收的数据传输量是100MHz×64b÷8 =800MB/s。在Pentium 4出现之前,前端总线频率与外频是相同的,因此往往直接称前端总线频率为外频。随着计算机技术的发展,需要前端总线频率高于外频,采用了4倍数据倍率(Quad Date Rate,QDR)技术或者其他类似的技术,使得前端总线频率成为外频的2倍、4倍,甚至更高。

前端总线通常用FSB表示,它是CPU和外界(北桥芯片)交换数据的通道,主要连接主存、显卡等数据吞吐率高的部件,因此前端总线的数据传输能力对计算机整体性能作用很大。如果没足够快的前端总线,再强的CPU也不能明显提高计算机整体速度。FSB的频率采用MHz作为单位,前端总线频率越高,CPU与内存之间的数据传输率越高。例如,64位、1600MHz的FSB提供的内存带宽是1600MHz×64b÷8=12 800MB/s =12.5GB/s。

虽然前端总线频率看起来已经很高,但与同时不断提升的内存频率、高性能显卡相比,前端总线瓶颈仍未根本改变。目前,大多数CPU中的FSB已被QPI总线或DMI总线取代,为新一代的处理器提供更快、更高效的数据带宽,FSB的系统瓶颈问题也随之得以解决。

目前CPU的总线规格主要有FSB、QPI和DMI几种。QPI和DMI都抛弃了FSB易混淆的单位MHz,而使用GT/s或MT/s,明确表示总线实际的数据传输速率,而不是时钟频率。T/s即transfers per second,表示每秒数据传输的次数。

总线规格为QPI的CPU已将原来北桥芯片中的内存控制器集成到CPU内部,让CPU通过QPI总线直接和内存通信,不再通过北桥芯片组,这很明显加快了速度。每个QPI总线总带宽=每秒传输次数(即QPI速率)×每次传输的有效数据(即16b/8=2B)×双向。所以QPI速率为4.8GT/s的总带宽=4.8GT/s×2B×2=19.2GB/s,QPI速率为6.4GT/s

的总带宽=6.4GT/s×2B×2=25.6GB/s。不难发现，目前的QPI比以前最宽最快的FSB还要快一倍。

总线规格为DMI的CPU将原来的北桥芯片的功能整个都集成到CPU内部，主板上看不到北桥芯片的踪影，只剩下一个PCH芯片（相当于过去的南桥），它与CPU之间不需要交换太多数据，因此连接总线采用DMI足够了。

随着PCI-E总线的升级，DMI的数据传输速率不断提高，DMI 2.0的单通道传输速率达到5GT/s，仍采用8bit/10bit编码；DMI 3.0的单通道传输速率达到8GT/s，采用128bit/130bit编码。

DMI总线带宽的计算公式为

理论最大带宽(GB/s)=(传输速率×编码率×通道数)÷8

这里，带宽与PCI-E的通道数有关，假设有4个通道，则

DMI 2.0理论最大带宽=(5GT/s×8/10×4)÷8=2GB/s

DMI 3.0理论最大带宽=(8GT/s×128/130×4)÷8=3.94GB/s

虽然DMI总线只有2GB/s的带宽，但因为不需要交换太多数据，因此连接总线采用DMI已足够了。所以，看似带宽降低的DMI总线实质上是彻底释放了北桥压力，换来的是更高的性能。

经过FSB-QPI-DMI总线的发展，CPU内部集成了内存控制器和PCI-E控制器，实现了直接和内存及显卡进行数据传输，因此DMI总线有多高的频率意义已经不大了，因为磁盘之类的设备其速率无法跟上，再高的DMI总线也没有用。

4. 控制器的功能与组成

控制器是整个计算机的指挥中心，为保证机器有条不紊地工作，主要完成如下功能。

(1) 指令控制功能：计算机的工作过程是连续执行指令的过程，指令在主存中连续存放，一般情况下，指令被顺序执行，只有遇到转移指令，才会改变指令的执行顺序，所以指令在主存中的存放顺序是静态的，而指令的执行顺序（指令流）是动态的，控制器应能保证指令流的正常流动。

(2) 时序控制功能：由于各条机器指令的复杂长度不同，所以每个指令周期中包含的机器周期数各不相同，各个机器周期中包含多少个节拍也不一定相同，控制器必须产生指令周期、机器周期和节拍等时序信号，用来给机器定时。

(3) 操作控制功能：在时序信号的控制下，每条机器指令在各个机器周期的各个节拍中应产生哪些微操作控制信号是有严格规定的，控制器应能根据指令的操作流程，在各个节拍中产生相应的微操作控制信号，以有效地完成各条指令的操作过程。

控制器主要由以下几部分组成：

(1) 指令部件。包括程序计数器、指令寄存器、指令译码器、地址形成部件等。

(2) 时序部件。包括脉冲源、启停控制逻辑、节拍信号发生器等。

(3) 微操作信号发生器(控制单元)。

(4) 中断控制逻辑。

需要特别注意的是，暂存在指令寄存器中的指令，其操作码部分经译码后才能识别出当前要执行的指令是一条什么样的指令。也就是说，指令译码器仅对指令中的操作码字段进行译码，而不是对整条指令进行译码。

5. 控制器的核心——控制单元

控制器的核心是微操作信号发生器(控制单元,CU),计算机无论执行什么任务,都是在控制单元的控制下完成的。控制单元通常有3种实现方法:组合逻辑电路、存储逻辑电路和可编程逻辑阵列(PLA)。根据控制单元实现方法的不同,控制器可分为组合逻辑(硬布线)型、存储逻辑型、组合逻辑与存储逻辑结合型3种。这3种不同类型的控制器仅是控制单元实现不同,而控制器中的其他部分基本上大同小异。

控制单元的输入包括时序信号、机器指令操作码、各部件状态反馈信号等,输出的微操作控制信号又可细分为CPU内的控制信号和送至主存或外设的控制信号。CPU内部的控制信号用于控制寄存器间的数据传送,使ALU完成指定的功能以及其他的内部操作。发送至CPU外部的控制信号用于控制CPU与主存和外设交换数据。

控制单元的一般模型如图6-1所示,该模型表示了控制单元的输入和输出信号之间的关系。

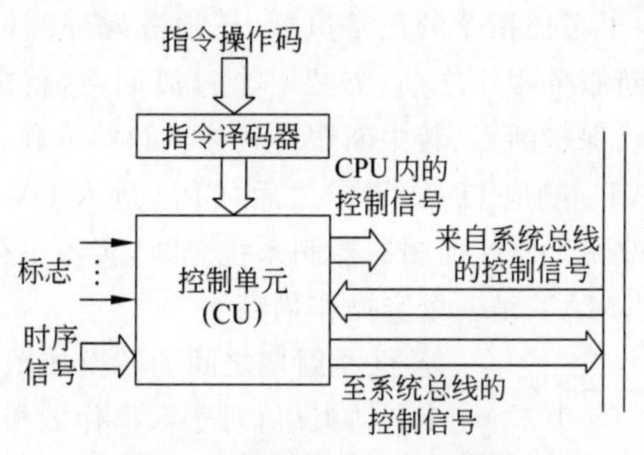

图6-1　控制单元的一般模型

控制单元的输入信号主要有以下4种。

(1) 时序信号。CPU的所有工作都必须按一定的时间关系有序地安排。

(2) 指令译码器输出结果。当前指令的操作码译码之后用于确定该指令应该完成何种微操作。

(3) 标志。控制单元需要一些标志决定CPU应该发出哪些控制信号。例如,对"增量若为0跳步(ISZ)"指令来说,控制单元将根据零标志是否置位确定PC是否加1。

(4) 来自系统总线的控制信号,如中断信号和存储器操作完成信号等。

控制单元的输出信号主要有以下两种。

(1) CPU内的控制信号。包括用于寄存器之间传送数据和用于指定ALU功能的两类控制信号。

(2) 到控制总线的控制信号。包括对存储器的控制信号和对外设的控制信号。

6. 指令的机器周期

一条指令从读取到执行完的全部时间称为指令周期。通常,每个指令周期中采用机器周期、节拍、工作脉冲三级时序系统。

不同类型指令所需的机器周期数可能不同,一条指令至少需要两个机器周期。通常,有4个机器周期用于指令的正常执行,另外还有两个机器周期(中断、DMA)用于I/O传送控制。根据各类指令执行的需要,为每个机器周期设置一个触发器作为标志。某一时期内有一个且仅有一个触发器置 1,以此指明 CPU 现在所处的运行指令的阶段。下面讨论几个常见的机器周期。

(1) 取指周期 FT:取指周期完成取指令的工作,这是每条指令都必须经历的。在 FT 中完成的操作与指令的操作码无关,但 FT 结束后将转向哪个机器周期,则与 FT 中取出的指令类型及所采用的寻址方式有关。

(2) 取源操作数周期 ST:如果需要从主存中读取源操作数(非寄存器寻址),则进入 ST。在 ST 中将根据指令的源地址字段形成源操作数地址,读取源操作数。

(3) 取目的操作数周期 DT:如果需要从主存中读取目的操作数(非寄存器寻址),则进入 DT。在 DT 中将根据指令的目的地址字段形成目的操作数地址,读取目的操作数。

(4) 执行周期 ET:这是各类指令都须经历的最后一个工作阶段,在 ET 中将根据指令的操作码执行相应的操作,如传送、算术运算、逻辑运算、保存返回地址、获得转移地址等。

(5) 中断周期 IT:除了考虑指令的正常执行,还须考虑外部请求带来的变化。在响应中断请求之后,到执行中断服务程序之前,需要一个过渡期,这就是中断周期 IT。在 IT 中直接依靠硬件进行关中断、保护断点、转中断服务程序入口等操作。

(6) DMA 周期 DMAT:响应 DMA 请求之后,CPU 进入 DMAT。在 DMAT 中,CPU 交出系统总线的控制权,改由 DMA 控制器控制系统总线,实现主存与外设间的数据直接传送。因此,对 CPU 来说,DMAT 是一个空操作周期。

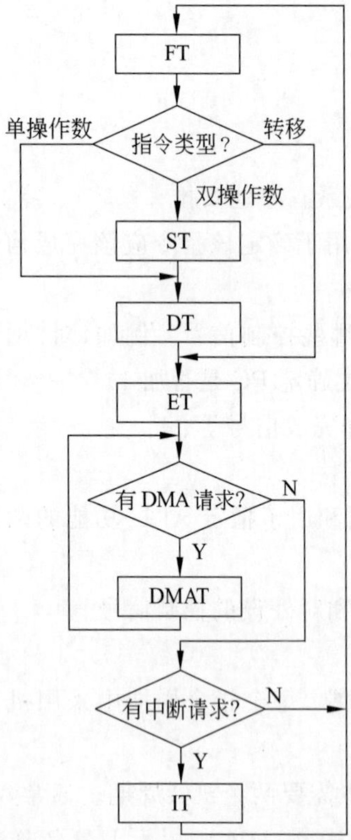

各机器周期之间的转换如图 6-2 所示。

图 6-2 各机器周期之间的转换

FT 结束后,对于双操作数指令,如果操作数均在主存中,则先进入 ST,之后进入 DT、ET;如果操作数均在寄存器中,则进入 ET;对于单操作数指令,如果操作数在主存中,则进入 DT、ET,如果操作数在寄存器中,同样进入 ET;对于转移指令,FT 结束后直接进入 ET。因此,在每一机器周期结束前,都要判断下一个周期状态将是什么,并且准备进入下一周期的条件。到本周期结束的时刻,再实现周期状态的定时切换。

由于 DMA 周期实现的是高速数据传送,所以让 DMA 请求的优先级高于中断请求。因而,在一条指令将要结束时,先判断有无 DMA 请求,若有请求,将插入 DMAT。注意,实际上计算机允许在每个机器周期结束时就插入 DMAT,但为简化控制逻辑,在图 6-2 中限制在一条指令结束时才判别与响应 DMA 请求。如果在一个 DMAT 结束前又提出新的 DMA 请求,则允许连续安排若干个 DMA 周期。

若没有 DMA 请求,则判断有无中断请求。若有中断请求,则进入 IT,在 IT 中完成必要的过渡期工作后,将转向新的 FT,开始读取中断服务程序的第一条指令;如果没有中断请求,就返回 FT,开始读取现行程序的后续指令。

以上的许多机器周期中既有 CPU 内部数据通路操作，也有访问主存的操作。为了简化时序控制，令机器周期等于主存的存取周期。这对于 CPU 内部操作来说，在时间上是比较浪费的。

7. 指令执行的控制方式

在控制器设计时，可以采用同步控制、异步控制和联合控制这 3 种方式实现指令执行时间的控制或不同部件之间的控制。下面以指令执行控制为例讨论各种控制方式。

1）同步控制方式

同步控制方式的特点可以归纳为以下 3 点。

(1) 以微操作序列最长的指令为标准，确定控制微操作运行的节拍数。

(2) 控制器产生统一的、顺序固定的、周而复始的节拍电位和工作脉冲。

(3) 简单指令(微操作序列短的指令)可空着一部分节拍不用。也就是说，不管什么指令，实现的时间都是相同的。

同步控制方式又称作中央控制方式，其优点是控制电路简单，缺点是运行速度较慢。

2）异步控制方式

异步控制方式的特点可以归纳为以下 3 点。

(1) 每条指令需要多少节拍，就产生多少节拍。

(2) 指令执行完毕，发出回答信号。

(3) 控制器收到回答信号即开始执行下条指令。

异步控制方式又称作局部控制方式，其优点是运行速度快，缺点是控制电路比较复杂。

3）联合控制方式

联合控制方式是把同步控制方式和异步控制方式结合使用的一种控制方式，又可称为混合控制方式，它的特点可归纳为两点。

(1) 大部分指令按同步方式执行。

(2) 小部分特殊指令(微操作序列过长或微操作时间难以确定的指令)采用异步控制方式执行。

这种方式下，大多数指令都采用相同的节拍(中央控制)；对于某些指令，如乘法、除法、移位等所需运算时间较长的指令，则采用异步控制(局部控制)。局部控制周期的长度可以根据指令对应操作步的具体需要而定。在局部控制周期结束时，再次进入中央控制，完成指令处理的所有操作步骤。联合控制的处理过程如图 6-3 所示。

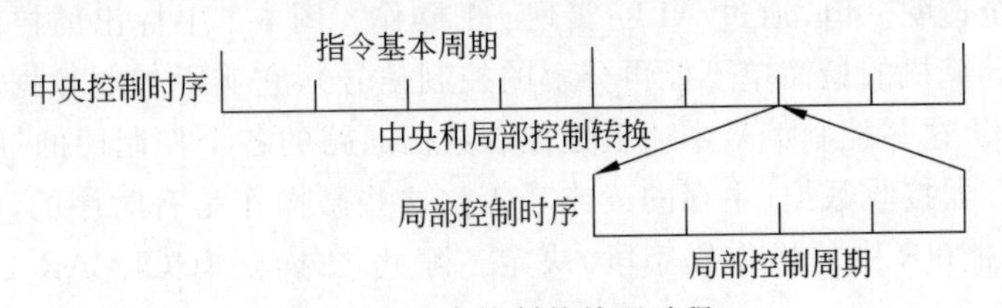

图 6-3　联合控制的处理过程

8. 指令微操作序列的安排

控制器在实现一条指令的功能时，总要把每条指令分解成为一系列时间上先后有序的最基本、最简单的微操作，即微操作序列。指令操作流程与相应微操作序列的安排，主要取决于数据通路的结构,不同的数据通路有不同的微操作序列。某一假想机的数据通路如图 6-4 所示,该机采用单总线结构,CPU、主存和外设都挂在总线上。图 6-4 中,箭头表示信息传送方向。"□"表示控制门,上面标有控制信号。当某一控制信号为高电平时,控制门被打开,允许一次信息流动;当控制信号为低电平时,控制门被关闭,信息不能流动。

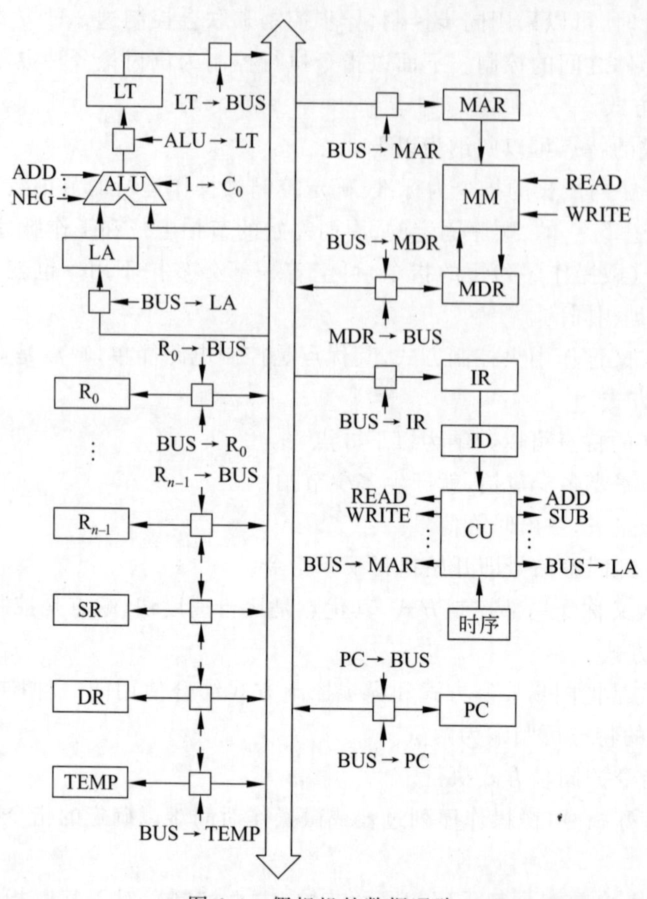

图 6-4　假想机的数据通路

假想机的运算部件以 ALU 为核心,两个输入端只设置了一个锁存器 LA,另一个输入端是来自总线的数据,输出直接送暂存器 LT。暂存器 TEMP 只用于在指令执行过程存储数据,对用户完全透明。PC 通过 ALU 实现+1 操作。图 6-4 中标出的控制信号为微操作控制信号(控制计算机的最简单不能再分解的控制信号),它实际控制数据通路中的数据流和指令流的流向。这些控制信号本质上是控制数据通路的各个控制门的打开或关闭、ALU 的实际操作、寄存器接收数据、主存的读或写等。这些微操作是有时序的,何时有,有哪些,完全由指令的功能(IR 中的操作码字段)决定。除此之外,还有 CLEAR LA 以及 ALU 的功能控制信号等。

假设机器设置 4 个机器周期,一个机器周期包含 4 个节拍,节拍数固定,对于操作步骤较少的指令,有些节拍可能轮空,时间上有些浪费。

每条指令的取指周期(FT)完成的任务是相同的,相应的微操作序列如下:

```
T1  PC→BUS,BUS→MAR,READ,CLEAR LA,1→C0,ADD,ALU→LT
```

```
T2  LT→BUS,BUS→PC
T3  MDR→BUS,BUS→IR
T4  1→ST
```

下面介绍几条有代表性的指令的微操作序列。图 6-5 为这几条指令的操作流程图。

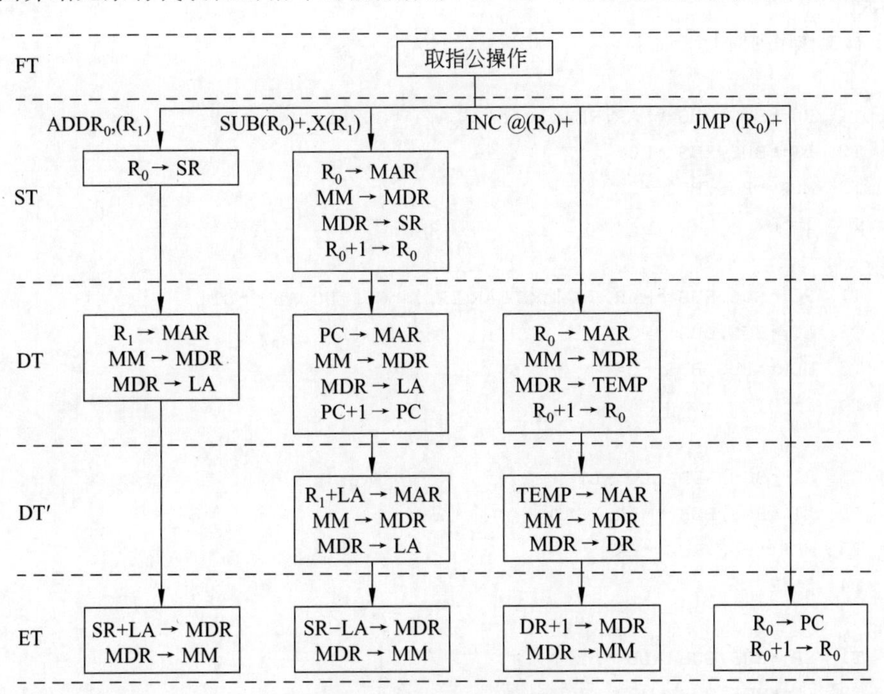

图 6-5　指令的操作流程图

例 6-1　写出加法指令 ADD R_0,(R_1)的微操作序列。

解：

```
START
FT  微操作序列同上
ST
    T1  R0→BUS,BUS→SR
    T2  空操作
    T3  空操作
    T4  1→DT
DT
    T1  R1→BUS,BUS→MAR,READ
    T2  MDR→BUS,BUS→LA
    T3  空操作
    T4  1→ET
ET
    T1  SR→BUS,ADD,ALU→LT
    T2  LT→BUS,BUS→MDR,WRITE
    T3  空操作
    T4  END
```

此例中,源操作数采用寄存器寻址,目的操作数采用寄存器间接寻址。

例 6-2 写出减法指令 SUB $(R_0)+$,$X(R_1)$ 的微操作序列。

解:

```
START
FT  微操作序列同上
ST
    T1  R0→BUS,BUS→MAR,READ,CLEAR LA,1→C0,ADD,ALU→LT
    T2  LT→BUS,BUS→R0
    T3  MDR→BUS,BUS→SR
    T4  1→DT
DT
    T1  PC→BUS,BUS→MAR,READ,CLEAR LA,1→C0,ADD,ALU→LT
    T2  LT→BUS,BUS→PC
    T3  MDR→BUS,BUS→LA
    T4  1→DT′
DT′
    T1  R1→BUS,ADD,ALU→LT
    T2  LT→BUS,BUS→MAR,READ
    T3  MDR→BUS,BUS→LA
    T4  1→ET
ET
    T1  SR→BUS,SUB,ALU→LT
    T2  LT→BUS,BUS→MDR,WRITE
    T3  空操作
    T4  END
```

此例中,源操作数采用自增型间接寻址,以 R_0 为地址访问主存一次,从主存中取出源操作数送入源操作数寄存器 SR,并使 R_1 的内容+1。目的操作数采用变址寻址,指令的第二个字是形式地址(位移量)。在 DT 周期中,先以 PC 现行值为地址从存储单元取得位移量 X,再与 R_1 的内容相加,以相加结果为地址取出操作数送入锁存器 LA,同时 PC 的内容+1,准备好下条指令地址。由于取目的操作数阶段需要访问两次主存,所以 DT 周期必须重复一次。

例 6-3 写出加 1 指令 INC @$(R_0)+$的微操作序列。

解:

```
START
FT  微操作序列同上(T4  1→DT)
DT
    T1  R0→BUS,BUS→MAR,READ,CLEAR LA,1→C0,ADD,ALU→LT
    T2  LT→BUS,BUS→R0
    T3  MDR→BUS,BUS→TEMP
    T4  1→DT′
DT′
    T1  TEMP→BUS,BUS→MAR,READ
```

```
    T2  MDR→BUS,BUS→DR
    T3  空操作
    T4  1→ET
ET
    T1  DR→BUS,CLEAR LA,1→C0,ADD,ALU→LT
    T2  LT→BUS,BUS→MDR,WRITE
    T3  空操作
    T4  END
```

此例中,目的操作数采用自增型双间址,R_0 的内容是操作数地址的地址,第一次访问主存取出的是操作数的地址,送入存储器地址寄存器(MAR),以此地址再访问主存取出的是操作数,送入 DR。除此之外,R_0 的内容+1。在取目的操作数阶段需要两次访问主存,所以 DT 周期要重复一次。

例 6-4 写出转移指令 JMP (R_0)+的微操作序列。

解:

```
START
FT  微操作序列同上(T4  1→ET)
ET
    T1  R0→BUS,BUS→PC,CLEAR LA,1→C0,ADD,ALU→LT
    T2  LT→BUS,BUS→R0
    T3  空操作
    T4  END
```

此例中,R_0 的内容是转移地址,并且 R_0 的内容+1。

以上是 4 条有代表性的指令的微操作序列,上述安排并不是最优的方案。事实上,指令的微操作序列是机器所有指令的微操作在各个时序信号上的分配,它是指令流程的进一步具体化。安排微操作序列必须遵循两个简单的原则。

(1) 微操作序列的顺序必须是恰当的。例如,必须保证 PC→BUS,BUS→MAR 信号先于 MDR→BUS,BUS→IR 信号,因为存储器读操作须使用 MAR 地址。

(2) 不能引起数据通路上的信息发生冲突。例如,在一个节拍内不能两次往总线发送信息。

需要说明的是,在上述 4 个例题中,下列两个微操作序列:

```
T1  某寄存器→BUS,CLEAR LA,1→C0,ADD,ALU→LT
T2  LT→BUS,BUS→某寄存器
```

完成的任务是将某寄存器的内容加 1。

安排好每条指令的微操作序列是一个比较复杂的问题,初学者感觉困难较大。建议在教学过程中不要太多关注细节问题,主要从指令的几个机器周期出发,讲清楚每个机器周期应当做些什么,如何做就可以了。

9. 数据通路与控制信号

数据通路是 CPU 中 ALU、CU 以及寄存器之间的连接线路。不同计算机的数据通路可以完全不同,只有明确了机器的数据通路,才能确定相应的微操作控制信号,如前述几个例子都是针对图 6-4 所示的数据通路。事实上,要写出指令的微操作控制信号,首先需要给出相应的 CPU 结构和数据通路图,严格按要求建立起信息在计算机各部件之间流动的时间和空间关系,而不是凭空编造。

例 6-5 某计算机字长 16 位,采用 16 位定长指令字结构,部分数据通路结构如图 6-6 所示。图中,所有控制信号为 1 时表示有效,为 0 时表示无效。例如,控制信号 MDRinE 为 1 表示允许数据从 DB 打入 MDR,MDRin 为 1 表示允许数据从内总线打入 MDR。假设 MAR 的输出一直处于使能状态,加法指令 ADD (R_1),R_0 的功能为(R_0)+((R_1))→(R_1),即将 R_0 中的数据与 R_1 的内容所指主存单元的数据相加,并将结果送入 R_1 的内容所指主存单元中保存。

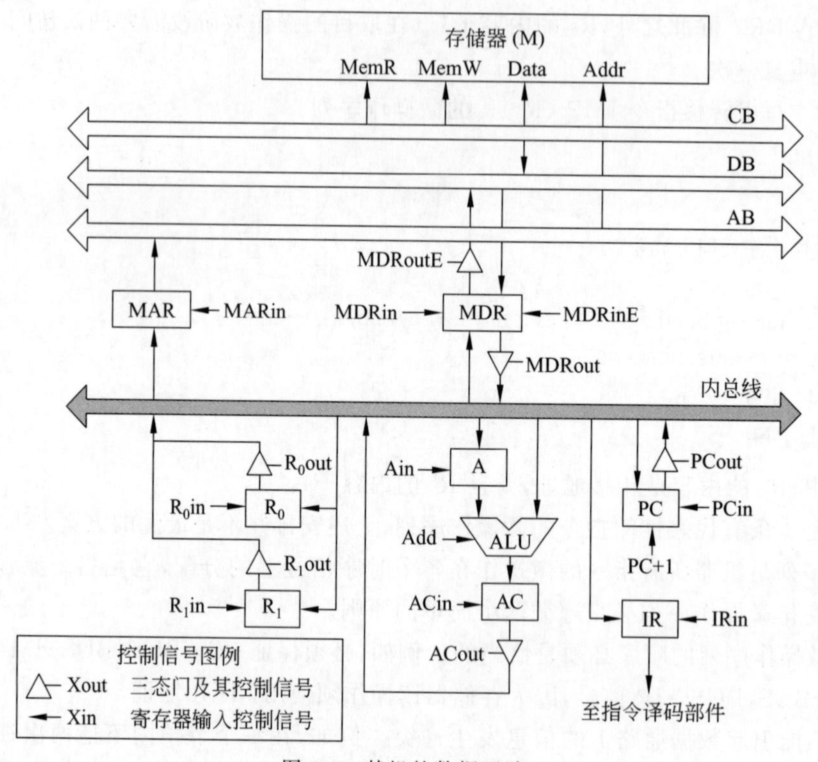

图 6-6 某机的数据通路

表 6-1 给出了上述指令取指和译码阶段每个节拍(时钟周期)的功能和有效控制信号,请按表中描述方式用表格列出指令执行阶段每个节拍的功能和有效控制信号。

表 6-1 取指和译码阶段每个节拍的功能和有效控制信号

时钟	功能	有效控制信号	时钟	功能	有效控制信号
C_1	MAR←(PC)	PCout,MARin	C_3	IR←(MDR)	MDRout,IRin
C_2	MDR←M(MAR) PC←(PC)+1	MemR,MDRinE PC+1	C_4	指令译码	无

解:执行阶段每个节拍(时钟周期)的功能和有效控制信号见表 6-2。

表 6-2 执行阶段每个节拍的功能和有效控制信号

时钟	功能	有效控制信号	时钟	功能	有效控制信号
C_5	MAR←(R_1)	R_1out,MARin	C_8	AC←(R_0)+(A)	R_0out,Add,ACin
C_6	MDR←M(MAR)	MemR,MDRinE	C_9	MDR←(AC)	ACout,MDRin
C_7	A←(MDR)	MDRout,Ain	C_{10}	M←(MDR)	MDRoutE,MemW

在图 6-6 中,各部件名称用大写字母表示,各部件名称后加 in 表示该部件的接收控制信号,实际上就是该部件的输入开门信号;各部件名称后加 out 表示该部件的发送控制信号,实际上就是该部件的输出开门信号。由于该机 CPU 内部采用单总线结构,所以本例的关键是考虑总线冲突的问题,相应的微操作控制信号必须与给出的数据通路结构一致。

本例的题干已经给出了取指和译码阶段每个节拍(时钟周期)的功能和有效控制信号,其中译码阶段比较简单,只需将取出指令的操作码字段送到指令译码器中译码即可,所以清楚取指阶段中数据通路的信息流动顺序和方向就成为突破口,只要读懂取指阶段的功能和有效控制信号,写出执行阶段的功能和有效控制信号就不是一件难事了。

在 C_1 节拍,打开 PC 的发送控制信号和 MAR 的接收控制信号,即完成指令地址送 MAR 的功能;在 C_2 节拍,发读命令,允许数据(此时就是读出的指令)从 DB 打入 MDR,同时 PC 的内容自动加 1;在 C_3 节拍,打开 MDR 的发送控制信号和 IR 的接收控制信号,即完成取出的指令送指令寄存器的功能。

由加法指令 ADD (R_1),R_0 的功能(R_0)+((R_1))→(R_1)可知,参加运算的一个操作数在主存中,另一个操作数在寄存器中,结果存放在主存中。执行阶段 C_5～C_7 节拍完成主存中取操作数的功能,其控制信号与取指令阶段的控制信号相似,不同之处在于:①数据地址来自寄存器 R_1;②取出的数据存放于寄存器 A 中。C_8 节拍,完成加法运算,运算结果送寄存器 AC。C_9～C_{10} 节拍完成将加法结果写回 R_1 的内容所指主存单元中的功能,由于 MAR 中的内容(R_1 的内容)并没有改变,在 C_9 节拍,只需要打开 AC 的发送控制信号和 MDR 的接收控制信号(将写入的数据送 MDR)。在 C_{10} 节拍,允许数据从 MDR 打入 DB,并发写命令,将数据写入主存单元。

10. 字段直接编码和字段间接编码

在控制数据通路的操作中,大多数微命令是不会同时出现的。例如,控制 ALU 操作的各种微命令(如 ADD、SUB、AND 等)就不能同时出现,即在一条微指令中只能同时出现一种运算操作;又如,存储器的读和写信号也不能同时出现。通常,将在一个微周期中可以同时出现的微命令称为兼容性微命令,将在一个微周期内不能同时出现的微命令称为互斥性微命令。

字段直接编码是将微指令的控制字段分为若干小段,每个小段分别编码,互斥性的微命令分在同一字段内,兼容性的微命令分在不同字段内。前者可提高信息位的利用率,缩短微指令字长;后者有利于实现并行操作,加快指令的执行速度。字段直接编码法得到了广泛的应用,如 IBM 370、VAX-11 等都采用此编码法。

字段间接编码法是在字段直接编码法的基础上进一步缩短微指令字长的一种方法。在字段间接编码法中,一个字段的微命令编码要兼由另一字段的编码或某个标志位加以解释,以便用较少的信息位表示更多的微命令。例如,如果字段 A 为 2 位,字段 B 为 2 位,采用字段直接编码法最多可产生 8 种(2^2+2^2)微命令,而采用字段间接编码方法最多可表示 16 种($2^2\times2^2$)微命令。不过,一般每个小段都要留出一个状态,表示本字段不发出任何微命令(如既不读,也不写),所以实际上,无论是字段直接编址,还是字段间接编址,可表示的微命令数都会少于以上最大值。

11. 微程序控制方式

要求计算机完成的任务在确定了算法以后便可编写相应的程序,最终成为机器可直接执行的机器语言程序,而其中的任何一条机器指令可由一段微程序解释,它们之间的关系如图 6-7 所示。

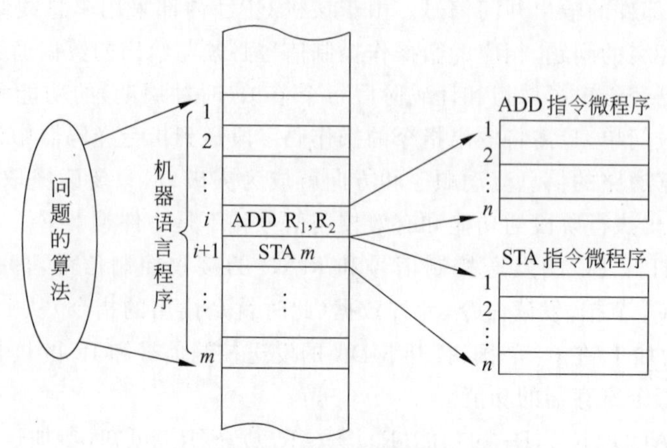

图 6-7 机器语言程序与微程序关系示意图

显然,各条机器指令对应的微程序长度可以不同,它取决于机器指令功能的强弱,当然也与微指令本身的功能强弱有关。于是,机器指令的执行过程就成为与之相应的微程序的执行过程,机器指令执行过程中需要的微命令由各条微指令产生。

采用微程序控制的计算机,所有的微程序都集中存放在一个独立的存储器(控制存储器)中。由于微程序一旦设计完毕,不允许改变,只允许执行,因此控制存储器通常由 EPROM 构成,每条微指令在控制存储器中占用一个微地址,控制存储器的容量取决于微指令的字长和微程序的总长度。

由于一条机器指令对应一段微程序,而任何一条机器指令的取指令阶段的操作都是相同的(公操作),因此,通常将公共的部分提出来,编成一个公用微程序(取指微程序),放在控制存储器的开始位置。这样,在机器指令对应的微程序中就只有取数、执行等阶段需要完成的操作。当指令系统中的机器指令数为 N 时,控制存储器中至少应当有 $N+1$ 段微程序。如果考虑将间接寻址和中断等操作也设置成公用微程序,控制存储器中微程序的数量还会更多一些。

需要提醒学生注意的是,控制存储器是 CPU 中的一部分,不要因为看见"存储器"3 个字,就将它划入存储系统的范围。

12. 形成后继微地址的几种方式比较

形成后继微地址的方式主要有增量方式和断定方式,还有将增量方式和断定方式合二为一的结合方式。

1) 增量方式

增量方式又称计数器法,它与用 PC 产生下条机器指令地址的方式类似,也有顺序执行和非顺序执行之分，因此，在微程序控制器中应当有一个微程序计数器（μPC）。在顺序执行微指令时，后续微地址由现行微地址加上一个增量产生；在非顺序执行微指令时，由转移微指令实行转移，转移微指令的控制字段分成两部分：转移控制字段与转移地址字段。这两个字段结合，若满足转移条件，则将转移地址字段作为下一个微地址；若转移条件不满足，则直接根据微程序计数器的内容取出下一条微指令。

增量方式的优点是简单，易于掌握，编制微程序容易，每条机器指令对应的一段微程序一般安排在CM的连续单元中。增量方式的缺点是微程序中会出现大量的转移微指令，它们约占整个微指令数的25%，导致执行时间延长；另外，区分普通微指令和转移微指令，使得微程序控制电路复杂化。

2）断定方式

断定方式又称下址字段法，在微程序控制器中不需要设置微程序计数器（μPC），而是在微指令格式中设置一个下址字段，用于指明下一条要执行的微指令地址。当一条微指令被取出时，下一条微指令的地址就已获得，这相当于每条微指令都具有转移微指令的功能。

断定方式的优点是不必设置专门的转移微指令，且没有普通微指令和转移微指令的区别；但每条微指令相对增量方式中的普通微指令来说字长都比较长。

3）结合方式

这种方式是增量方式与断定方式的结合，此时既需要在微程序控制器中设置微程序计数器，又需要在每条微指令中都设置一个顺序控制字段，它分为两部分：转移控制字段与转移地址字段。这两个字段结合，若满足转移条件，则将转移地址字段作为下一个微地址；若无转移要求，则直接根据微程序计数器的内容取出下一条微指令。

后继微地址的形成是一个相对比较复杂的工作，要讲清这部分内容，需要花费许多时间，从目前的教学时数看，显然不允许在这上面多下功夫。建议只介绍形成后继微地址的几种方式的特点，不进行深入讨论，如确实对这部分内容感兴趣，可以参考本章"相关知识介绍"中不同方式的实例。

6.4 相关知识介绍

1. CPU的性能

程序执行的CPU时间为

$$\text{CPU时间}=\frac{\text{总时钟周期数}}{\text{时钟频率}}$$

若将程序执行过程中所处理的指令数记为IC，这样可以获得一个与计算机系统结构有关的参数，即指令时钟数CPI。

$$\text{CPI}=\frac{\text{总时钟周期数}}{\text{IC}}$$

所以，程序执行的CPU时间就可以写成

$$\text{CPU时间}=\frac{\text{CPI}\times\text{IC}}{\text{时钟频率}}$$

这个公式通常称为CPU性能公式。它的3个参数反映了与系统结构相关的下述3种技术。

(1) 时钟频率：反映了计算机实现技术、生产工艺和计算机组织。

(2) CPI：反映了计算机实现技术、计算机指令系统的结构和组织。

(3) IC：反映了计算机指令级的结构和编译技术。

通过改进计算机系统设计，可以相应提高3个参数的指标，从而提高计算机系统的性能。从目前情况看，提高某一参数的性能不会明显影响其他两个指标。这对于综合运用各种技术改进计算机系统的性能非常有益。

假设计算机系统有 n 种指令，其中第 i 种指令的处理时间为 CPI_i，在程序中第 i 种指令出现的次数为 IC_i，则程序执行时间为

$$\text{CPU 时间} = \frac{\sum_{i=1}^{n}(CPI_i \times IC_i)}{\text{时钟频率}}$$

合并上面两个表示CPU时间的公式，可得到

$$CPI = \frac{\sum_{i=1}^{n}(CPI_i \times IC_i)}{IC} = \sum_{i=1}^{n}\left(CPI_i \times \frac{IC_i}{IC}\right)$$

其中，$\frac{IC_i}{IC}$ 反映了第 i 种指令在程序中所占的比例。

例 6-6 假定在设计机器的指令系统时，对条件转移指令的设计有以下两种不同的选择：

(1) CPU_A 采用一条比较指令设置相应的条件码，然后测试条件码进行转移。

(2) CPU_B 在转移指令中包含比较过程。

在两种CPU中，条件转移指令需要两个时钟周期，而其他的指令只需要一个时钟周期。又假设在 CPU_A 上，要执行的指令中有20%是条件转移指令，由于每条条件转移指令都需要一条比较指令，因此，比较指令也占用20%。由于 CPU_A 在转移时不需要比较，因此假设它的时钟周期时间与 CPU_B 的时钟周期时间之比为1∶1.25。问：哪个CPU更快？如果 CPU_A 的时钟周期时间与 CPU_B 的时钟周期时间之比为1∶1.1，哪个CPU更快？

解：占用两个时钟周期的条件转移指令占总指令的20%，剩下的指令占用一个时钟周期。所以

$$CPI_A = 0.2 \times 2 + 0.8 \times 1 = 1.2$$

总 CPU_A 时间

$$T_{CPUA} = IC_A \times CPI_A \times \text{时钟周期}_A = IC_A \times 1.2 \times \text{时钟周期}_A$$

根据假设，有

$$\text{时钟周期}_B = 1.25 \times \text{时钟周期}_A$$

在 CPU_B 中没有独立的比较指令，所以 CPU_B 的程序量为 CPU_A 的80%，转移指令的比例为

$$20\% \div 80\% = 25\%$$

这些转移指令占用2个时钟周期，而其余的75%指令只占用1个时钟周期，因此有

$$CPI_B = 0.25 \times 2 + 0.75 \times 1 = 1.25$$

由于 CPU_B 中没有比较指令，故

$$IC_B = 0.8 \times IC_A$$

则总 CPU_B 时间

$$\begin{aligned} T_{CPUB} &= IC_B \times CPI_B \times \text{时钟周期}_B \\ &= 0.8 \times IC_A \times 1.25 \times 1.25 \times \text{时钟周期}_A \\ &= 1.25 \times IC_A \times \text{时钟周期}_A \end{aligned}$$

在这些假设下，尽管 CPU_B 执行指令条数较少，但因为 CPU_A 有更短的时钟周期，所以比 CPU_B 快。

如果 CPU_A 和 CPU_B 的时钟周期时间之比为 1∶1.1，则

$$\text{时钟周期}_B = 1.1 \times \text{时钟周期}_A$$

总 CPU_B 时间

$$\begin{aligned} T_{CPU\,B} &= IC_B \times CPI_B \times \text{时钟周期}_B \\ &= 0.8 \times IC_A \times 1.25 \times 1.1 \times \text{时钟周期}_A \\ &= 1.1 \times IC_A \times \text{时钟周期}_A \end{aligned}$$

因此，CPU_B 由于执行更少的指令条数，比 CPU_A 运行快。

2. CPU 主频和动态加速频率

CPU 的主频是指 CPU 内数字脉冲信号振荡的速度，也称为基准频率。主频和实际的运算速度存在一定的关系，但目前还没有一个确定的公式能够定量两者的数值关系，因为 CPU 的运算速度还要看 CPU 的流水线的各方面的性能指标（如缓存、指令集、CPU 的位数等）。CPU 的主频不代表 CPU 的速度，但提高主频对于提高 CPU 运算速度却是至关重要的。假设某个 CPU 在一个时钟周期内执行一条运算指令，那么当 CPU 运行在 100MHz 主频时，CPU 执行一条运算指令所需时间为 10ns，而 CPU 运行在 200MHz 主频时，执行一条运算指令所需时间仅为 5ns，后者速度比前者快一倍。提高 CPU 工作主频主要受生产工艺的限制，这是 CPU 主频发展的最大障碍之一。

目前，CPU 的参数指标中有两个频率指标，除 CPU 主频外，还有一个动态加速频率，它们的单位都是 GHz。动态加速频率在 Intel 系列的 CPU 中又称为睿频，是 Intel 的一项加速技术，睿频的实质是多核切换成单核模式然后自动超频。当启动一个运行程序后，处理器会自动加速到合适的频率，而原来的运行速度会提升 10%～20%，以保证程序流畅运行。CPU 动态加速不只是简单地指睿频加速技术，AMD 的 CPU 也同样有动态加速技术，CPU 可以根据当前任务自动调节自己的频率。

动态加速频率就是处理器在高负荷工作的时候，可以根据应用程序运行实际所需的性能，在基本频率的基础上自动加速，以提高运行主频。这个频率的加速过程完全是智能化的，不需要计算机用户人工干预。同时，频率的提升不是一成不变的，而是动态的，运行强度上升，频率就提升，反之频率就保持在一个较低的水平，这样的好处是既不增加功耗，又可以在需要的时候提高性能，让处理器时刻保持在常规的温度范围内。

动态加速频率不同于超频。虽然这两种方法都是通过提高 CPU 频率提升计算机速度，但是它们本质上是有区别的。超频是计算机用户通过一定的软硬件设置，让 CPU 以高于基准频率的状态工作，一些用户甚至会通过增加 CPU 电压、液氮散热等非常规手段进行超频，这时 CPU 的功耗、温度甚至电压都高于厂商公布的指标。动态加速频率就不同了，频率的提升在 CPU 正常工作的范围内，不仅运行稳定，而且不需要用户进行任何设置。

3. 微程序控制器结构

根据微程序控制器的两种不同的顺序控制方式,微程序控制器有两种不同的结构。

增量方式要求组成一个微程序的多条微指令在控制存储器中连续存放,微指令本身可不包含下条微指令在控制存储器中的地址。采用增量方式的微程序控制器结构框图如图6-8所示。

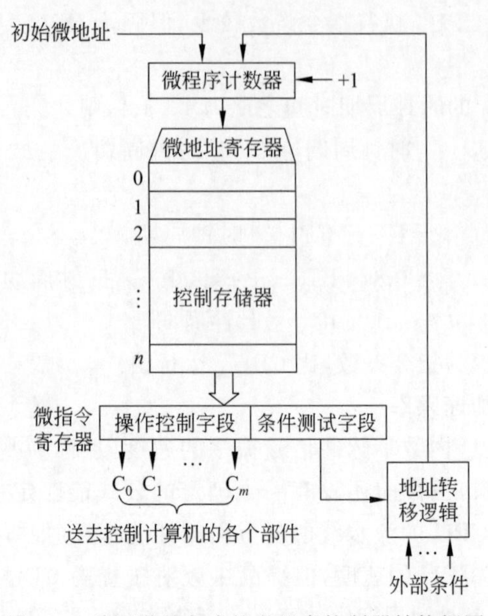

图6-8 采用增量方式的微程序控制器结构框图

增量方式需要有一个μPC,一般情况下,由μPC+1指向下条微指令在控制存储器中的地址,只有遇到转移类微指令,才会改变μPC的内容,以实现微程序的转移。这种结构的优点是微指令的字长有效缩短,从而可减少控制存储器的容量。

采用断定方式的微程序控制器结构框图如图6-9所示。

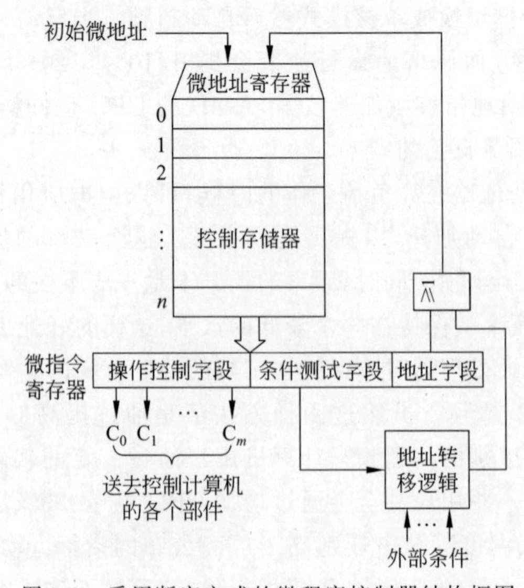

图6-9 采用断定方式的微程序控制器结构框图

组成各个微程序的微指令在控制存储器中可任意存放，由各条微指令中的地址字段给出下条微指令在控制存储器中的地址，只有遇到条件转移类的微指令，才需要由条件测试字段判定外部条件是否满足，若条件满足，则地址转移逻辑修改微指令中的地址字段，以实现微程序转移的目的；若条件不满足，则按照地址字段给定的地址执行下条微指令。

4. 后继微地址形成实例

假设某个微程序控制的计算机，其中 ADD、SUB、JC 指令的微程序流程如图 6-10 所示，为简单起见，将微指令用字符 A、B、C 等代替。

注意：下述各例中微地址寄存器(μMAR)的最低位为 μMAR_0。

例 6-7 用增量方式为图 6-10 表示的部分微指令序列安排微地址。由于共有 10 条微指令，再加上一些转移微指令，所以微地址至少需 5 位(用二进制表示)。

解：普通微指令中只有微指令字段，转移微指令中包括转移控制字段和转移地址字段。为了区别普通微指令和转移微指令，特增加一位标志位 T。当 T=0 时，表示此微指令为普通微指令；当 T=1 时，表示此微指令为转移微指令。增量方式的微指令格式如图 6-11 所示。

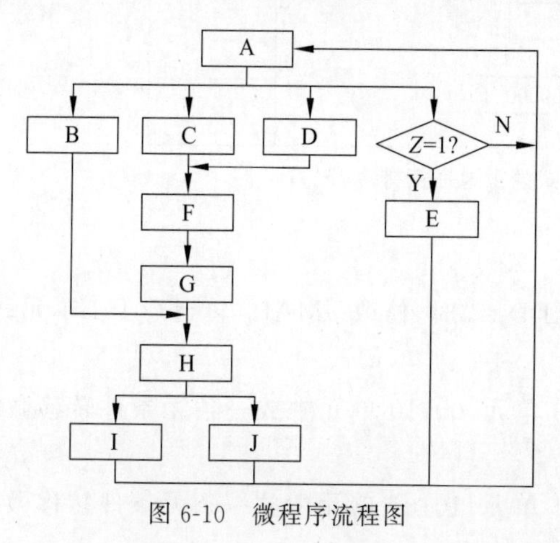

图 6-10 微程序流程图

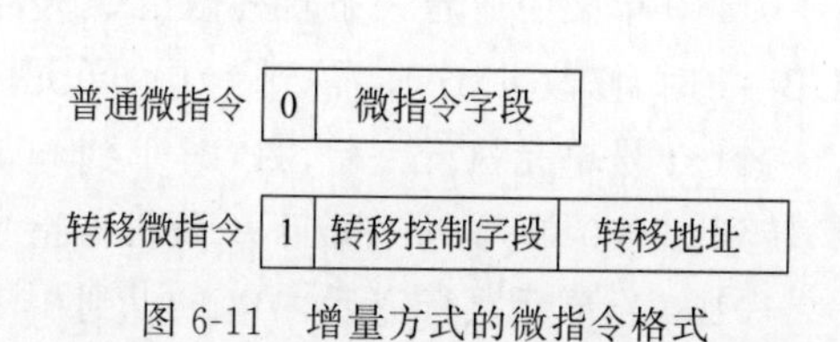

图 6-11 增量方式的微指令格式

转移地址字段的长度等于微地址寄存器的长度，转移控制字段的长度与流程图中的转移情况有关，现有 3 种转移情况，加上无条件转移，需用 2 位 P_1P_0 控制。

- $P_1P_0=00$：无条件转移；
- $P_1P_0=01$：由指令的操作码控制修改 μMAR_4 和 μMAR_3；
- $P_1P_0=10$：由 ADD 控制修改 μMAR_0 或由 SUB 控制修改 μMAR_4；
- $P_1P_0=11$：若 Z=0，则转 00000 单元；若 Z=1，则 μPC+1。

增量方式的微地址安排如图 6-12 所示。

第一条微指令安排在 00000 单元，00000 号单元执行完后，μPC+1 到 00001 单元，所以在 00001 单元中放一条转移微指令(T=1)，实现多路分支转移，按修改方案分别转到 00010、01010、10010、11010 这 4 个单元。

(1) 00010 号单元执行完后，μPC+1 到 00011 单元，所以在 00011 单元中放一条无条件转移微指令，转到 01101 单元。

(2) 01010 号单元执行完后，μPC+1 到 01011 单元；01011 号单元执行完后，μPC+1 到 01100 单元；01100 号单元执行完后，μPC+1 到 01101 单元；01101 号单元执行完后，μPC+

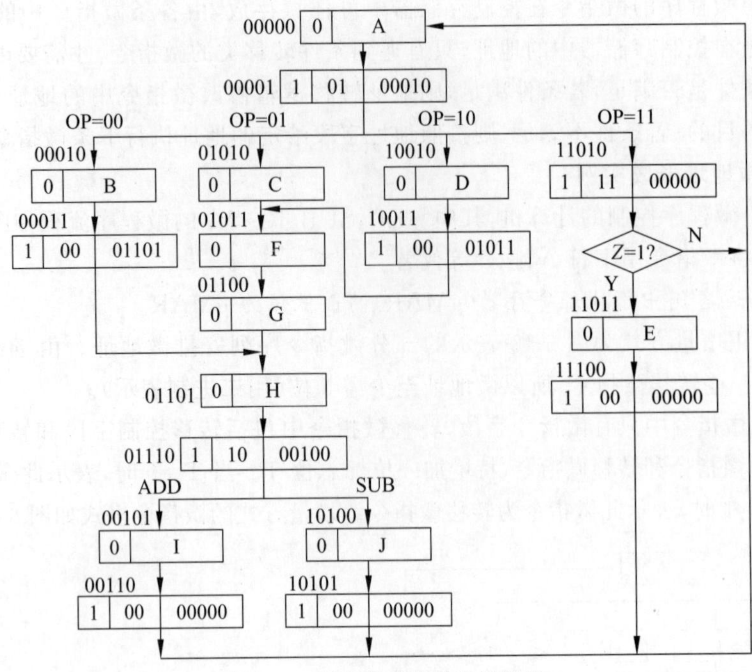

图 6-12　增量方式的微地址安排

1 到 01110 单元。

01110 单元中放着一条转移微指令。当 ADD=1 时,修改 μMAR_0 转到 00101 单元;但 SUB=1 时,修改 μMAR_4 转到 10100 单元。

00101 号单元执行完后,μPC+1 到 00110 单元,00110 单元中放一条无条件转移微指令,转到 00000 单元,准备取下一条机器指令。

10100 号单元执行完后,μPC+1 到 10101 单元,10101 单元中放一条无条件转移微指令,转到 00000 单元,准备取下一条机器指令。

(3) 10010 号单元执行完后,μPC+1 到 10011 单元,所以在 10011 单元中放一条无条件转移微指令,转到 01011 单元。

(4) 11010 单元是一条转移微指令,当 Z=0 时转 00000 单元,否则 μPC+1 到 11011 单元。

11011 号单元执行完后,μPC+1 到 11100 单元,11100 单元中放一条无条件转移微指令,转到 00000 单元,准备取下一条机器指令。

例 6-8　用断定方式为图 6-10 表示的部分微指令序列安排微地址。

微指令中设置一个下址字段,用于指明下一条要执行的微指令地址。当一条微指令被取出时,下一条微指令的地址已获得,它相当于每条微指令都具有转移微指令的功能。

因为共有 10 条微指令,微地址需 4 位即可(用二进制表示),但在每一条微指令中均要加一个转移控制字段和一个下址字段。断定方式的微指令格式如图 6-13 所示。

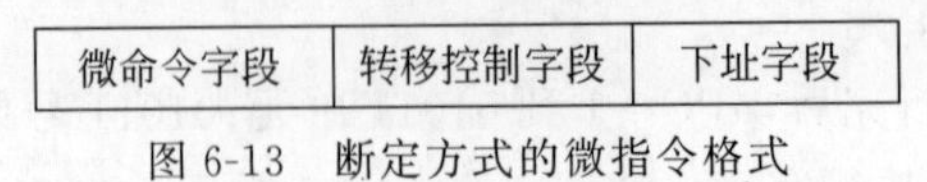

图 6-13　断定方式的微指令格式

下面是转移控制位 P_1P_0 的含义。

- $P_1P_0=00$：顺序控制。
- $P_1P_0=01$：由指令的操作码控制修改 μMAR_3 和 μMAR_2。
- $P_1P_0=10$：由 ADD 控制修改 μMAR_1 或由 SUB 控制修改 μMAR_3。
- $P_1P_0=11$：由 Z 控制修改 μMAR_1。

断定方式的微地址安排如图 6-14 所示。

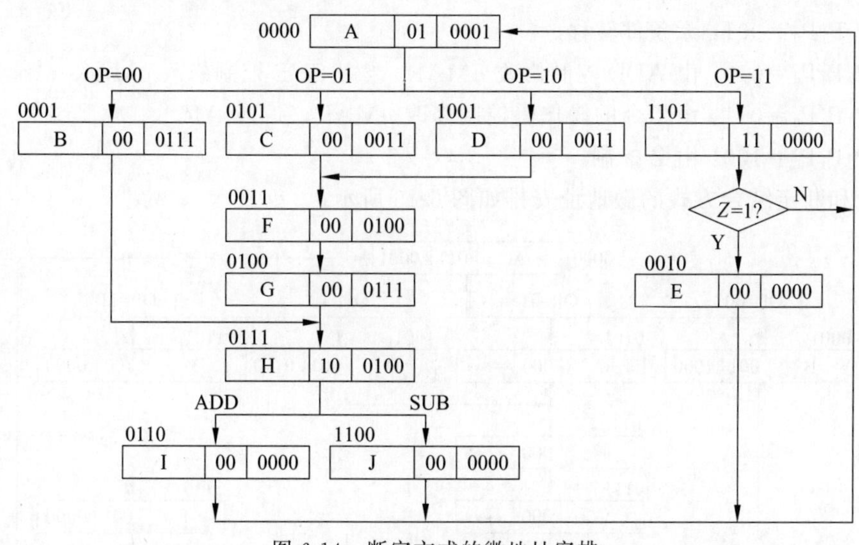

图 6-14　断定方式的微地址安排

第一条微指令安排在 0000 单元，0000 号单元是多路分支转移，按修改方案分别转到 0001、0101、1001、1101 这 4 个单元。

(1) 0001 号单元执行完后按顺序控制转移到 0111 单元。

(2) 0101 号单元执行完后按顺序控制转移到 0011 单元；0011 号单元执行完后按顺序控制转移到 0100 单元；0100 号单元执行完后按顺序控制转移到 0111 单元。

0111 号单元执行完后由 ADD 控制转移到 0110 单元（μMAR_1）或由 SUB 控制转移到 1100 单元（μMAR_3）。

0110 号单元执行完后按顺序控制转移到 0000 单元，准备取下一条机器指令。

1100 号单元执行完后按顺序控制转移到 0000 单元，准备取下一条机器指令。

(3) 1001 号单元执行完后按顺序控制转移到 0011 单元。

(4) 1101 单元是一条空操作微指令，由 Z 控制修改 μMAR_1，当 $Z=0$ 时转移到 0000 单元，当 $Z=1$ 时转移到 0010 单元。

0010 号单元执行完后按顺序控制转移到 0000 单元，准备取下一条机器指令。

例 6-9　用增量方式和断定方式结合法为图 6-10 表示的部分微指令序列安排微地址。

在这种控制方式中，微指令中仍需要设置一个顺序控制字段，它分成两部分：转移控制字段与转移地址字段。这两个字段结合，若满足转移条件，则将转移地址作为下一个微地址；若无转移要求，则直接根据微程序计数器的内容取出下一条微指令。

因为共有 10 条微指令，微地址需 4 位即可（用二进制表示），有 3 种转移情况，考虑计数控制和无条件转移,需用3位P_2、P_1、P_0控制。增量和断定结合方式的微指令格式如图6-15所示。

微命令字段	转移控制字段(BCF)	转移地址字段(BAF)

图6-15　增量和断定结合方式的微指令格式

- $P_2P_1P_0=000$：由μPC计数得到下一微地址。
- $P_2P_1P_0=001$：无条件转移。
- $P_2P_1P_0=010$：由ADD控制修改μMAR_2或由SUB控制修改μMAR_1。
- $P_2P_1P_0=011$：由指令的操作码控制修改μMAR_3和μMAR_2。
- $P_2P_1P_0=100$：由Z控制。

增量和断定结合方式的微地址安排如图6-16所示。

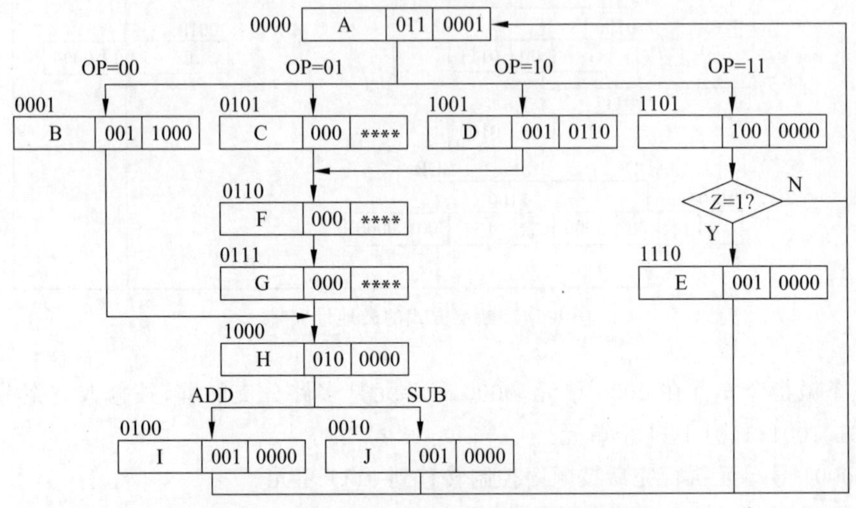

图6-16　增量和断定结合方式的微地址安排

第一条微指令安排在0000单元,0000号单元是多路分支转移,按修改方案分别转到0001、0101、1001、1101这4个单元。

(1) 0001号单元执行完后无条件转移到1000单元。

(2) 0101号单元执行完后计数到地址0110单元,0110号单元执行完后计数到地址0111单元,0111号单元执行完后计数到地址1000单元。

1000号单元执行完后由ADD控制转移到0100单元(μMAR_2)或由SUB控制转移到0010单元(μMAR_1)。

0100号单元执行完后无条件转移到0000单元,准备取下一条机器指令。

0010号单元执行完后无条件转移到0000单元,准备取下一条机器指令。

(3) 1001号单元执行完后无条件转移到0110单元。

(4) 1101单元是一条空操作微指令,当$Z=0$时转0000单元,否则$\mu PC+1$到1110单元。

1110号单元执行完后无条件转移到0000单元,准备取下一条机器指令。

5. 微程序设计举例

例 6-10 设某计算机的 CPU 结构如图 6-17 所示。A、B、C 均为 8 位寄存器，它们的输入和输出的控制信号分别为 IN_A、IN_B、IN_C 和 OUT_A、OUT_B、OUT_C；A、C 还可以级联右移，其移位控制信号为 SHT_{AC}；A 的清空控制信号为 CLR_A，D 为计数器，其置数控制信号为 SET_D，减 1 计数器控制信号为 DEC_D；Z 和 S 为状态信号，当 D=0 时，Z=1，S 为 C 寄存器的最低位；+为 ALU 的加法控制信号。

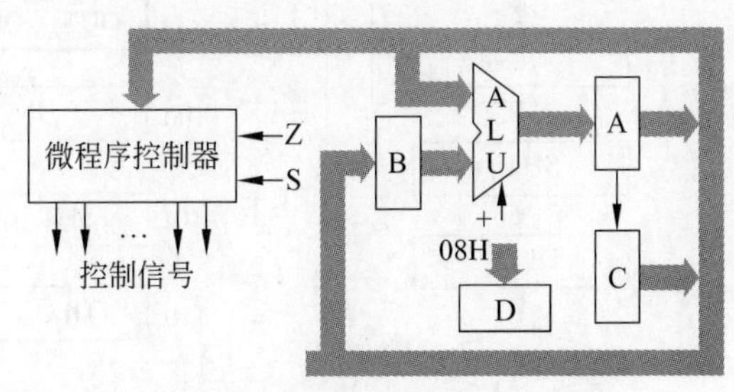

图 6-17　某计算机的 CPU 结构

该计算机采用微程序控制，微指令格式如图 6-18 所示。

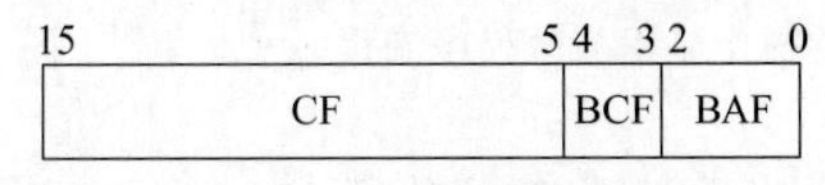

图 6-18　某机的微指令格式

图 6-18 中，CF 为控制字段，采用直接控制法，控制信号共 11 位，从高位到低位的顺序为 OUT_A、OUT_B、OUT_C、IN_A、IN_B、IN_C、+、CLR_A、SET_D、DEC_D、SHT_{AC}。

BCF 为转移控制字段，共 2 位，其含义如下：

00　顺序

01　测试 Z

10　测试 S

11　取微指令

BAF 为转移地址字段，转移地址 3 位。

设 B、C 分别存放被乘数和乘数，且均为无符号定点小数。

编址实现 B×C→A、C(A 存放高位积，C 存放低位积)的微程序。

解：实现 B×C→A、C(A 存放高位积，C 存放低位积)的操作流程如图 6-19(a)所示，微程序流程如图 6-19(b)所示。

微程序采用增量与断定结合方式，微地址的安排如图 6-20 所示。

假设取指微指令放在 000 单元中，取指后进入 001 单元，开始执行乘法微程序。

(1) 001 单元中的微指令执行完后，顺序执行 010 单元中的微指令。

(2) 010 单元中测试位为 10，表示测试 S，若 S=0，则转 101 单元，否则顺序执行 011 单元中的微指令。

(3) 011 单元中的微指令执行完后，顺序执行 100 单元中的微指令。

(4) 100 单元中的微指令执行完后，顺序执行 101 单元中的微指令。

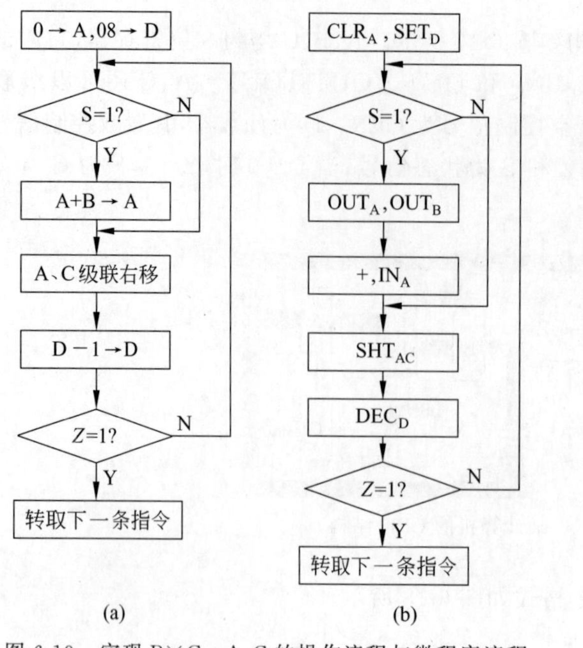

图 6-19　实现 B×C→A、C 的操作流程与微程序流程

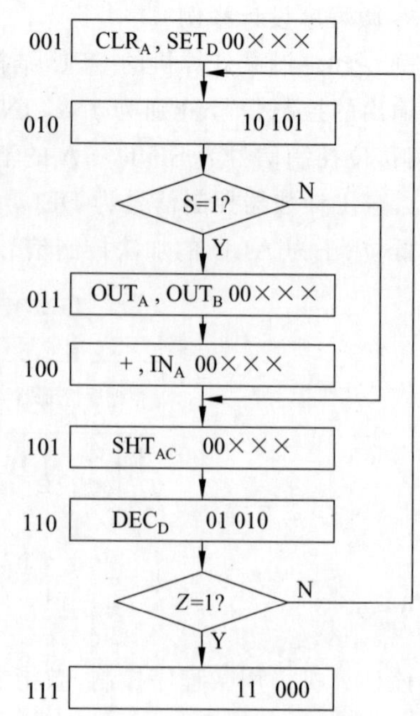

图 6-20　微地址的安排

(5) 101 单元中的微指令执行完后,顺序执行 110 单元中的微指令。

(6) 110 单元中的测试位为 01,表示测试 Z,若 Z=0,则转 010 单元,否则顺序执行 111 单元中的微指令。

(7) 111 单元中的测试位为 11,表示转取指微指令。

综上所述,实现 B×C→A、C(A 存放高位积,C 存放低位积)的微程序见表 6-3。

表 6-3　实现 B×C→A、C 的微程序

微地址	OUT_A	OUT_B	OUT_C	IN_A	IN_B	IN_C	+	CLR_A	SET_D	DEC_D	SHT_{AC}	BCF	BAF
001	0	0	0	0	0	0	0	1	1	0	0	00	***
010	0	0	0	0	0	0	0	0	0	0	0	10	101
011	1	1	0	0	0	0	0	0	0	0	0	00	***
100	0	0	0	1	0	0	1	0	0	0	0	00	***
101	0	0	0	0	0	0	0	0	0	0	1	00	***
110	0	0	0	0	0	0	0	0	0	1	0	01	010
111	0	0	0	0	0	0	0	0	0	0	0	11	000

6. 毫微程序设计和毫微程序控制器

根据微指令操作控制字段的编码方法,微指令可归纳为水平型微指令和垂直型微指令两种。

操作控制字段采用直接控制法、字段编码法的微指令一般属于水平型微指令,其特点是:①微指令字较长;②微指令并行操作能力强,即在一个微周期中同时可执行多个微命令;③微指令结构与机器指令的差别大。采用水平型微指令编写微程序,称为水平微程序设计。只有精通机器结构、数据通路、时序系统及微指令编码的专业人员才能进行这种微程序设计,一般用户难以设计。

操作控制字段采用最短编码法的微指令属于垂直型微指令,其特点是:①微指令字较短;②微指令并行能力差,一条微指令一般只能控制数据通路的1~2种信息传送;③微指令结构与机器指令相似。采用垂直型微指令编写微程序,称为垂直微程序设计。这种微程序设计只需了解微指令的功能,对数据通路结构可不必考虑,所以这种微程序便于用户编写。

如果把垂直微程序设计和水平微程序设计结合起来,采用两级微程序设计方法,就称为毫微程序设计。第一级为垂直微程序,用来解释机器指令,故仍可称之为微程序,存放在微程序的控制存储器(μCM)中。第二级为水平微程序,用来解释垂直型微指令,并产生相应的微命令,实现对数据通路的控制。由于此时的水平微程序是解释微程序的微程序,所以被称为毫微程序,存放在毫微程序的控制存储器(nCM)中。所以,毫微程序设计就是用水平型毫微指令解释垂直型微指令的微程序设计。

垂直型微程序是根据指令系统和有关处理过程的需要编制的,它有严格的顺序结构。由于垂直型微指令很像机器指令,编程过程就像机器指令编程一样。水平型微指令(毫微指令)是由第一级调用的,它具有并行操作控制能力,但不包含后继微地址信息,各条毫微指令之间没有顺序关系。若干条垂直型微指令可以调用同一条毫微指令,所以在第二级控制存储器中的每条毫微指令都是不相同的。

毫微程序控制器的结构如图6-21所示,它与通常的微程序控制器相比,除增加了存放毫微程序的控制存储器nCM外,还增加了毫微地址寄存器nMAR和毫微指令寄存器nIR及其译码电路。在毫微程序的具体设计中,可能有以下3种情况:

(1) 微命令是极简单的控制信号,可由垂直微指令直接产生,这就无须再用毫微指令解释。

(2) 一条垂直型微指令只用一条毫微指令解释。

(3) 一条垂直型微指令由一段毫微程序解释,此时毫微程序与垂直型微指令的关系相当于微程序与机器指令的关系。

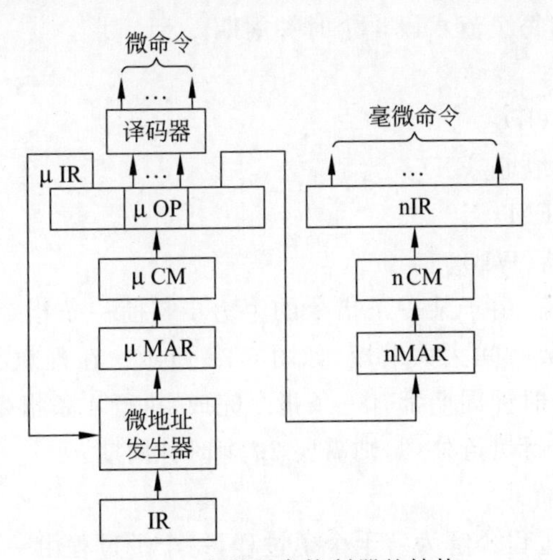

图6-21 毫微程序控制器的结构

当从μCM中读出一条微指令,微操作码字段经译码后可以产生一些简单的微命令,同时还给出一个对应的毫微地址,以便需要时可从nCM中取出一条毫微指令,用若干微命令解释该微指令的操作,以实现对数据通路和其他处理过程的控制。

用毫微存储器nCM可以减少控制存储器μCM总的大小。如果10种不同的微指令有完全相同的微操作,那么所有这些微指令都可以指向毫微存储器的同一个单元。

考虑一个有128条微指令和32个不同微命令的控制存储器,水平型微指令的控制存储器需要128×32=4096位存储微命令,现在假设这128条微指令中只有16种不同的微操作组合,我们可以在一个16×32的毫微存储器中存储这16种模式,每条微指令需要一个4位的域指向毫微存储器中的一个正确的模式,这样,在毫微存储器中需要16×32=512位,在控制存储器中需要额外的128×4=512位的指针,总共只用1024位就生成了同样多的微命令,所用的位数只是水平型微指令的1/4。

毫微程序设计的主要优点如下:

(1) 可以减少控制存储器的总容量,μCM的横向容量很小,nCM的纵向容量很小。

(2) 用垂直型微指令编制微程序比较容易。

(3) 效率高,可充分利用数据通路。

(4) 独立性强,毫微程序之间没有顺序关系,任意修改、增删毫微指令都不会影响毫微程序的控制结构。

(5) 灵活性好,若想改变机器指令的功能,只修改垂直型微程序即可,无须改变毫微程序,因此能方便地修改和扩充指令的功能,具有动态结构的特点。

毫微程序设计的缺点是不易做到高速度,一个微周期内可能要执行一条微指令和一条毫微指令,两次访问控制存储器,速度将受到影响。另外,也增加了硬件的复杂性和成本,所以小型机、微型机一般不采用。

7. 经典的5段指令流水线

一条指令的执行过程可被分成若干个阶段,每个阶段由相应的功能部件完成。如果将各阶段看成相应的流水段,则指令的执行过程就构成一条指令流水线。例如,假设一条指令由下列5个流水段组成,每个流水段1个时钟周期。

(1) 取指令(IF)。

(2) 译码/读寄存器(ID)。

(3) 执行/计算有效地址(EX)。

(4) 访问存储器(MEM)。

(5) 结果写回寄存器(WB)。

进入流水线的指令流,由于某一条指令的第i步与前一条指令的第$i+1$步同时进行,从而使一串指令总的完成时间大大缩短,如图6-22所示。在理想状态下,每个时钟都有一条指令进入流水线,每个时钟周期都有一条指令完成,执行4条指令的时间只用了8个时钟周期,若是非流水线的串行执行处理,则需要20个时钟周期。

8. 流水线的性能分析

流水线是把复杂的过程分解为若干个子过程,每个子过程由一个独立的功能部件完成,处理对象在各子过程连成的线路上连续流动,在同一时间内完成对不同子过程的处理。衡量流水线性能的主要指标有吞吐率、加速比和效率。

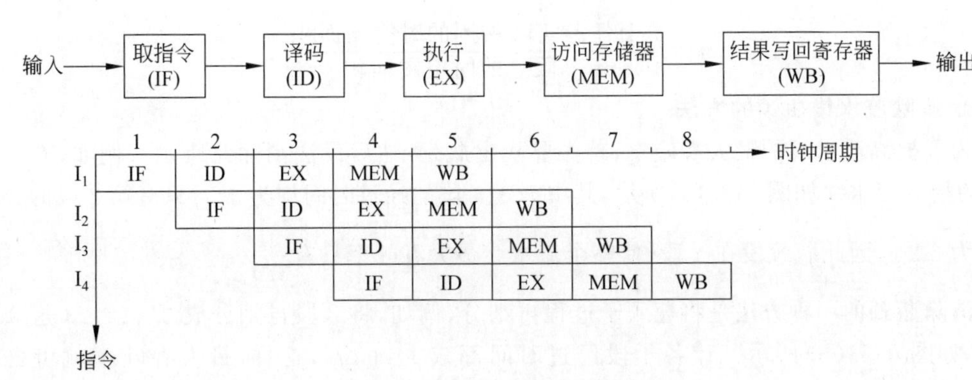

图 6-22　典型的 5 段指令流水线

1）吞吐率

吞吐率 TP 是指在单位时间内流水线完成的任务数或输出的结果数。

如果流水线各段的经过时间相同，流水线的最大吞吐率 $TP_{max}=\dfrac{1}{\Delta t}$。如果流水线各段的经过时间不同，流水线的最大吞吐率 $TP_{max}=\dfrac{1}{\max\{\Delta t_1,\cdots,\Delta t_i,\cdots,\Delta t_n\}}$，此时受限于流水线中最慢子过程经过的时间。流水线中经过时间最长的子过程称为瓶颈子过程。

流水开始时总要有一段建立时间，结束时又需要有排空的时间，多功能流水时某些段可能闲置未用，功能切换时流水线也需要排空、重组等，由于上述诸多原因，流水线的实际 TP 一般显著低于最大吞吐率 TP_{max}。设 m 段流水线的各段经过时间均为 Δt_0，则需要 $T_0=m\Delta t_0$ 的流水建立时间，之后每隔 Δt_0 就可流出一条指令，完成 n 个任务的解释共需时间 $T=m\Delta t_0+(n-1)\Delta t_0$，流水线的实际吞吐率为

$$TP=\frac{n}{m\Delta t_0+(n-1)\Delta t_0}=\frac{1}{\Delta t_0\left(1+\dfrac{m-1}{n}\right)}=\frac{TP_{max}}{1+\dfrac{m-1}{n}}$$

2）加速比

加速比 S_P 是指完成同样一批任务，不使用流水线所用时间与使用流水线所用时间之比。

$$S_P=\frac{n\cdot m\cdot\Delta t_0}{m\Delta t_0+(n-1)\Delta t_0}=\frac{m}{1+\dfrac{m-1}{n}}$$

3）效率

效率 η 是指流水线中设备的实际使用时间占整个运行时间之比。

由于流水线存在有建立时间和排空时间，在连续完成 n 个任务的时间里，各段并不总是满负荷工作。

如果是线性流水线且各段经过的时间相同，流水线的效率正比于吞吐率，即

$$\eta=\frac{n}{n+(m-1)}=TP\cdot\Delta t$$

对于非线性流水或线性流水但各段经过的时间不等时，上式的关系就不存在了，只有通过画实际工作的时空图，才能求出吞吐率和效率。整个流水线的效率为

$$\eta=\frac{n\text{ 个任务实际占用的时空图面积}}{m\text{ 个段总的时空图面积}}$$

9. 消除流水线瓶颈的方法

为了提高流水线的最大吞吐率,首先要找出瓶颈,然后设法消除此瓶颈。例如,有一个4段的指令流水线如图6-23(a)所示,其中1、3、4段的经过时间均为Δt_0,只有第2段的经过时间为$3\Delta t_0$,因此瓶颈段在2段,使整个流水线最大吞吐率只有$\frac{1}{3\Delta t_0}$。

消除瓶颈的一种方法是将瓶颈子过程再细分,例如,将2段再细分成21、22、23这3个子段,如图6-23(b)所示。让各子段经过时间都减少到Δt_0,这样,最大吞吐率就可提高到$\frac{1}{\Delta t_0}$。

消除瓶颈的另一种方法是瓶颈子过程并联。假设2段已不能再细分,则可以通过重复设置3套瓶颈段(2a、2b、2c)并联,让它们交叉并行,如图6-23(c)所示。每隔Δt_0轮流给其中一个瓶颈段分配任务,使最大吞吐率提高到$\frac{1}{\Delta t_0}$。这种方法比瓶颈子过程再细分控制要复杂,设备量要多。

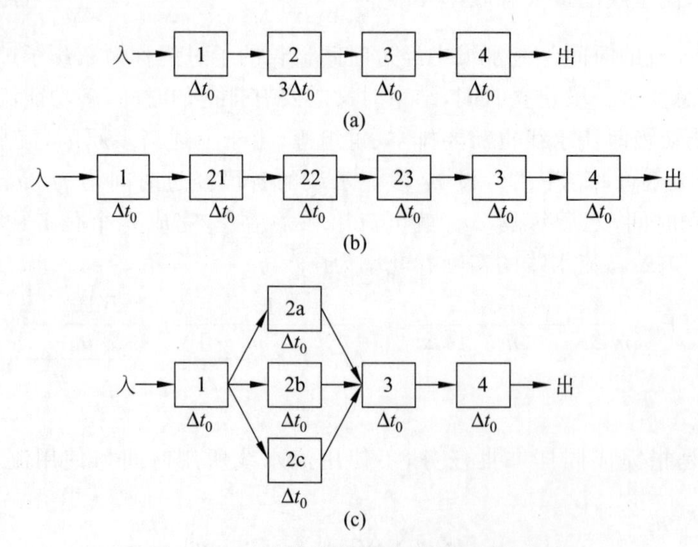

图6-23　流水线的瓶颈及消除瓶颈的方法

如果线性流水线每段经过时间Δt_i不等,其中瓶颈段的时间为Δt_j,则完成n个任务所能达到的指标分别为

$$\mathrm{TP}=\frac{n}{\sum_{i=1}^{m}\Delta t_i+(n-1)\Delta t_j}$$

$$S_P=\frac{n\cdot\sum_{i=1}^{m}\Delta t_i}{\sum_{i=1}^{m}\Delta t_i+(n-1)\Delta t_j}$$

$$\eta = \frac{n \cdot \sum_{i=1}^{m} \Delta t_i}{m \cdot \left[\sum_{i=1}^{m} \Delta t_i + (n-1)\Delta t_j \right]}$$

10. 指令流水线中的相关性问题

由于采用流水线方式，相邻或相近的两条指令可能会因为存在某种关联，后一条指令不能按照原指定的时钟周期运行，使流水线断流。指令流水线的相关性包括结构相关、数据相关、控制相关。

1）结构相关

由于多条指令在同一时刻争用同一资源而形成的冲突称为结构相关，也称资源相关。

2）数据相关

后续指令要使用前面指令的操作结果，而这一结果尚未产生或者未送到指定的位置，从而造成后续指令无法运行的局面称为数据相关。

根据指令间对同一个寄存器读或写操作的先后次序关系，数据相关可分为 RAW（读后写）、WAR（写后读）和 WAW（写后写）3 种类型。例如，有 i 和 j 两条指令，i 指令在前，j 指令在后，则 3 种不同类型的数据相关的含义如下。

(1) RAW：指令 j 试图在指令 i 写入寄存器前就读出该寄存器内容，这样指令 j 就会错误地读出该寄存器旧的内容。

(2) WAR：指令 j 试图在指令 i 读出该寄存器前就写入该寄存器，这样指令 i 就会错误地读出该寄存器的新内容。

(3) WAW：指令 j 试图在指令 i 写入寄存器前就写入该寄存器，这样两次写的先后次序被颠倒，就会错误地使由指令 i 写入的值成为该寄存器的内容。

上述的 3 种数据相关，在按序流动的流水线中只可能出现 RAW 相关；在非按序流动的流水线中，既可能发生 RAW 相关，也可能发生 WAR 和 WAW 相关。

3）控制相关

控制相关主要由转移指令引起，遇到条件转移指令时，存在顺序执行、转移执行两种可能，需要依据条件的判断结果选择其一。无法确定应该选择把哪一程序段安排在转移指令之后执行的局面称为控制相关，又称为指令相关。

例 6-11 某 16 位计算机中，带符号整数用补码表示，数据 Cache 和指令 Cache 分离。表 6-4 给出了指令系统中部分指令格式，其中 Rs 和 Rd 表示寄存器，mem 表示存储单元地址，(x)表示寄存器 x 或存储单元 x 的内容。

表 6-4 指令系统中部分指令格式

名　称	指令的汇编格式	指令功能
加法指令	ADD Rs, Rd	(Rs)+(Rd)→Rd
算术/逻辑左移	SHL Rd	2*(Rd)→Rd
算术右移	SHR Rd	(Rd)/2→Rd
取数指令	LOAD Rd, mem	(mem)→Rd
存数指令	STORE Rs, mem	(Rs)→mem

该计算机采用5段流水方式执行指令,各流水段分别是IF、ID、EX、M和WB,流水线采用"按序发射,按序完成"方式,没有采用转发技术处理数据相关,并且同一个寄存器的读和写操作不能在同一个时钟周期内进行。请回答下列问题。

(1) 若int型变量x的值为-513,存放在寄存器R1中,则执行指令SHR R1后,R1的内容是多少?(用十六进制表示)

(2) 若某个时间段中有连续的4条指令进入流水线,在其执行过程中没有发生任何阻塞,则执行这4条指令所需的时钟周期数为多少?

(3) 若高级语言程序中某赋值语句为x=a+b,x、a和b均为int型变量,它们的存储单元地址分别表示为[x]、[a]和[b]。该语句对应的指令序列及其在指令流水线中的执行过程如图6-24所示。

```
I1  LOAD   R1,[a]
I2  LOAD   R2,[b]
I3  ADD    R1,R2
I4  STORE  R2,[x]
```

指令	时间单元													
	1	2	3	4	5	6	7	8	9	10	11	12	13	14
I_1	IF	ID	EX	M	WB									
I_2		IF	ID	EX	M	WB								
I_3			IF				ID	EX	M	WB				
I_4							IF				ID	EX	M	WB

图6-24 指令序列及其执行过程示意图

在这4条指令执行过程中,I_3的ID段和I_4的IF段被阻塞的原因各是什么?

(4) 若高级语言程序中某赋值语句为x=2*x+a,x和a均为unsigned int类型变量,它们的存储单元地址分别表示为[x]、[a],则执行这条语句至少需要多少个时钟周期?要求模仿图6-24画出这条语句对应的指令序列及其在流水线中的执行过程示意图。

解:

(1) x的值为-513,对应的二进制为-100000001,存放在16位的寄存器R1中。指令执行前,(R1)=1111 1101 1111 1111B = FDFFH。执行指令SHR R1即右移1位后,(R1) =1111 1110 1111 1111B= FEFFH。

(2) 设一m段流水线的各段经过时间均为Δt_0,则需要$T_0=m\Delta t_0$的流水建立时间,之后每隔Δt_0就可流出一条指令,完成n个任务的解释共需时间$T=m\Delta t_0+(n-1)\Delta t_0$。连续4条指令流入流水线,且不考虑阻塞问题,至少需要5+(4-1)=8个时钟周期。

(3) 完成x=a+b功能的4条指令中会出现数据相关的问题,某些段会出现阻塞。I_3的ID段被阻塞的原因:I_3与I_1和I_2都存在数据相关,需等到I_1和I_2将结果写回寄存器后,I_3才能读寄存器内容,所以I_3的ID段被阻塞。I_4的IF段被阻塞的原因:I_4的前一条指令I_3在ID段被阻塞。

(4) 模仿图6-24画出x=2*x+a对应的指令序列及其在流水线中的执行过程示意图。2*x操作可以由x左移一位或由x加x两种方法实现。

x=2 * x+a 对应的指令序列为

```
I1  LOAD    R1, [x]
I2  LOAD    R2, [a]
I3  SHL     R1          //或者 ADD  R1, R1
I4  ADD     R1, R2
I5  STORE   R2, [x]
```

这 5 条指令在流水线中的执行过程如图 6-25 示，执行 x=2 * x+a 语句最少需要 17 个时钟周期。

指令	时间单元																
	1	2	3	4	5	6	7	8	9	10	11	12	13	14	15	16	17
I_1	IF	ID	EX	M	WB												
I_2		IF	ID	EX	M	WB											
I_3			IF			ID	EX	M	WB								
I_4						IF				ID	EX	M	WB				
I_5										IF				ID	EX	M	WB

图 6-25　5 条指令在流水线中的执行过程示意图

第(4)问的答案并不唯一，只要能实现 x=2 * x+a 的功能即可。例如，如果上述 5 条指令中的 I_2 和 I_3 对调，同样能实现 x=2 * x+a 的功能，但由于数据相关的原因，最少需要 18 个时钟周期。这里有一个指令序列优化的问题，可以使执行时间最少。

11. 指令级并行技术

前面提到的流水线技术是指常规的标量流水线，每个时钟周期平均执行的指令的条数小于或等于 1，即它的指令级并行度(Instruction Level Parallelism，ILP)≤1。ILP 定义为在一个时钟周期内流水线上流出的指令数。

超标量处理机在一个时钟周期内可以发射多条指令，假设每个时钟周期发射 m 条指令，则有 $1<\text{ILP}\leqslant m$。超流水线处理机在一个时钟周期内可以分时发射多条指令，假设每个时钟周期 Δt 分时地发射 n 条指令，则每隔 $\Delta t'$ 就流出一条指令，此时 $\Delta t'=\Delta t/n$，有 $1<\text{ILP}\leqslant n$。超标量超流水线处理机则集中了超标量和超流水线处理机的特点。表 6-5 列出了 4 种不同类型处理机的性能对比。图 6-26 给出了 4 种不同类型处理机的时空关系，假设指令流水线分为 4 级，分别是取指令(IF)、译码(ID)、执行(EX)和写回(WB)。

表 6-5　4 种不同类型处理机的性能比较

性　能	普通标量流水线处理机	m 度超标量处理机	n 度超流水处理机	(m,n)度超标量超流水线处理机
机器流水线周期数	1	1 个	$1/n$ 个	$1/n$ 个
同时发送指令条数	1	m 条	1 条	m 条
指令发射等待时间(周期数)	1	1 个	$1/n$ 个	$1/n$ 个
指令级并行度	1	m	n	$m\times n$

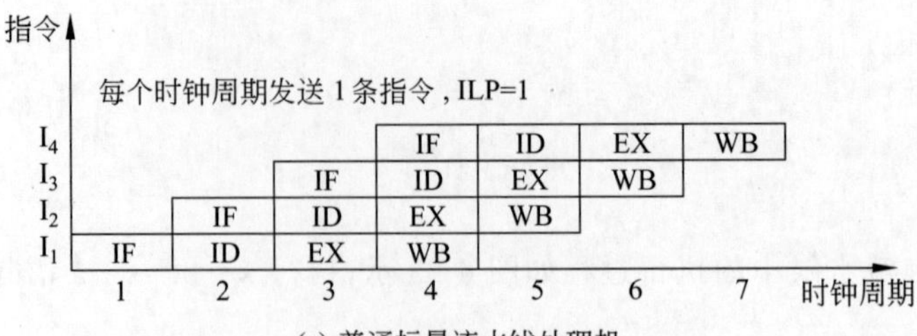

(a) 普通标量流水线处理机

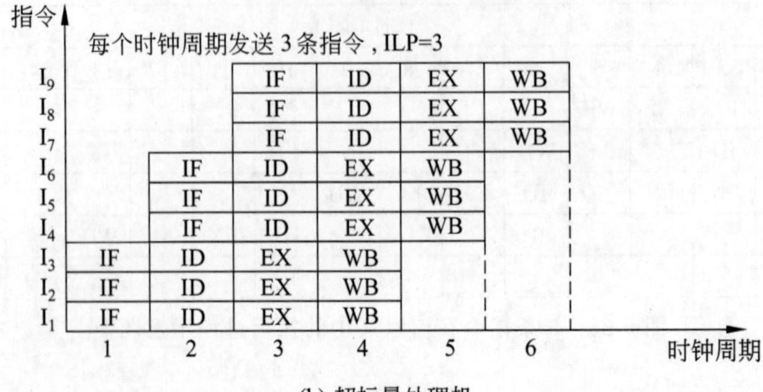

(b) 超标量处理机

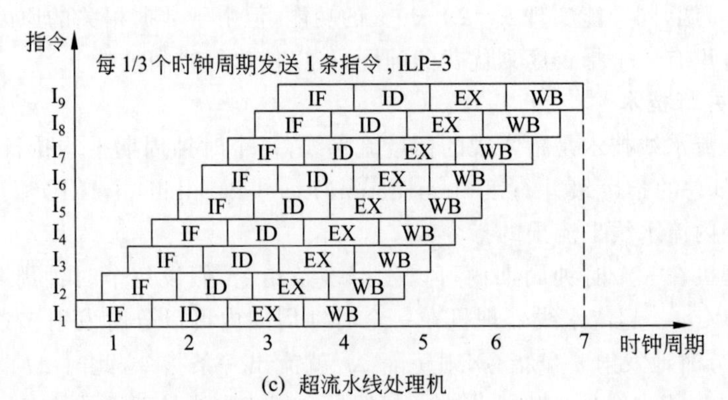

(c) 超流水线处理机

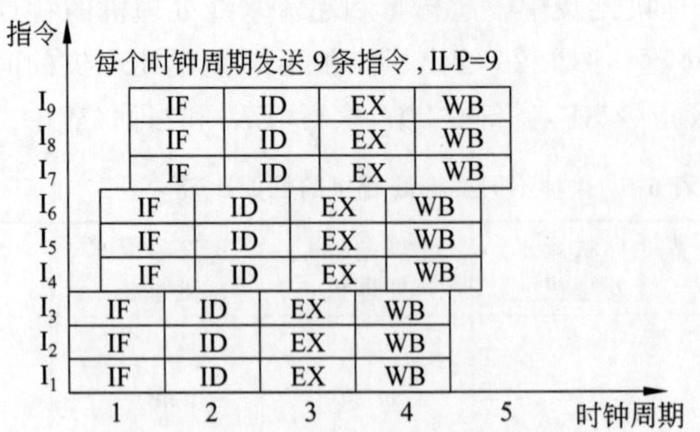

(d) 超标量超流水线处理机

图 6-26　4 种不同类型处理机的时空图

6.5 教材习题解答

6-1 控制器有哪几种控制方式？各有何特点？

解：控制器的控制方式可以分为同步控制方式、异步控制方式和联合控制方式3种。

同步控制方式的各项操作都由统一的时序信号控制，在每个机器周期中产生统一数目的节拍电位和工作脉冲。这种控制方式设计简单，容易实现；但是，对于许多简单指令来说会有较多的空闲时间，造成较大数量的时间浪费，从而影响了指令的执行速度。

异步控制方式的各项操作不采用统一的时序信号控制，而根据指令或部件的具体情况决定，需要多少时间，就占用多少时间。异步控制方式没有时间上的浪费，因而提高了机器的效率，但是控制比较复杂。

联合控制方式是同步控制和异步控制相结合的方式。

6-2 什么是三级时序系统？

解：三级时序系统是指机器周期、节拍和工作脉冲。计算机中每个指令周期划分为若干个机器周期，每个机器周期划分为若干个节拍，每个节拍中设置一个或几个工作脉冲。

6-3 控制器有哪些基本功能？它可分为哪几类？分类的依据是什么？

解：控制器的基本功能有以下3个。

(1) 从主存中取出一条指令，并指出下一条指令在主存中的位置。

(2) 对指令进行译码或测试，产生相应的操作控制信号，以便启动规定的动作。

(3) 指挥并控制CPU、主存和输入输出设备之间的数据流动。

控制器可分为组合逻辑型、存储逻辑型、组合逻辑与存储逻辑结合型3类，分类的依据在于控制器的核心——微操作信号发生器(控制单元，CU)的实现方法不同。

6-4 中央处理器有哪些功能？它由哪些基本部件组成？

解：从程序运行的角度看，CPU的基本功能是对指令流和数据流在时间与空间上实施正确的控制。对于冯·诺依曼结构的计算机而言，数据流是根据指令流的操作形成的，也就是说，数据流是由指令流驱动的。

中央处理器由运算器和控制器组成。

6-5 中央处理器中有哪几个主要寄存器？试说明它们的结构和功能。

解：CPU中的寄存器是用来暂时保存运算和控制过程中的中间结果、最终结果及控制、状态信息的，它可分为通用寄存器和专用寄存器两大类。

通用寄存器可用来存放原始数据和运算结果，有的还可作为变址寄存器、计数器、地址指针等。专用寄存器是专门用来完成某一种特殊功能的寄存器，如程序计数器(PC)、指令寄存器(IR)、存储器地址寄存器(MAR)、存储器数据寄存器(MDR)、程序状态字寄存器(PSWR)等。

6-6 某计算机CPU芯片的主振频率为8MHz，其时钟周期是多少微秒？若已知每个机器周期平均包含4个时钟周期，该机的平均指令执行速度为0.8MIPS，试问：

(1) 平均指令周期是多少微秒？

(2) 平均每个指令周期含有多少个机器周期？

(3) 若改用时钟周期为0.4μs的CPU芯片，则计算机的平均指令执行速度又是多少

MIPS?

(4) 若要得到40万次/s的指令执行速度，则应采用主振频率为多少MHz的CPU芯片?

解：时钟周期=1÷8MHz=0.125μs

(1) 平均指令周期=1÷0.8MIPS=1.25μs

(2) 机器周期=0.125μs×4=0.5μs

平均每个指令周期的机器周期数=1.25μs÷0.5μs=2.5

(3) 平均指令执行速度$=\frac{1}{0.4\times4\times2.5}=0.25$MIPS

(4) 主振频率=0.4MIPS×2.5×4=4MHz

6-7 以一条典型的单地址指令为例，简要说明下列部件在计算机的取指周期和执行周期中的作用。

(1) 程序计数器(PC)。

(2) 指令寄存器(IR)。

(3) 算术逻辑运算部件(ALU)。

(4) 存储器数据寄存器(MDR)。

(5) 存储器地址寄存器(MAR)。

解：

(1) 程序计数器(PC)：存放指令地址。

(2) 指令寄存器(IR)：存放当前指令。

(3) 算术逻辑运算部件(ALU)：进行算术逻辑运算。

(4) 存储器数据寄存器(MDR)：存放写入或读出的数据/指令。

(5) 存储器地址寄存器(MAR)：存放写入或读出的数据/指令的地址。

以单地址指令"加1(INC A)"为例，该指令分为3个周期：取指周期、分析取数周期、执行周期。加1指令完成的操作见表6-6。

表6-6 加1指令完成的操作

	取指周期	分析取数周期	执行周期
PC	(PC)→MAR	—	—
IR	指令→MDR→IR	—	—
ALU	(PC)+1	—	(A)+1
MAR	指令地址→MAR	A→MAR	—
MDR	指令→MDR	(A)→MDR	(A)+1→MDR

6-8 什么是指令周期? 什么是CPU周期? 它们之间有什么关系?

解：指令周期是指取指令、分析取数到执行指令所需的全部时间。CPU周期(机器周期)是完成一个基本操作的时间。一个指令周期可划分为若干个CPU周期。

6-9 指令和数据都存放在主存，如何识别从主存储器中取出的是指令，还是数据?

解：指令和数据都存放在主存，它们都以二进制代码形式出现，区分的方法如下：

(1) 取指令或数据时所处的机器周期不同：取指周期取出的是指令，分析取数或执行周期取出的是数据。

(2) 取指令或数据时地址的来源不同：指令地址来源于程序计数器,数据地址来源于地址形成部件。

6-10 CPU 中指令寄存器是否可以不要？指令译码器是否能直接对 MDR 中的信息译码？为什么？请以无条件转移指令 JMP A 为例说明。

解：指令寄存器不可以不要。指令译码器不能直接对 MDR 中的信息译码,因为在取指周期 MDR 的内容是指令,而在取数周期 MDR 的内容是操作数。以 JMP A 指令为例,假设指令占两个字,第一个字为操作码,第二个字为转移地址,它们从主存中取出时都需要经过 MDR,其中只有第一个字需要送至指令寄存器,并且进行指令的译码,而第二个字不需要送指令寄存器。

6-11 设一地址指令格式如下：

@	OP	A

现在有 4 条一地址指令：LOAD(取数)、ISZ(加“1”为零跳)、DSZ(减“1”为零跳)、STORE(存数),在一台单总线单累加器结构的机器上运行,试排出这 4 条指令的微操作序列。

注意：当排 ISZ 和 DSZ 指令时,不要破坏累加寄存器 Acc 原来的内容。

解：

(1) LOAD(取数)指令

```
PC→MAR,READ                ;取指令
MM→MDR
MDR→IR,PC+1→PC
A→MAR,READ                 ;取数据送 Acc
MM→MDR
MDR→Acc
```

(2) ISZ(加“1”为零跳)指令

取指令微操作略。

```
A→MAR,READ                 ;取数据送 Acc
MM→MDR
MDR→Acc
Acc+1→Acc                  ;加 1
If Z=1 then PC+1→PC        ;结果为 0,PC+1
Acc→MDR,WRITE              ;保存结果
MDR→MM
Acc-1→Acc                  ;恢复 Acc
```

(3) DSZ(减“1”为零跳)指令

取指令微操作略。

```
A→MAR,READ                 ;取数据送 Acc
MM→MDR
```

```
MDR→Acc
Acc-1→Acc                ;减 1
If Z=1 then PC+1→PC      ;结果为 0,PC+1
Acc→MDR,WRITE            ;保存结果
MDR→MM
Acc+1→Acc                ;恢复 Acc
```

(4) STORE(存数)指令

取指令微操作略。

```
A→MAR                    ;Acc 中的数据写入主存单元
Acc→MDR,WRITE
MDR→MM
```

6-12 某计算机的 CPU 内部结构如图 6-27 所示。两组总线之间的所有数据传送都通过 ALU。ALU 还具有完成以下功能的能力:

F=A;　F=B

F=A+1;　F=B+1

F=A−1;　F=B−1

写出转子指令(JSR)的取指和执行周期的微操作序列。JSR 指令占两个字,第一个字是操作码,第二个字是子程序的入口地址。返回地址保存在存储器堆栈中,堆栈指示器始终指向栈顶。

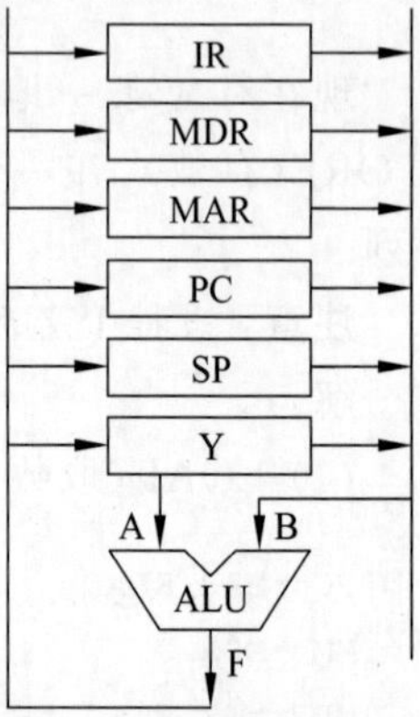

图 6-27　某计算机的 CPU 内部结构

解:

```
PC→B,F=B,F→MAR,Read           ;取指令的第一个字
PC→B,F=B+1,F→PC
MDR→B,F=B,F→IR
PC→B,F=B,F→MAR,Read           ;取指令的第二个字
PC→B,F=B+1,F→PC
MDR→B,F=B,F→Y
SP→B,F=B-1,F→SP,F→MAR         ;修改栈指针,返回地址压入堆栈
PC→B,F=B,F→MDR,Write
Y→A,F=A,F→PC                  ;子程序的首地址→PC
End
```

6-13 某计算机主要部件如图 6-28 所示。

注: LA—A输入选择器
LB—B输入选择器
C、D—暂存器

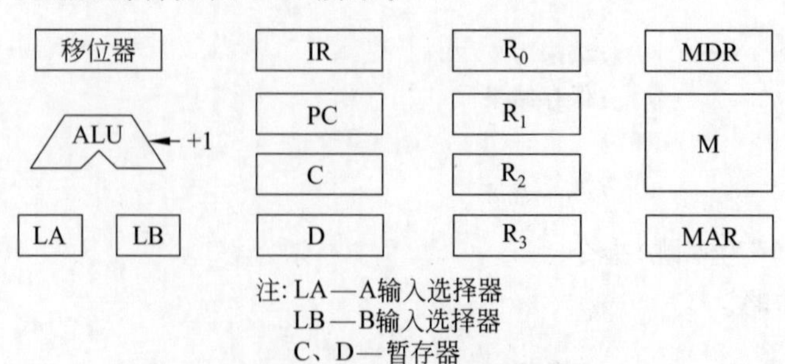

图 6-28　某计算机主要部件

(1) 请补充各部件间的主要连接线,并注明数据流动方向。

(2) 写出指令 ADD (R_1),$(R_2)+$ 的执行流程(含取指过程与确定后继指令地址)。该指令的含义是进行加法操作,源操作数地址和目的操作数地址分别在寄存器 R_1 和 R_2 中,目的操作数寻址方式为自增型寄存器间址。

解:

(1) 补充各部件间的主要连接线后,如图 6-29 所示。

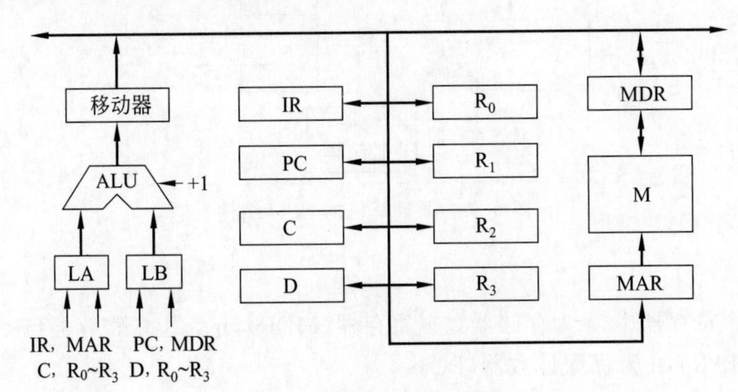

图 6-29 某计算机数据通路

(2) 指令 ADD (R_1),$(R_2)+$ 的含义为

$$((R_1)) + ((R_2)) \rightarrow (R_2)$$
$$(R_2) + 1 \rightarrow R_2$$

指令的执行流程如下:

```
(PC)→MAR                          ;取指令
Read
M(MAR)→MDR→IR
(PC)+1→PC
(R1)→MAR                          ;取被加数
Read
M(MAR)→MDR→C
(R2)→MAR                          ;取加数
Read
M(MAR)→MDR→D
(R2)+1→R2                         ;修改目的地址
(C)+(D)→MDR                       ;求和并保存结果
Write
MDR→MM
```

6-14 某计算机的 CPU 结构如图 6-30 所示,其中有一个累加寄存器 AC、一个状态条件寄存器和其他 4 个寄存器,各部件之间的连线表示数据通路,箭头表示信息传送方向。

(1) 标明 4 个寄存器的名称。

(2) 简述指令从主存取出送到控制器的数据通路。

(3) 简述数据在运算器和主存之间进行存取的数据通路。

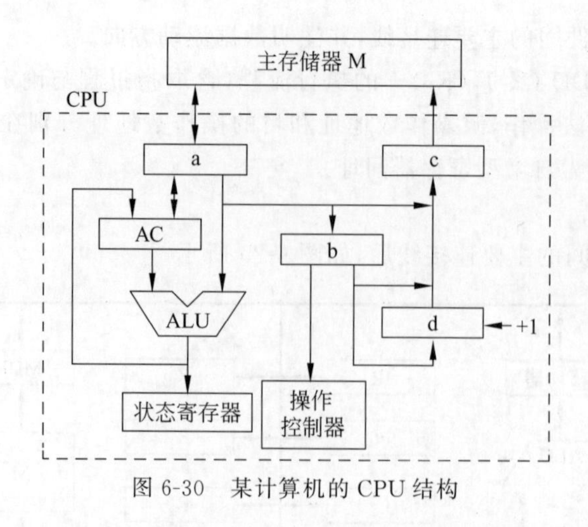

图 6-30　某计算机的 CPU 结构

解：

(1) 这 4 个寄存器中，a 为存储器数据寄存器(MDR)，b 为指令寄存器(IR)，c 为存储器地址寄存器(MAR)，d 为程序计数器(PC)。

(2) 取指令的数据通路如下：

PC→MAR→MM→MDR→IR

(3) 数据从主存中取出的数据通路如下(设数据地址为 X)：

X→MAR→MM→MDR→ALU→AC

数据存入主存中的数据通路如下(设数据地址为 Y)：

Y→MAR，AC→MDR→MM

6-15　什么是微命令和微操作？什么是微指令？微程序和机器指令有何关系？微程序和程序之间有何关系？

解：微命令是控制计算机各部件完成某个基本微操作的命令。微操作是指计算机中最基本的、不可再分解的操作。微命令和微操作一一对应，微命令是微操作的控制信号，微操作是微命令的操作过程。

微指令是若干个微命令的集合。

微程序是机器指令的实时解释器，每一条机器指令都对应一个微程序。

微程序和程序是两个不同的概念。微程序由微指令组成，用于描述机器指令，实际上是机器指令的实时解释器，是由计算机的设计者事先编制好并存放在控制存储器中的，一般不提供给用户；程序是由机器指令组成的，由程序员事先编制好并存放在主存储器中。

6-16　什么是垂直型微指令？什么是水平型微指令？它们各有什么特点？又有什么区别？

解：垂直型微指令是指一次只能执行一个微命令的微指令；水平型微指令是指一次能定义并能并行执行多个微命令的微指令。

垂直型微指令的并行操作能力差，一般只能实现一个微操作，控制 1～2 个信息传送通路，效率低，执行一条机器指令所需的微指令数目多，执行时间长；但是微指令与机器指令很相似，所以容易掌握和利用，编程比较简单，不必过多地了解数据通路的细节，且微指令字较短。水平型微指令的并行操作能力强，效率高，灵活性强，执行一条机器指令所需微指令的数目少，执行时间短；但微指令字较长，增加了控制存储器的横向容量，同时微指令和机器指令的差别很大，设计者只有熟悉了数据通路，才有可能编制出理想的微程序，一般用户不易掌握。

6-17 水平型和垂直型微程序设计有什么区别？串行微程序设计和并行微程序设计有什么区别？

解：水平型微程序设计是面对微处理器内部逻辑控制的描述，所以把这种微程序设计方法称为硬方法；垂直型微程序设计是面向算法的描述，所以把这种微程序设计方法称为软方法。

在串行微程序设计中，取微指令和执行微指令是顺序进行的，在一条微指令取出并执行之后，才能取下一条微指令；在并行微程序设计中，将取微指令和执行微指令的操作重叠起来，从而缩短微周期。

6-18 图 6-31 给出了某微程序控制计算机的部分微指令序列。图中，每个框代表一条微指令。分支点 a 由 IR 的第 5 位和第 6 位决定。分支点 b 由条件码 C_0 决定。已知微指令地址寄存器字长 8 位，现采用下址字段实现该序列的顺序控制。

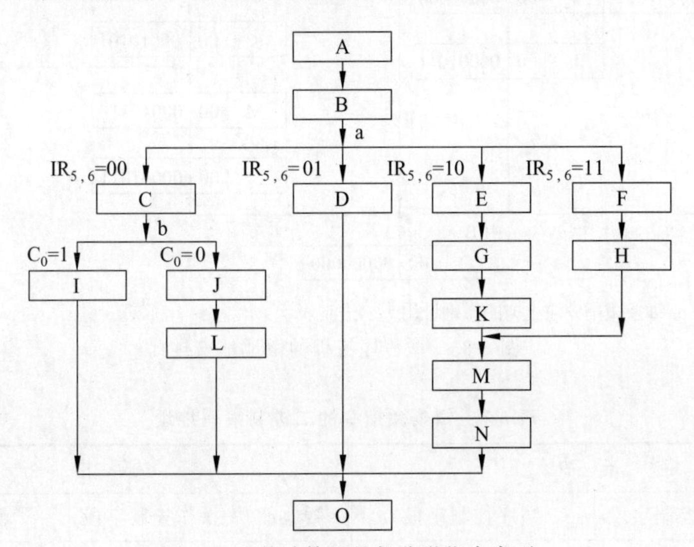

图 6-31　某计算机的部分微指令序列

(1) 设计实现该微指令序列的微指令字之顺序控制字段格式。

(2) 给出每条微指令的二进制编码地址。

(3) 画出微程序控制器的简化框图。

解：

(1) 该微程序流程有两处有分支的地方：第一处有 4 路分支，由指令操作码 IR_5IR_6 指向 4 条不同的微指令；第二处有 2 路分支，根据运算结果 C_0 的值决定后继微地址。加上顺序控制，转移控制字段取 2 位。图 6-31 中共有 15 条微指令，则下址字段至少需要 4 位，但因已知微指令地址寄存器字长 8 位（$\mu MAR_7 \sim \mu MAR_0$），故下址字段取 8 位。微指令的顺序控制字段格式如图 6-32 所示。

微命令字段	转移控制字段	下址字段
	顺序控制字段	

图 6-32　微指令的顺序控制字段格式

(2) 转移控制字段 2 位,含义如下。

00　顺序控制。

01　由 IR_5IR_6 控制修改 μMAR_4 和 μMAR_3。

10　由 C_0 控制修改 μMAR_5。

微程序流程的微地址安排如图 6-33 所示。图中,每条微指令对应的微地址(左上方)用十六进制表示。每条微指令的二进制编码地址见表 6-7。

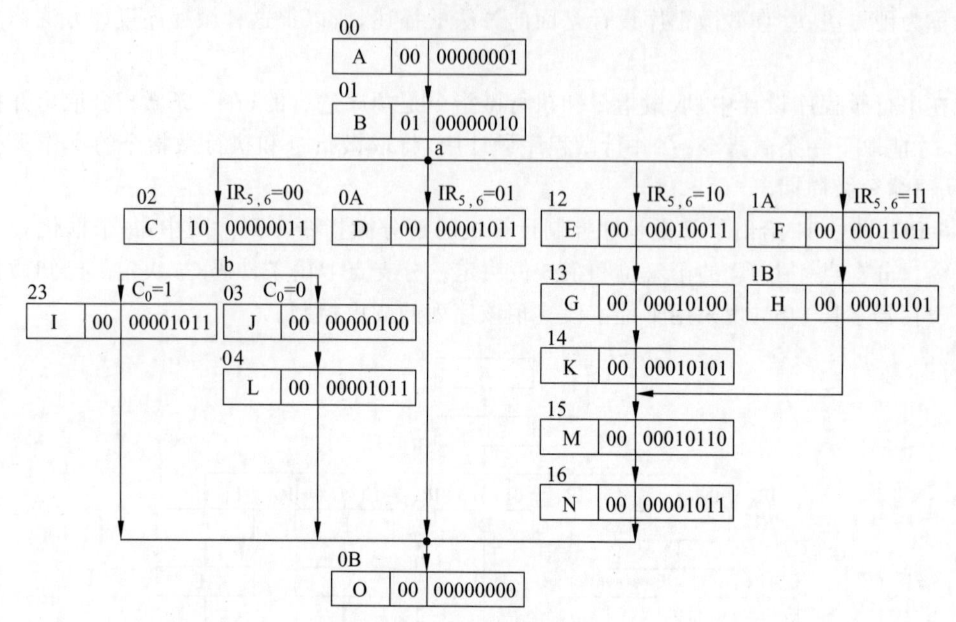

注:每条微指令左上方的微地址用十六进制表示。

图 6-33　微程序流程的微地址安排

表 6-7　每条微指令的二进制编码地址

微指令				微指令			
微地址	操作控制字段	顺序控制字段		微地址	操作控制字段	顺序控制字段	
二进制	微指令	测试判别	下地址	二进制	微指令	测试判别	下地址
00000000	A	00	00000001	00010011	G	00	00010100
00000001	B	01	00000010	00010100	K	00	00010101
00000010	C	10	00000011	00010101	M	00	00010110
00000011	J	00	00000100	00010110	N	00	00001011
00000100	L	00	00001011	00011010	F	00	00011011
00001010	D	00	00001011	00011011	H	00	00010101
00001011	O	00	00000000	00100011	I	00	00001011
00010010	E	00	00010011				

(3) 微程序控制器的简化框图略。

6-19　已知某计算机采用微程序控制方式,其控制存储器容量 512×48 位,微程序可在整个控制存储器中实现转移,可控制转移的条件共 4 个,微指令采用水平型格式,后继指令地址采用断定方式。某计算机的微指令格式如图 6-34 所示。

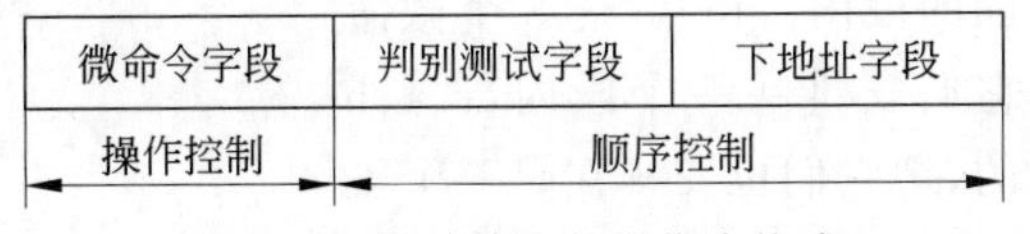

图 6-34　某计算机的微指令格式

(1) 微指令中的 3 个字段分别应为多少位？

(2) 画出围绕这种微指令格式的微程序控制器逻辑框图。

解：

(1) 因为控制转移的条件共 4 个，则判别测试字段为 2 位；因为控制存储器的容量为 512 个单元，所以下地址字段为 9 位；微命令字段是(48－2－9)＝37 位。

(2) 对应上述微指令格式的微程序控制器逻辑框图如图 6-35 所示。

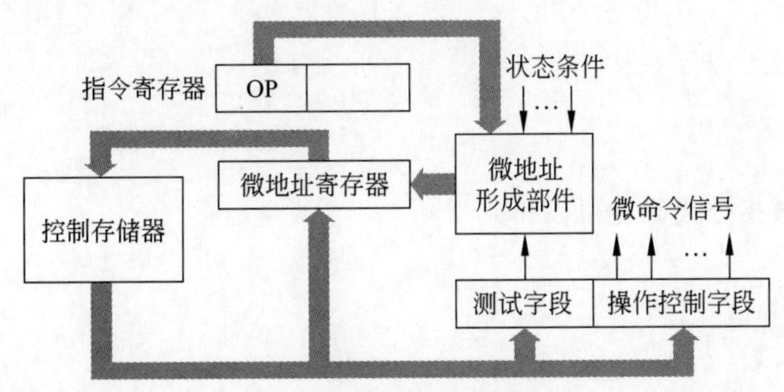

图 6-35　微程序控制器逻辑框图

6-20　某计算机有 8 条微指令 $I_1 \sim I_8$，每条微指令所含的微命令控制信号见表 6-8。

表 6-8　微指令所含的微命令控制信号

微指令	微命令控制信号									
	a	b	c	d	e	f	g	h	i	j
I_1	√	√	√	√	√					
I_2	√					√				
I_3		√						√		
I_4			√							
I_5			√		√		√		√	
I_6	√							√		√
I_7			√	√				√		
I_8	√	√						√		

a～j 分别代表 10 种不同性质的微命令控制信号，假设一条微指令的操作控制字段为 8 位，安排微指令的操作控制字段格式，并将全部微指令代码化。

解：因为微指令的操作控制字段只有 8 位，所以不能采用直接控制法。又因为微指令中有多个微命令是兼容性的微命令，如微指令 I_1 中的微命令 a～e，故也不能采用最短编码法。

最终选用字段编码法和直接控制法相结合的方法。将互斥的微命令安排在同一段内，兼容的微命令安排在不同的段内。b、i、j 这 3 个微命令是互斥的微命令，把它们安排在一个段内，e、f、h 这 3 个微命令也是互斥的，把它们也安排在另一个段内。此微指令的操作控制字段格式如图 6-36 所示。

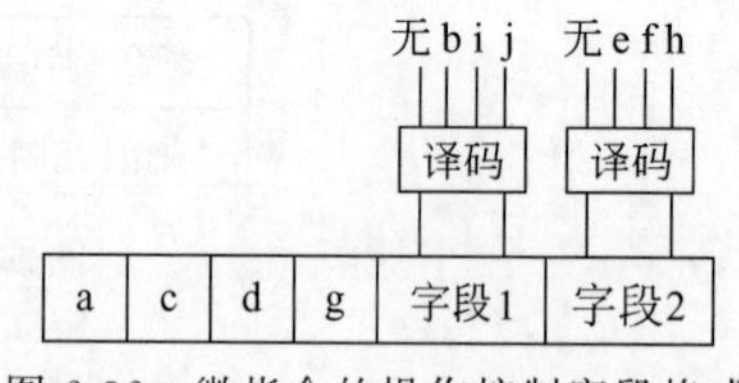

图 6-36　微指令的操作控制字段格式

其中，字段 1 的译码器输出对应的微命令为

```
00  无
01  b
10  i
11  j
```

字段 2 的译码器输出对应的微命令为

```
00  无
01  e
10  f
11  h
```

将全部 8 条微指令代码化可以得到

```
I1:11100101
I2:10110010
I3:00000111
I4:01000000
I5:01011001
I6:10001111
I7:01100011
I8:10000111
```

6-21　在微程序控制器中，微程序计数器(μPC)可以用具有加“1”功能的微地址寄存器(μMAR)代替，试问 PC 是否可以用具有加“1”功能的 MAR 代替？

解：在微程序控制器中不可用 MAR 代替 PC。因为控制存储器中只有微指令，为了降低成本，可以用具有计数功能的 μMAR 代替 μPC。而主存中既有指令，又有数据，它们都以二进制代码形式出现，取指令和数据时地址的来源是不同的。

取指令：(PC)→MAR

取数据：地址形成部件→MAR

所以不能用 MAR 代替 PC。

第 7 章 总线

在大多数计算机系统中，无论是计算机内部各部分之间，还是计算机与外部设备之间，数据传送都是通过总线(Bus)进行的。可以说，总线是计算机及其系统的重要组成部分。本章介绍总线的有关概念、总线仲裁方法、总线操作定时与常见总线标准。

7.1 基本内容要求

学习要求

- 了解总线的有关概念。
- 理解总线的分类。
- 掌握总线常见的性能指标。
- 理解 3 种总线判优和仲裁方式的区别。
- 理解总线定时控制方式的特点。
- 了解常见的总线标准。

7.2 教师授课参考

总线是一组能为多个部件分时共享的公共信息传送线路。共享是指总线上可以挂接多个部件，各个部件之间相互交换的信息都可以通过这组公共线路传送；分时是指同一时刻只允许有一个部件向总线发送信息，如果出现两个或两个以上部件同时向总线发送信息，势必导致信号冲突。当然，在同一时刻，允许多个部件同时从总线上接收相同的信息。本章涉及的内容不多，是本课程的非重点章节，不必花费过多的时间讲授，但也不能完全忽略。

根据教育部发布的《全国硕士研究生入学统一考试计算机科学与技术学科联考计算机学科专业基础考试大纲》对计算机组成原理部分的要求看，本章对应考研大纲中的第六部分——总线。

(一) 总线概述
1. 总线的基本概念
2. 总线的分类
3. 总线的组成及性能指标
(二) 总线仲裁
1. 集中仲裁方式

2. 分布仲裁方式
(三) 总线操作和定时
1. 同步定时方式
2. 异步定时方式
(四) 总线标准

本章内容不多,且并无太多难点,但总线的性能指标等知识点除在单项选择题出现外,越来越多地出现在综合应用题中,而且是综合应用题计算的基础,如果不掌握这些概念,可能使综合应用题无法下手或计算错误,所以不应该忽略这些内容的复习。

7.3 误点疑点解惑

1. 总线概念

所谓总线,是指计算机设备和设备之间传输信息的公共数据通道。总线是连接计算机硬件系统内多种设备的通信线路,它的一个重要特征是由总线上的所有设备共享,可以将计算机系统内的多种设备连接到总线上。如果是某两个设备或设备之间专用的信号连线,就不能称之为总线。

总线采用分时共享技术,当总线空闲(其他部件都以高阻态形式连接在总线上)且一个部件要与目的部件通信时,发起通信的部件驱动总线,发出地址和数据。其他以高阻态形式连接在总线上的部件如果收到(或能够收到)与自己相符的地址信息后,即接收总线上的数据。发送部件完成通信后,将总线让出(输出变为高阻态)。

2. 系统总线的组成

系统总线按传送信息的不同可以细分为地址总线、数据总线和控制总线。地址总线由单方向的多根信号线组成,用于 CPU 向主存、外设传输地址信息。地址总线的位数决定了可寻址的地址空间的大小。数据总线由双方向的多根信号线组成,CPU 可以通过这些线从主存或外设读入数据或向主存或外设送出数据。事实上,这里所说的"数据"是广义的数据,包括真正的数据、命令和状态。也有些总线没有单独的地址线,地址信息也通过数据线传送,这种情况称为数据线和地址线复用。

控制总线上传输的是控制信息,用来控制对数据线和地址线的访问和使用。因为数据线和地址线是被连接在其上的所有设备共享的,如何使各个部件在需要时使用总线,须靠控制线协调,控制线上传输的信号包括 CPU 送出的控制命令和主存(或外设)返回 CPU 的反馈信号。

典型的控制信号如下。

时钟:用于总线同步。

复位:初始化所有设备。

总线请求:表明发出该请求信号的设备要使用总线。

总线允许:表明接收到该允许信号的设备可以使用总线。

中断请求:表明某个中断源发出请求。

中断回答:表明某个中断请求已被接受。

存储器读：从指定的主存单元中读数据到数据总线上。

存储器写：将数据总线上的数据写到指定的主存单元中。

I/O 读：从指定的 I/O 端口中读数据到数据总线上。

I/O 写：将数据总线上的数据写到指定的 I/O 端口中。

传输确认：表示数据已被接收或已被送到总线上。

3. 总线特性

通常，总线规范中描述总线的特性有下列 4 个。

1）物理特性

物理特性是指总线在物理连接上的特性，它规定了总线的线数、总线的插头、插座的形状、尺寸和信号线的排列方式等要素。

2）功能特性

功能特性描述总线中每根线的功能。例如，CPU 发出的各种控制命令（如存储器读写、I/O 读写）、外设与主机的同步匹配信号、中断信号、DMA 控制信号等。

3）电气特性

电气特性定义了每根线上信号的传递方向及有效电平范围。总线的电平表示有两种；单端方式和差分方式。在单端电平方式中，用一条信号线和一条公共接地线传递信号，一般用高电平表示逻辑 1，低电平表示逻辑 0。差分电平方式用一条信号线和一个参考电压比较来互补传输信号。例如，在串口 RS-232C 中，采用负逻辑规定逻辑电平，－15～－5V 表示逻辑 1，＋5～15V 表示逻辑 0。

4）时间特性

时间特性规定了每根线在什么时间有效以及不同信号之间相互配合的时间关系。只有规定了总线上各信号有效的时序关系，CPU 才能正确无误地使用。时间特征一般可用信号时序图说明。

4. 总线带宽的计算

总线带宽定义为总线的最大数据传输率，即在数据传输阶段单位时间内可传输的数据量，通常单位为 B/s。总线带宽与总线位宽 W、总线时钟频率 F 和完成一次数据传送所用的时钟周期数 N 有关。总线的带宽公式为

$$B=W\times F/N$$

需要注意的是，上述公式中 W 的单位是 B，如果单位是 b，必须除以 8。另外，如果不特别指出，则一个总线时钟周期完成一个数据的传送，即 $N=1$。

由于数据传输率与总线时钟频率有关，在频率 F 中的 1MHz 为 10^6 Hz，而不是 2^{20} Hz。所以，一般在数据传输率中出现的 M 和 G 等是以 10 为基衡量的。

5. 总线主设备和从设备

有些连在总线上的设备是主动型的，它们能自行对总线的数据传输进行初始化；另外一些设备是被动型的，只能等待 CPU 的启动命令。我们把主动型的设备称为主设备，被动型的设备称为从设备。当 CPU 要求磁盘控制器读写一块存储空间时，CPU 为主设备，而磁盘控制器为从设备。可是，随后当磁盘控制器要求主存接收它从磁盘驱动器上读到的字时，磁盘控制器就成为主设备。表 7-1 列出了几种典型的主从设备组合。在任何情况下，主存都无法成为主设备。

表7-1 总线主从设备举例

主设备	从设备	举例
CPU	主存	取指令和数据
CPU	输入输出设备	初始化数据传输
CPU	协处理器	CPU提交指令给协处理器
输入输出设备	主存	DMA(直接存储器访问)
协处理器	CPU	协处理器从CPU取操作数

6. 目前常见的系统总线标准

总线的标准制定通常有两种途径：一种是由具有权威性的国际标准化组织制定并推荐使用的，称为正式标准；另一种是由某个或某几个在业界具有影响力的设备制造商提出，而又被业内其他厂家认可并广泛使用的标准，即所谓的事实标准，这些标准可能需要经过一段时间的使用，被厂商提供给有关组织讨论之后才能成为正式标准。

系统总线的标准有许多种，但目前常见的主要有以下3种。

1）PCI

PCI是一种高性能、32位或64位地址数据线复用的总线，它独立于CPU，兼容性好，可将显示卡、声卡、网卡、硬盘控制器等高速的外围设备直接挂在CPU总线上，打破了系统瓶颈，使得CPU的性能得到充分的发挥。

2）AGP

由于PCI总线只有133MB/s的带宽，对付声卡、网卡、视频卡等绝大多数输入输出设备也许显得绰绰有余，但对于3D显卡却力不从心，并成为制约显示子系统和整机性能的瓶颈。而AGP是由Intel创建的新总线，专门用作高性能图形及视频支持。

3）PCI-Express(PCI-E)

PCI-E是最新的总线和接口标准，这个新标准将全面取代现行的PCI和AGP，最终实现总线标准的统一。它的主要优势是数据传输速率高，目前可达到10GB/s以上，而且还有相当大的发展潜力。

以显卡为例，开始使用的是ISA总线，后来发展到PCI、AGP总线，所能提供的数据带宽依次增加，目前最快的是PCI-E 3.0 X16总线，显卡的双向数据带宽可达32GB/s，以解决显卡与系统间数据传输的瓶颈问题。

7. 串行总线和并行总线

在串行总线中，二进制数据逐位通过一根数据线发送到目的部件或设备。在并行总线中，数据线有多根，数据在数据线上同时多位一起传送。例如，若并行总线的时钟频率为33MHz，总线宽度为32位，每个时钟传输一个数据，则它的最大数据传输率为33×32÷8=132MB/s。

从表面上来说，并行总线似乎比串行总线快，在早期也确实如此，但现在这种说法已经完全被颠覆了。事实上，在高频率的条件下，串行总线比并行总线更好。因为在高频率的条件下，并行总线的进一步发展遇到了障碍。首先，由于并行传送的前提是用同一时序传送信号，用同一时序接收信号，而过分提升时钟频率将难以让数据传送的时序与时钟合拍，布线长度稍有差异，数据就会以与时钟不同的时序送达，另外，提升时钟频率还容易引起信号线间的相互干扰，导致传输错误，故并行方式难以实现高速化。从制造成本的角度来说，增加位宽无疑会导致主板和扩展板上的布线数目随之增加，成本随之攀升。相比之下，串行总线中传输数据的各个位是一位一位传输的，没有干扰，比较容易处理，从而降低了设计难度和系统成本。一般来说，并行总线适用于短距离、低总线频率的数据传输，而串行总线在低速数据传输和高速数据传输方面都有应用。

不过，"在相同频率下并行总线速度更高"这个基本的道理是永远不会错的，通过增加位宽提高数据传输率的并行策略仍将发挥重要作用。

7.4 相关知识介绍

1. 数据宽度

数据宽度是I/O设备取得I/O总线后所传送数据的总量，它不同于前述的数据通路宽度。数据通路宽度是数据总线的物理宽度，也就是数据总线的线数。两次分配总线期间所传送的数据宽度可能要经过多个时钟周期分次传送才能完成。数据宽度有单字(单字节)、定长块、变长块、单字加定长块和单字加变长块等。

单字(单字节)宽度适合于低速设备。因为这些设备在每次传送一个字(字节)后的访问等待时间很长，在这段时间里让总线释放出来为别的设备服务，可大大提高总线利用率和系统效率。采用单字(单字节)宽度不用指明传送信息的长度，有利于减少辅助开销。

定长块宽度适合于高速设备，可以充分利用总线带宽。定长块也不用指明传送信息的长度，简化了控制。但由于块的大小固定，当它要比实际传送的信息块小得多时，仍要多次分配总线；如果大于要传送的信息块，又会浪费总线带宽和缓冲器空间，使得部件不能及时转入别的操作。

变长块宽度适合于高优先级的中高速设备，灵活性好，可按设备的特点动态地改变传送块的大小，使之与部件的物理或逻辑信息块的大小一致，以有效地利用总线的带宽，也使通信的部件能全速工作，但为此要增大缓冲器空间和增加指明传送信息块大小的辅助开销和控制。

单字加定长块宽度适合于速度较低而优先级较高的设备。这样，定长块的大小就不必选择过大，信息块超过定长块的部分可用单字处理，从而减少总线带宽、部件的缓冲器空间，减少部件可用能力的浪费。不过，若传送的信息块小于定长块的大小，但字数又不少时，设备或总线的利用率会降低。

单字加变长块宽度是一种灵活有效但却复杂、花钱的方法。当要求传送单字时，比只能成块传送的方法节省了不少起始辅助操作；当成块传送时，块的大小又能调整到与部件和应用的要求相适应，从而优化了总线的使用。

2. 分布式仲裁方式

常见的分布式仲裁方式有3种：自举分布式、冲突检测分布式和并行竞争分布式。

1）自举分布式

每个设备的优先级固定，需要请求总线控制权的设备在各自对应的总线请求线上送出请求信号。在总线仲裁期间，每个设备通过取回的信息能够检测出其他比自己优先级高的设备是否发出了总线请求，如果没有，则立即使用总线，并通过总线忙信号阻止其他设备使用总线；如果一个设备在发出总线请求的同时检测到其他优先级更高的设备也请求使用总线,则本设备不能马上使用总线。也就是说,一个设备只有在查看到所有优先级比自己高的设备没有请求时才能使用总线。

2) 冲突检测分布式

当某个设备要使用总线时,首先检查是否有其他设备正在使用总线,如果没有,则它就置总线忙,并直接使用总线。若两个设备同时检测到总线空闲,那它们可能都会立即使用总线,从而发生冲突。因此,每个设备在使用过程中会侦听总线以检测是否发生冲突,当发生冲突,两个设备都会停止传输,延迟一个随机时间之后再重新使用总线,以避免冲突。这种方案一般用在网络通信总线上,Ethernet 就是使用该方案进行总线裁决的。

3) 并行竞争分布式

这是一种较复杂但有效的裁决方案。其基本思想是:总线上的每个设备都有一个唯一的仲裁号,需要使用总线的主控设备把自己的仲裁号发送到仲裁线上,这个仲裁号将用在并行竞争算法中。每个设备根据仲裁算法决定是在一定时间段后占用总线,还是撤销仲裁号。

3. 异步数据传送

异步数据传送方式没有公用的时钟,也没有固定的时间间隔,根据是源设备还是目的设备启动传送以及是否使用握手。异步数据传送可分为以下4种。

(1) 不带握手的源启动数据传送。源设备输出数据,目的设备在这段时间内读取数据。随后,源设备使此控制无效并停止输出数据,目的设备不向源设备反馈任何信号,因此源设备不能确切知道数据是否被接收。类似于如下的教室情形:老师(源)在黑板上写字,学生(目的)看黑板,但没有任何迹象表明学生是否理解黑板上所写的内容。

(2) 不带握手的目的启动数据传送。目的设备传输一个数据选通信号给源设备,源设备使数据有效,目的设备读取此数据,并置数据选通信号无效,使源设备停止传输有效数据。类似于如下教室情形:学生向老师提问题,老师给予回答,然后继续授课,而不等待学生确认其听到解答。

(3) 带握手的源启动数据传送。源设备置数据请求信号为高电平,然后使有效数据对目的设备可用,目的设备读取此数据,发送一个数据确认信号给源设备,源设备置数据请求信号为低电平并停止传输数据,目的设备随后复位其数据确认信号。这是一种全互锁的握手方式,给出了最高的灵活性和可靠性。类似于如下教室情形:老师说他将写些东西请学生抄到自己的笔记本上,然后老师在黑板上写信息,并保留信息,直至学生说他们已抄完为止,最后老师擦掉黑板,继续授课。

(4) 带握手的目的启动数据传送。目的设备置数据请求信号为高电平,源设备使数据有效,发送一个数据准备就绪信号给目的设备,目的设备置数据请求信号为低电平并停止传输数据,源设备随后复位其数据准备就绪信号。类似于如下教室情形:学生问老师一个问题,老师把答案写在黑板上,学生把它们抄下,当学生告诉老师他们抄完后,老师擦掉黑板,继续授课。

4. AGP 接口

随着图像应用软件的发展,在显卡和CPU以及主存中的数据交换量越来越大,而显卡的接口正是连接显卡和CPU的通道。现在的显卡都采用了AGP和AGP Pro接口。

AGP(Accelerated Graphics Port,加速图形端口)是在PCI图形接口的基础上发展而来的。随着大量三维应用程序的出现,原来传输速率为133MB/s的PCI总线越来越不堪重负,由此拥有高带宽的 AGP 才得以浮出水面。这是一种与 PCI 总线迥然不同的图形接口,它完全独立于 PCI 总线之外,直接把显卡与主板控制芯片联在一起,使得三维图形数据省略了越过 PCI 总线的过程,从而很好地解决了低带宽 PCI 接口造成的系统瓶颈问题。可以说,AGP 代替 PCI 成为新的图形端口是技术发展的必然。

1996 年 7 月,AGP 1.0 图形标准问世,分为 1X 和 2X 两种模式,数据传输带宽分别达到 266MB/s 和 533MB/s。这种图形接口规范是在 66MHz PCI 规范基础上经过扩充和加强形成的,其工作频率为 66MHz,工作电压为 3.3V,在一段时间内基本满足了显示设备与系统交换数据的需要。

1998 年 5 月,AGP 2.0 规范正式发布,工作频率依然是 66MHz,但工作电压降低到了 1.5V,并且增加了 4X 模式,这样它的数据传输带宽达到 1066MB/s。

最初的显示设备采用 PCI 总线接口,工作频率为 33MHz,数据宽度为 32 位,传输带宽为 33×32÷8=133MB/s。AGP 1X 的工作频率达到 PCI 总线的两倍——66MHz,传输带宽理论上可达到 266MB/s,一个时钟周期可以传送一次数据。AGP 2X 的工作频率同样为 66MHz,但是它使用一个时钟周期的上升沿和下降沿各传送一次数据,从而使得一个工作周期先后被触发两次,即一个时钟周期可以传送两次数据,使传输带宽达到加倍的目的,266MB/s×2=532MB/s。AGP 4X 则规定一个时钟周期可以传送 4 次数据,这样,理论上它就可以达到 266MB/s×4=1064MB/s 的带宽。

AGP 8X 也就是 AGP 2.2 标准协议,其重大的改进莫过于数据传输率的提升,采用新的更有效的信号安排,将传输率又提高一倍,达到 2.128GB/s。

5. 波特率和比特率

在信息传输通道中,携带数据信息的信号单元叫码元,每秒钟通过信道传输的码元数称为码元传输速率,简称波特率。波特率是指数据信号对载波的调制速率,它用单位时间内载波调制状态改变的次数表示(也就是每秒调制的符号数),其单位是波特(Baud)。波特率是传输通道频宽的指标。

比特率是数字信号的传输速率,它用单位时间内传输的二进制代码的有效位(bit)数表示,其单位为每秒比特数(b/s)、每秒千比特数(kb/s)或每秒兆比特数(Mb/s)表示(此处的 k 和 M 分别为 1000 和 1 000 000,而不是计算机存储器容量时的 1024 和 1 048 576)。

比特率在数值上和波特率有如下关系:

比特率=波特率×单个调制状态对应的二进制位数

如何区分两者呢?显然,两相调制(单个调制状态对应一个二进制位)的比特率等于波特率;四相调制(单个调制状态对应两个二进制位)的比特率为波特率的两倍;八相调制(单个调制状态对应 3 个二进制位)的比特率为波特率的三倍;依次类推。

6. FSB 总线和 QPI 总线的区别

FSB 是 Front Side Bus 的英文缩写,中文译为前端总线。CPU 就是通过 FSB 连接到北桥芯片,进而通过北桥芯片和内存、显卡交换数据。前端总线是 CPU 和外界交换数据的最主要通道,因此前端总线的数据传输能力对计算机整体性能作用很大,如果没足够快的前端总线,再强的 CPU 也不能明显提高计算机整体的速度。

数据传输的最大带宽取决于所有同时传输的数据的宽度和传输频率,即

数据带宽=(总线频率×数据位宽)÷8

目前PC上主流的前端总线频率有800MHz、1066MHz、1333MHz和1600MHz几种,例如64位、1333 MHz的FSB提供的主存带宽是1333×64÷8=10.67GB/s。前端总线频率越大,代表CPU与北桥芯片之间的数据传输能力越强,更能充分发挥出CPU的功能。而较低的前端总线将无法提供足够的数据给CPU,这样就限制了CPU性能的发挥,成为系统瓶颈。

QPI是Quick Path Interconnect的英文缩写,译为快速通道互联。事实上,它的官方名字叫作公共系统界面(Common System Interface,CSI),它是用于CPU内核与内核之间、内核与内存之间的总线。QPI带宽越高,意味着CPU数据处理能力越强。QPI总线可实现多处理器内部的直接互连,而无须像以前那样再经过FSB总线进行连接。FSB总线和QPI总线对比示意图如图7-1所示。

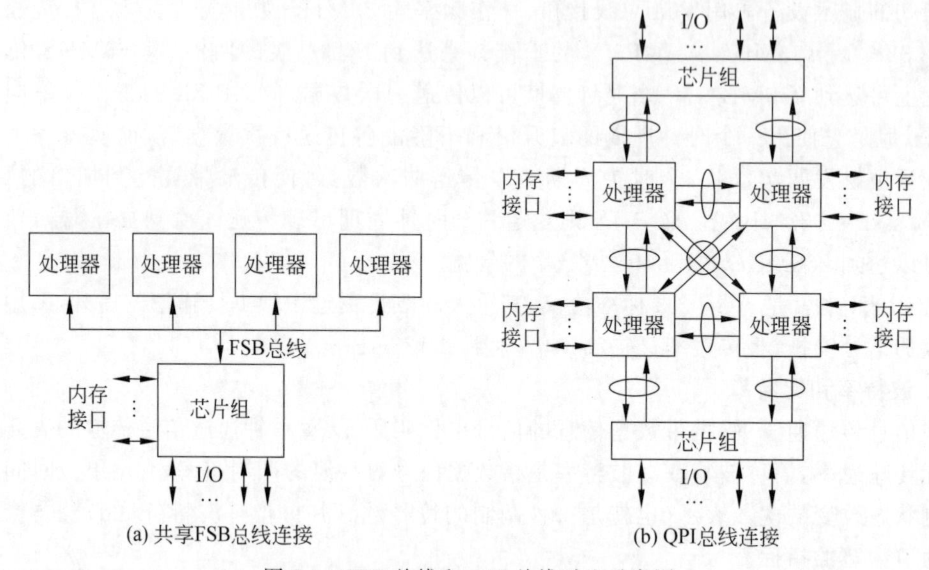

图7-1　FSB总线和QPI总线对比示意图

QPI是一种基于包传输的串行式高速点对点连接总线,采用差分信号与专门的时钟进行传输。在延迟方面,QPI与FSB几乎相同,却可以提升更高的访问带宽。一组QPI具有20条数据传输线,以及发送方(TX)和接收方(RX)的时钟信号。一个QPI数据包包含80位,需要两个时钟周期或4次传输完成整个数据包的传送(QPI的时钟信号速率是传输速率的一半)。在每次传输的20位数据中,有16位是真实有效的数据,其余4位用于循环冗余校验,以提高系统的可靠性。QPI是双向的,在发送的同时也可以接收另一端传输来的数据,因此QPI总线带宽的计算公式为

QPI总线带宽=每秒传输次数(即QPI频率)×每次传输的有效数据×2

例如:QPI频率为4.8GT/s的总带宽=4.8GT/s×2B×2=19.2GB/s,QPI频率为6.4GT/s的总带宽=6.4GT/s×2B×2=25.6GB/s。

7. DMI总线

随着计算机技术的发展,QPI总线、DMI总线取代了过去的FSB,为新一代的处理器提供更快、更高效的数据带宽,FSB的系统瓶颈问题也随之得以解决。

DMI是指Direct Media Interface(直接媒体接口),这是用于连接CPU和PCH的总

线。DMI采用点对点的连接方式,实现了上行与下行各1GB/s的数据传输率,总带宽达到2GB/s。

PCH是指Platform Controller Hub(平台控制器中枢),这是主板上的芯片组,主要负责USB接口、I/O接口、SATA接口等的控制以及高级能源管理等。在PCH出现之前,主板通常有两块主要的芯片组——北桥和南桥。北桥负责较高速的PCI-E和RAM的读取,南桥主要负责低速的I/O,如SATA和LAN。在一些新的主板上,已经完全看不到北桥芯片的踪影,只剩下PCH芯片用来支持外设。原来北桥功能已经完全被整合在CPU中,就连PCI-E总线也被整合到其中。这样一来,CPU就完全掌握了对PCI-E总线和内存的控制权,而PCH芯片虽然相比原来的南桥芯片功能上更丰富,但其性质大体相同,它与CPU间同样不需要交换太多数据,因此连接总线采用DMI已足够了。目前,Intel在CPU内部采用QPI总线,用于CPU内部的数据传输;而在与外部设备进行连接的时候,采用DMI总线。这样,这两个总线的传输任务就分工明确了,QPI主管内,DMI主管外。

8. 8b/10b编码

8b/10b编码是目前许多高速串行总线采用的编码机制。8b/10b编码的特性之一是保证直流平衡,采用8b/10b编码方式,可使得发送的“0”“1”数量保持基本一致,连续的“1”或“0”不超过5位,即每5个连续的“1”或“0”后必须插入一位“0”或“1”,从而保证信号直流平衡,这样可以保证传输的数据串在接收端能够被正确复原,同时利用一些特殊的代码(K码)也可以帮助接收端进行复原工作,并且可以在早期发现数据位的传输错误,抑制错误继续发生。

8b/10b编码是将一组连续的8位数据分解成两组数据,一组3位,一组5位,经过编码后分别成为一组4位的代码和一组6位的代码,从而组成一组10位的数据发送出去。相反,解码是将1组10位的输入数据经过变换得到8位数据位。数据值可以统一表示为D X.Y或K X.Y,其中D表示为数据代码,K表示为特殊的命令代码,X(十进制数值)表示输入的原始数据的低5位EDCBA,Y(十进制数值)表示输入的原始数据的高3位HGF。8位数据有256种,加上特殊的控制命令,总数要大于256种。10位数据有1024种,可以从中选择出一部分表示8位数据,所选的码型中0和1的个数应尽量相等。

编码时,将原数据的低5位EDCBA经过5b/6b编码成为6位码abcdei,原数据高3位HGF经3b/4b编码成为4位码fghj,最后再将两部分组合起来形成一个10位码abcdeifghj。10位码在发送时,按照先发送低位,再发送高位的顺序发送。

7.5 教材习题解答

7-1 假设地址线有20位,允许寻址的主存空间有多大?假设地址线有32位,允许寻址的主存空间又有多大?

解:若地址线为20位,允许寻址的主存空间有$2^{20}=1M$个主存单元;若地址线为32位,允许寻址的主存空间有$2^{32}=4G$个主存单元。如果是字节编址的计算机,允许寻址的主存空间就分别为1MB和4GB。

7-2 假设总线的工作频率为22MHz,总线宽度为16位,问总线带宽是多少?

解:设总线工作频率为f,数据位为w,总线带宽用Dr表示,则

$$Dr = w \times f \div 8 = 16 \times 22 \div 8 = 44\text{MB/s}$$

7-3 PCI总线的时钟频率为33MHz/66MHz，当该总线进行32/64位数据传送时，总线带宽各是多少？

解：假设一个总线时钟周期 T 完成一个数据的传送，时钟频率为 f，数据位为 w，总线带宽用 Dr 表示，则 $Dr = w \times f \div 8$。

时钟频率为33MHz，数据32位时，$f = 33\text{MHz} = 33 \times 10^6/\text{s}$，$n = 32$ 位，根据定义可得 $Dr = 4 \times 33 \times 10^6/\text{s} = 132\text{MB/s}$；依此类推，数据64位时，总线带宽为264MB/s。时钟频率为66MHz，数据32位时，总线带宽为264MB/s；数据64位时，总线带宽为528MB/s。

7-4 假定某同步总线在一个时钟周期内传送一个4B的数据，总线时钟频率为33MHz，求总线带宽是多少？如果数据总线宽度改为64b，一个时钟周期能传送2次数据，总线时钟频率为66MHz，则总线带宽为多少？提高了多少倍？

解：一个时钟周期内传送一个4B(32b)的数据总线带宽为 $4\text{B} \times 33\text{MHz} \div 1 = 132\text{MB/s}$。

总线性能改进后，一个时钟周期能传送2次数据，即完成一个数据的传送的时钟周期数为0.5，所以改进之后的带宽为 $8\text{B} \times 66\text{MHz} \div 0.5 = 1056\text{MB/s}$，提高到原来的8倍。

7-5 分析哪些因素影响带宽。

解：总线带宽是指总线的最大数据传输率，即每秒传输的字节数。影响总线带宽的主要因素有以下3个。

(1) 总线时钟频率。

(2) 总线宽度。

(3) 一次数据传送所用的时钟周期数。

7-6 某总线时钟频率为66MHz，在一个64位总线中，总线数据传输的周期是7个时钟周期传输6个字的数据块。

(1) 问总线的数据传输率是多少？

(2) 如果不改变数据块的大小，而是将时钟频率减半，问这时总线的数据传输率是多少？

解：

(1) $8\text{B} \times 6 \times 66\text{MHz} \div 7 = 452.6\text{MB/s}$。

(2) $8\text{B} \times 6 \times 33\text{MHz} \div 7 = 226.3\text{MB/s}$。

7-7 为什么要设立总线仲裁机构？集中式总线控制常用哪些方式？它们各有什么优缺点？

解：由于总线是公共的，为了保证同一时刻只有一个申请者使用总线，总线控制机构中设置有总线判优和仲裁控制逻辑，即按照一定的优先次序决定哪个部件首先使用总线，只有获得总线使用权的部件才能开始数据传送。

集中式总线控制有3种常见的优先权仲裁方式：链式查询方式、计数器定时查询方式和独立请求方式。它们各自的优缺点如下。

(1) 链式查询的优点是只用很少几根线就能按一定的优先次序实现总线控制，并很容易扩充。缺点是对查询链的故障很敏感，查询的优先级是固定的。

(2) 计数器定时查询方式可以方便地改变优先次序，增加系统的灵活性，但控制线数稍多。

(3) 独立请求方式的优点是响应时间快，然而这是以增加控制线数和硬件电路为代价的。此方式对优先次序的控制也是相当灵活的，它可以预先固定，也可以通过程序改变优先次序。

7-8 总线的同步通信和异步通信有何不同？试举例说明一次全互锁异步应答的通信情况。

解：总线的同步通信是指系统采用一个统一的时钟信号协调发送和接收双方的传送定时关系。时钟产生相等的时间间隔，每个间隔构成一个总线周期。总线的异步通信没有公用的时钟，也没有固定的时间间隔，完全依靠传送双方相互制约的"握手"信号实现定时控制。

全互锁异步应答的通信过程为："请求"信号的来到导致"回答"信号的来到，"请求"信号的撤销取决于"回答"信号的来到，而"请求"信号的撤销又导致"回答"信号的撤销。

第 8 章 外部设备

8.1 基本内容要求

外部设备是计算机系统中不可缺少的重要组成部分，本章将介绍磁介质存储器的存储原理、常用磁介质存储设备和其他辅助存储设备，以及常见的输入输出设备的工作原理。

学习要求

- 了解外部设备的分类和外部设备的作用。
- 了解磁介质存储器的记录介质和读写磁头。
- 理解磁介质存储器的主要技术指标（如记录密度、存储容量、平均存取时间、数据传送率等）。
- 掌握常见的数字磁记录方式（直接记录方法和按位编码方法），能画出数据序列的写电流波形。
- 了解成组编码方式。
- 理解硬盘上的信息分布形式。
- 掌握磁盘地址的安排。
- 掌握硬盘存储器技术参数的计算。
- 了解硬盘的分区域记录技术。
- 了解磁盘阵列（RAID）。
- 了解光盘存储器的类型和工作原理。
- 了解新型辅助存储器的特点。
- 了解键盘的类型。
- 理解非编码键盘的工作原理。
- 了解其他输入设备的特点。
- 了解印字输出设备的特点和分类。
- 理解文本（字符）模式和图形模式的不同。
- 理解点阵针式打印机的缓存和字库中存放信息的特点。
- 了解显示器的特点和分类。
- 了解字符显示和图形显示的不同。
- 理解字符显示器的显示缓存 VRAM 和字库中存放信息的特点。
- 了解字符和图形显示器的同步控制。

8.2 教师授课参考

中央处理器(CPU)和主存储器(MM)构成计算机的主机。除主机外,又围绕主机设置的各种硬件装置称为外部设备,它们主要用来完成数据的输入、输出、成批存储以及对信息加工处理的任务。外部设备主要包括外部存储设备和输入输出设备,这是计算机系统中不可缺少又最具多样性的部分。

本章涉及的内容虽多,但相对本课程的其他内容来说属于非重点章节,不要求学生对某一种具体的设备深入了解,总体难度不大,不必花费太多时间讲授。

根据教育部发布的《全国硕士研究生入学统一考试计算机科学与技术学科联考计算机学科专业基础考试大纲》对计算机组成原理部分的要求看,本章对应考研大纲中的第七部分——输入输出(I/O)系统中的部分内容(用楷体字标出)。

(一) I/O 系统的基本概念

(二) 外部设备

1. 输入设备:键盘、鼠标

2. 输出设备:显示器、打印机

3. 外存储器:硬盘存储器、磁盘阵列、光盘存储器

这一部分内容的试题多以选择题形式出现,其中有些知识点也会与后续内容相结合,出现在综合应用题中。

8.3 误点疑点解惑

1. 磁盘存储器的平均存取时间

在磁介质存储器中,当磁头接到读写命令,从原来的位置移动到指定位置并完成读写操作的时间叫作存取时间。对于采用直接存取方式的磁盘存储器来说,平均存取时间包括4部分:第一部分是指磁头从原先位置移动到目的磁道需要的时间,称为平均寻道时间;第二部分是指寻道完成后等待被访问的信息旋转到磁头下方的时间,称为平均等待时间;第三部分是信息的读写操作时间,它与数据量、磁盘转速、记录密度和传输线的带宽等因素有关,通常读写操作时间取读扇区数据时间和传输数据时间两者中的最大值;最后一部分是控制器开销(控制延时),即磁盘控制器从收到读磁盘命令到启动磁头移动的时间,控制延时一般很小。

例 8-1 设一个磁盘的平均寻道时间为 20ms,传输速率为 1MB/s,控制器延时是 2ms,转速为 5400r/min。求读写一个 512B 的扇区的平均存取时间。

解:磁盘转速为 5400r/min=5400÷60=90 r/s

平均等待时间为磁盘旋转半圈的时间,即

$$0.5\text{r} \div 90\text{r/s} = 0.0056\text{s} = 5.6\text{ms}$$

读写操作时间等于一个扇区的传输时间,即

$$0.5\text{KB} \div 1\text{MB/s} = 0.5\text{ms}$$

注意:这里假设磁盘数据的读写速率高于数据的传输率。

所以,读写一个512B的扇区的平均存取时间=平均寻道时间+平均等待时间+读写操作时间+控制器延时=20ms+5.6ms+0.5ms+2ms=28.1ms。

由于后两部分时间小于前两部分时间,所以有时可以将后两部分时间忽略不计,但要知道它们是实际存在的。

2. 改进调频制提高记录密度的分析

调相制(PM,也称为调相编码,PE)和调频制(FM)都属于位间无关型的按位编码。若将记录序列中的相邻位联系起来,即采取位间相关性编码,可以进一步减少磁通翻转次数,从而提高记录密度。改进调频制(MFM)就是按照这个思路,从调频制改造得到的。

现将数据序列为001101的调频制写电路波形画于图8-1的上半部,首先分析哪些翻转需要保留,哪些翻转可以省略。写1时,位周期中间的翻转用来表示数据1的存在,因此它应当保留,但位周期边界处的翻转可以省略。连续两个0都没有位周期中间的翻转,所以它们的边界处应当有一个翻转,以产生同步信号。

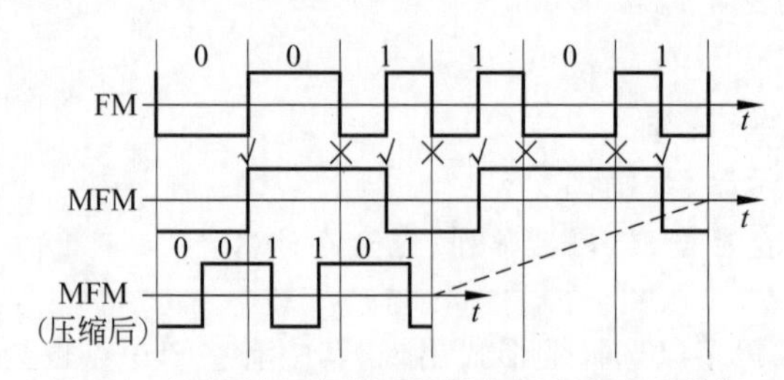

图8-1 调频制和改进调频制的写电流波形分析

如图8-1所示,为记录相同代码,改进调频制的翻转次数约为调频制的一半。在相同技术条件下,改进调频制的位周期长度可以缩短为调频制的一半,使改进调频制的记录密度提高一倍。所以常将调频制称为单密度方式,将改进调频制称为双密度方式。

也可以这样理解,改进的调频制比调频制的翻转次数减少了,如果仍然维持最小的翻转间距,记录同样信息的长度只需要原来的二分之一。

3. 游程长度受限码RLL(2,7)

游程长度受限码(RLL)是一种对由字符编码组成的字进行分块的编码方式。例如,把ASCII码翻译成一组特殊设计的编码字,限制连续0出现的数目。RLL(2,7)对于任意可能的位的组合,不可能有多于7个连续的0出现,但至少会有2个连续的0出现。表8-1给出了RLL(2,7)编码。

表8-1 RLL(2,7)编码

位字符模式	RLL(2,7)编码	位字符模式	RLL(2,7)编码
10	0100	011	001000
11	1000	0010	00100100
000	000100	0011	00001000
010	100100		

很显然,RLL的编码字必须包含比原来的字符编码更多的位数,但是,由于RLL在磁

盘上采用 NRZ-1 方式进行编码，所以 RLL 编码的数据实际上在磁介质上会占有更少的空间，因为这种编码涉及的磁通转换要少得多。

尽管存在许多变化形式，但 RLL(2,7)仍然是磁盘系统中使用的主流编码方式。从技术上，它是一个 8 位 ASCII 字符的 16 位映射。但是，按照磁通翻转的说法，它比 MFM 编码方式要高出 50%的存储效率。图 8-2 比较了分别采用 MFM 和 RLL(2,7) NRZ-1 对单词 OK 的编码结果。英文单词 OK 具有偶校验的 ASCII 码为 11001111 01001011。图 8-2(a)是 OK 的 MFM 编码，有 12 个磁通翻转。图 8-2(b)是 OK 的 RLL(2,7)编码，只有 8 个磁通翻转。如果磁盘设计中的主要限制因素是每平方毫米磁通量转变数目的话，那么在相同的磁介质面积上，使用 RLL 编码方式比使用 MFM 方式多装入 50%个单词 OK 的个数。因为这种原因，RLL 编码方式在制造高密度磁盘驱动器方面几乎是独一无二的。

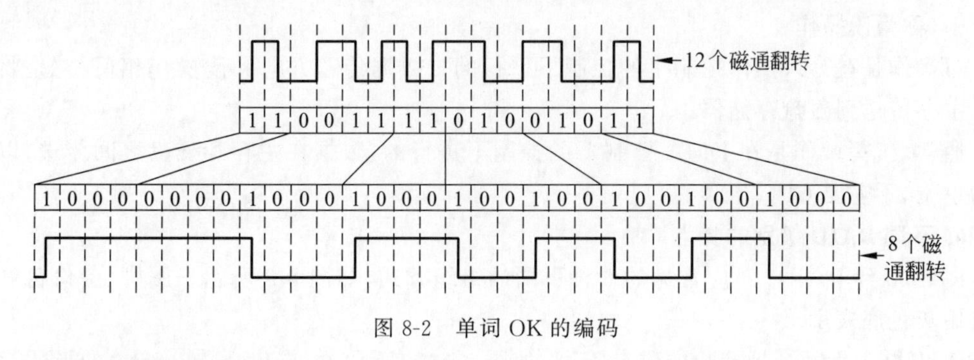

图 8-2　单词 OK 的编码

4. 硬盘存储器的圆柱面

硬盘中的信息分布涉及记录面、圆柱面、磁道、扇区等概念，其中圆柱面是一个需要特别关注的概念。硬盘往往是一个盘组，所有记录面上相同编号(位置)的诸磁道构成一个圆柱面。事实上，从物理意义上并没有圆柱面这一个实体，圆柱面数就等于一个记录面上的磁道数，圆柱面号就是对应的磁道号。

为什么要引入圆柱面的概念？磁盘上的信息通常是以文件的形式组织并且存储的，如果一个较长的文件在一条磁道存不完，是将它继续存放在同一记录面的相邻磁道上，还是将它继续存放在同一圆柱面的相邻记录面上？如果采用第一种方法，则更换磁道时必须进行寻道操作，这需要磁头沿半径方向运动，花费时间较长，且会有机械磨损；如果采用后一种方法，由于定位机构使所有记录面的磁头都对准同一序号磁道(处于同一圆柱面中)，只需通过译码电路选取相邻盘面的磁头，即可继续读写，几乎没有时间延迟，也没有机械运动。很显然，应当采用第二种方法，让文件尽可能存储在同一圆柱面上，然后才是相邻圆柱面上。

5. 磁盘的基本操作

读写磁盘的基本操作可分成下面 3 个部分。

1) 启动磁盘

主机用控制字启动磁盘。

2) 寻址

根据主机发出的磁盘地址寻址，当已知某磁盘时寻找磁道、磁头和扇区。

(1) 回 0 道：当前磁头所在的磁道为当前道，也称现行道。复位时无论磁头在何磁道，都必须回到 0 道，即回到起始位置。

(2) 寻道：将当前道号与目的道号进行逻辑比较，两者符合表示已寻找到目的道号，两者不符合则将继续寻找。当目的道号大于当前道号，读写臂驱动磁头向内寻找(即向磁道号增大的方向移动)；当目的道号小于当前磁道号，读写臂驱动磁头向外寻找(即向磁道号减小的方向移动)。寻道也称为定位，大约需要几十毫秒时间。

(3) 寻(磁)头：这是通过译码电路实现的，因此速度较快，约需几十纳秒。

(4) 寻找扇区：寻找扇区的时间取决于磁盘的旋转速度，速度越高，寻找时间越短。若寻找指定磁道的某一扇区，若磁头所在扇区恰好和地址码的扇区号一致，则扇区找到，寻找时间为0；若不一致时，磁盘最多需要旋转一圈才能找到。

3) 磁盘的读写操作

根据读出操作控制字，寻址完成后，即可将指定地址——某一扇区的信息从磁盘传送到主存中，称为读操作。

写操作是在写入操作控制字的控制下进行的。数据传送方向和读操作相反，它是将数据从主存传送到磁盘存储器中。

通常，读写操作是在DMA控制器的控制下进行的，数据在主存和磁盘之间传送，以扇区为单位，不需要CPU干预。

6. 不同RAID级别的特点

RAID0到RAID5对应常见的6种不同的组织方式，如图8-3所示。图中，备份盘和校验盘用灰色底表示。

RAID0为无冗余无校验的磁盘阵列，如图8-3(a)所示，数据以条带(strip)的形式存放在磁盘表面上。当从磁盘阵列中按顺序读取这些数据时，所有的磁盘都可以并行工作，各自读出相应的部分。由于RAID0不提供数据冗余，只要有一个磁盘出现故障，整个系统将无法正常工作。

RAID1称为镜像磁盘阵列，如图8-3(b)所示。RAID1在每次写入数据时，都会将数据复制到其镜像盘上；当从该磁盘阵列中读取数据时，数据盘和镜像盘可独立同时工作，最后由最先读出数据的磁盘提供数据。如果某个磁盘出现故障，就由其镜像盘提供数据，系统仍能继续工作，只是降低了规格而已。

RAID2为纠错汉明码磁盘阵列，如图8-3(c)所示。每个数据盘存放数据字的一位，还需要3个磁盘存放汉明校验位，图8-3(c)中的每一行形成一个汉明码。每当往数据盘写入数据时，就随之在校验盘上形成汉明校验位。当从数据盘上读出数据时，汉明校验位也被读出，用于判断数据是否出错，如果出现了1位错误，则可以立即加以纠正。

RAID3是RAID2的一个简化版本，称为位交叉奇偶校验磁盘阵列，如图8-3(d)所示。图中的校验盘专门用于存放数据盘中相应数据的奇偶校验位。如果某个磁盘出故障，可以根据错误盘以外的所有其他盘中的正确信息恢复故障盘中的数据。

RAID4是块交叉奇偶校验磁盘阵列，如图8-3(e)所示。它采用比较大的条带，以块为单位进行交叉存储和计算奇偶校验。RAID4的缺点在于：它们必须访问同一个校验盘(只有一个)。校验盘成为瓶颈。

RAID5是无独立校验盘的奇偶校验磁盘阵列，又称块分布奇偶校验磁盘阵列，如图8-3(f)所示。这里每一行数据块的校验块被依次错开、循环地存放到不同的盘中，以达到均匀分布的目的。

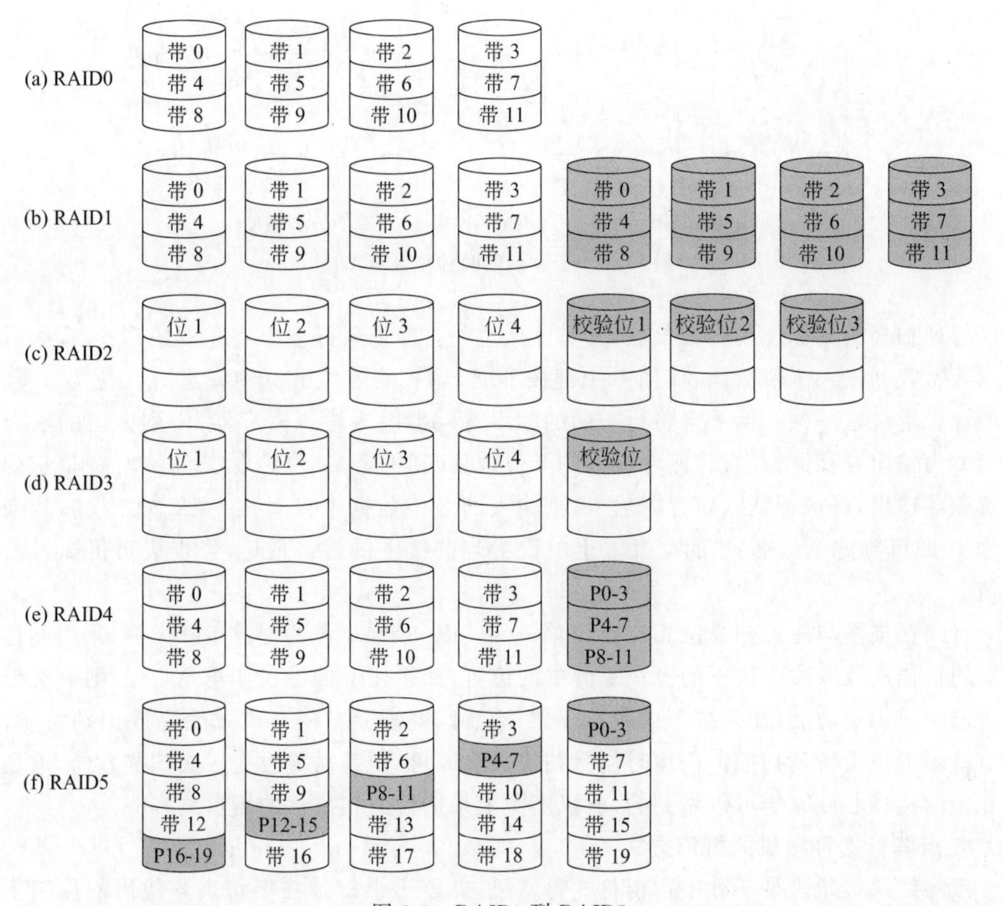

图 8-3　RAID0 到 RAID5

RAID6 是在 RAID 5 基础上为了进一步加强数据保护而设计的一种 RAID 方式，实际上是一种扩展 RAID 5 等级。与 RAID 5 的不同之处除了每个硬盘上都有同级数据 XOR 校验区外，还有一个针对每个数据块的 XOR 校验区。这样，等于每个数据块有了两个校验保护屏障(一个是分层校验，一个是总体校验)，因此 RAID 6 的数据冗余性能相当好。但是，由于增加了一个校验，所以写入的效率较 RAID 5 还差，而且控制系统的设计也更复杂，第二块的校验区也减少了有效存储空间。

许多大型计算机系统并不局限于只使用一种类型的 RAID，可以使用多个 RAID 方案组合起来构建一种“新型”的 RAID。例如，可以将 RAID0 与 RAID1 组合起来，构成 RAID10 或者 RAID0＋1。这两种 RAID 的区别在于组合方式上，RAID10 是先组织成镜像的 RAID1，再将两个 RAID1 组织成扩展容量的 RAID0，RAID0＋1 则反之。4 个磁盘的两种复合 RAID 如图 8-4 所示，其中磁盘的并联表示数据镜像关系，磁盘的串联表示容量扩展关系。

7. 非编码键盘的行列扫描法

非编码键盘的按键一般排列成 m 行×n 列的矩阵形式，识别当前是否有键按下和判定当前按下的是哪个键均由软件完成。识别非编码键盘的方式通常有逐行扫描法和行列扫描法两种，其中行列扫描法是目前微机键盘使用的方法。

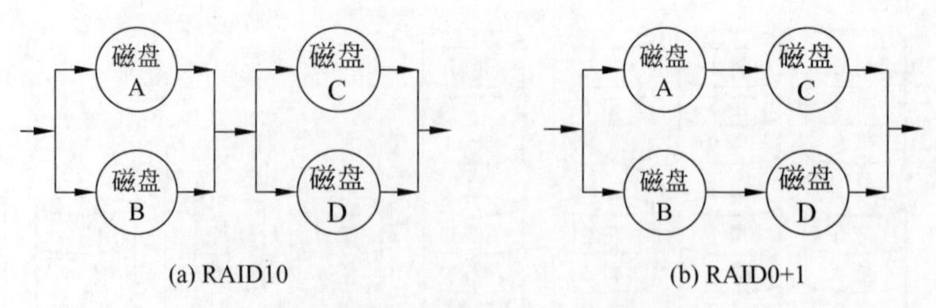

图 8-4　4 个磁盘的两种复合 RAID

行列扫描法又称作反转扫描法,其具体做法是:首先从行输出寄存器输出全 0,然后从列输入寄存器输入 8 位数据,任何一个键按下时,输入的 8 位数据中肯定有一位为 0,且按下的键肯定在这一列。接下来将行方向的输出寄存器改为输入寄存器,将列方向的输入寄存器改为输出寄存器,并且将刚才输入的 8 位数据(其中第 Y_j 位为 0,其他位均为 1)从列输出寄存器输出,再从行输入寄存器输入,则输入的 8 位数据中只有某一(X_i)位为 0,其余位均为 1,即可判定 X_i 和 Y_j 的交叉点上的键为当前按下的键。最后,经查表可得知当前的键值。

行列扫描法与逐行扫描法相比要简单一些。以一个 8×8 的键盘矩阵为例,采用逐行扫描法的扫描次数取决于按下的键在矩阵中的位置,如果按下的键位于第 X_0 行,则一次扫描就可以完成识别功能;如果按下的键位于第 X_7 行,则需要扫描 8 次才能完成识别功能,显得有些烦琐。而行列扫描法任何时候只扫描一次即可,但是需要改变一次扫描方向,这是利用相关的接口芯片完全可以做到的,所以实际上采用行列扫描法的键盘更多些。

8. 点阵针式打印机的打印方式

点阵针式打印机是一种串行击打式打印机,靠若干根钢针在字符点阵代码的控制下击打色带和纸,在纸面上印出与点阵代码相应的字符图案。

与显示器的显示方式类似,针式打印机也有两种打印方式。一种是文本字符方式,根据待打印字符的编码(存放在打印机缓存 RAM 中)从打印机字库 ROM 中依次取出字符的各列点阵数据,控制钢针在纸上打印出一个一个的字符。与字符显示方式不同的是,字库是按列组织字符点阵代码,而不是按行组织;并且点阵数据由 ROM 取出后,不经过并-串转换,而直接送往打印头。另一种打印方式是点图形方式,将图形的点数据存入缓存 RAM 中,打印时从 RAM 取出点数据直接送打印头,驱动钢针打印出图形或汉字。

针式打印机虽然具有噪声大、印刷质量较差等缺点,但在打印大型宽行报表及需要多联打印的场合下,仍然具有其他非击打式打印机不可取代的优势。

需要说明的是,点阵式和针式是两个层面上的概念,点阵式打印不用字模产生字符,而是将字符以点阵形式存放在字库中。印字时,用取出的点阵代码控制在纸上打印出字符的点阵图形。点阵式打印组字灵活,可以打印各种字符、汉字、图形和表格等。针式打印机及所有非击打式打印机均采用点阵式打印。也就是说,针式打印机肯定采用点阵式打印,但不能将点阵式打印与针式打印完全画等号。

9. 激光打印机的印字原理

激光打印机的核心技术就是所谓的电子成像技术,这种技术融合了影像学与电子学的原理和技术以生成图像,核心部分是一个可以感光的硒鼓。激光发射器发射的激光照射在一个棱柱形反射镜上，随着反射镜的转动，光线从硒鼓的一端到另一端依次扫过。硒鼓是一只表面涂覆了有机材料的圆筒，预先带有电荷。计算机发送来的数据信号控制着激光的发射，扫描在硒鼓表面的光线不断变化，有的地方受到照射，电阻变小，电荷消失；也有的地方没有光线射到，仍保留有电荷。最终，硒鼓表面就形成了由电荷组成的潜影。

碳粉是一种带电荷的细微塑料颗粒，其电荷与硒鼓表面的电荷极性相反，当带有电荷的硒鼓表面经过碳粉盒时，有电荷的部位就吸附了碳粉颗粒，潜影就变成真正的影像。硒鼓转动的同时，另一组传动系统将打印纸送进来，经过一组电极，打印纸带上了与硒鼓表面极性相同但强得多的电荷，然后纸张经过带有碳粉的硒鼓，硒鼓表面的碳粉被吸引到打印纸上，图像就在纸张表面形成了。此时，碳粉和打印机仅是靠电荷的引力结合在一起，在打印纸被送出打印机之前，经过高温加热，塑料质的碳粉被熔化，在冷却过程中固定在纸张表面上。

将碳粉传给打印机之后，硒鼓表面继续旋转，经过一个清洁器，将剩余的碳粉去掉，以便进入下一个打印循环。

10. 图形和图像

图形(graphics)和图像(image)是现代显示技术中常用的术语，也是学生在学习过程中比较容易混淆的两个概念。图形最初是指没有亮暗层次变化的线条图，如建筑、机械所用的工程图、电路图等。早期的图形显示和处理只是局限在二值化的范围，只能用线条的有无表示简单的图形。图像最初是指具有亮暗层次的图，如自然景物、新闻照片等。经计算机处理后显示的图像称作数字图像，就是将图片上连续的亮暗变化变换为离散的数字量，且以点阵列的形式显示输出。

在显示屏幕上，图形和图像都是由称作像素的光点组成的。光点的多少称作分辨率，光点的深浅变化称作灰度级(在单色显示器上表现为灰度级，在彩色显示器上表现为颜色)。分辨率和灰度级决定所显示图的质量。高分辨率和多灰度级的光栅扫描的显示器不仅可以显示图像，也可以显示图形。现在的图形也可以有颜色、深浅层次的变化。但是，图形学和数字图像处理是两个不同的学科，它们研究的问题是不同的，应用领域不同，使用的技术方法不同，图形和图像的输入手段也不同。

图形学的主要任务是研究如何用计算机表示现实世界的各种事物，并且形象逼真地加以显示，如动画设计、花布图案设计、地图的显示等平面图，飞机、汽车、建筑物的造型设计等立体图，这些图的显示效果要有真实感，需要有深浅和颜色。图形学所用的技术包括点、线、面、体等平面和立体图的表示和生成。由于要在平面上显示立体图，因此还要研究阴影的产生，隐藏线、隐藏面的消除技术以及光照方向与颜色的模拟等技术。

数字图像处理所处理的对象多半来自客观世界。例如，由摄像机摄取下来存入计算机的数字图像(如遥感图像、医用图像等)。图像和图形相比，由于后者可以按人的意志描绘，所以无噪声干扰，而且规则整齐，富有创造性；前者则可能充满噪声，图像很不清晰。由于摄取的位置随机，因此图像可能发生畸变。图像处理的任务是去除噪声，恢复原形，使图像清晰，并且从中抽取有用的信息，以供观察。

图像主要用摄像机输入，经数字化后逐点存储，因此，图像需要占用非常庞大的主存空间。在计算机中表示图形，只须存储绘图命令和坐标点，没必要存储每个像素点。

11. CRT 显示器的有关技术指标

选择 CRT 显示器时，通常会涉及它的一些主要技术指标。下面讨论几个容易引发错误的技术指标。

1）点距

点距是指CRT上同一像素中两个颜色相同的磷光粉像素之间的距离。点距越小，显示器画面就越清晰细腻、自然，分辨率和图像质量也就越高。图8-5所示的便是点距、水平点距和垂直点距之间的关系。其中，0.28是点距，0.24是水平点距，0.14是垂直点距。

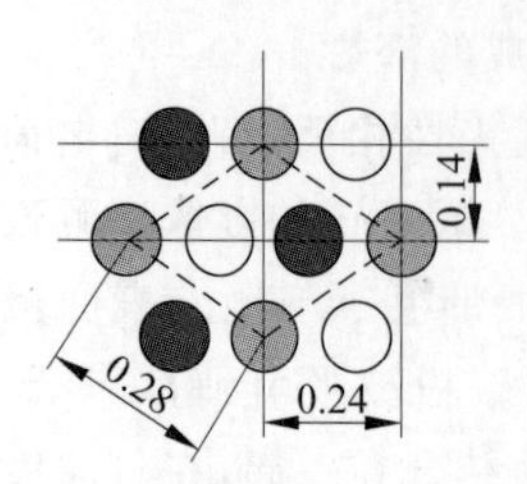

图8-5　点距、水平点距和垂直点距之间的关系

很明显，点距要大于水平点距和垂直点距。

2）视频带宽

视频带宽是表示显示器显示能力的一个综合指标，它能够决定显示器性能的好坏以及一台显示器可以处理的信息量。视频带宽指每秒钟电子枪扫过的图像点的个数，即单位时间内每条扫描线上显示的点数的总和。对于17英寸(1英寸=0.0254米)的显示器而言，1600×1200像素的最高分辨率可能没有什么实际意义，但是在1024×1024像素分辨率下，带宽110MHz的显示器和带宽200MHz的显示器的差异是很明显的。

带宽的大小是有一定计算方法的，用户在选择一款显示器的时候，可以根据一些参数计算显示器的带宽，或者根据带宽计算一些参数。其计算公式为

视频带宽＝行数×列数×刷新率×1.3

例如，一台显示器在1024×768像素和85Hz刷新频率下正常显示时，可以计算出显示器的视频带宽＝1024×768×85×1.3＝87MHz。当然，也可以根据显示器的带宽计算出显示器在最大分辨率下的刷新频率等参数。与行频相比，视频带宽更具有综合性，也更能直接反映显示器的性能。

视频带宽越大，表明显示器显示控制能力越强，显示效果越佳。在同样分辨率下，视频带宽高的显示器不仅可以提供更高的刷新频率，而且在画面细节的表现方面更加准确、清晰。视频带宽决定着显示器的分辨率和刷新频率，应该说是带宽越大越好。

低档显示器的视频带宽多为110MHz，甚至更低；中档产品的可以达到135～160MHz；高档产品则可以达到200MHz，甚至更高。

12. VRAM的容量和内容

显示缓存区又称视频随机存储器(VRAM)，显示器一方面对屏幕进行光栅扫描，一方面同步地从VRAM中读取显示内容，送往显示器件。因此，对VRAM的操作是显示器工作的软、硬件界面所在。为了在指定的屏幕位置显示某个字符，需向VRAM的相应单元写入该字符编码；为了更新屏幕显示的内容，需相应地刷新VRAM的内容；为了使画面呈现某种动画效果，需要VRAM中的内容进行相应的变化，或者在读取时进行某种地址转换。

VRAM一般设置在显示器控制器(显卡)上。在没有独立显卡的微型计算机中，VRAM占主存空间，从软件上讲，它可以视为主存的一部分；在具有独立显卡的微型计算机或专门的显示终端中，VRAM作为外设存在，与主存分离。

当用字符方式显示时，VRAM中的内容一般包含显示内容和显示属性两个部分。前者提供显示字符代码，后者提供有关显示的属性信息。这两部分可以分别存放在两个缓冲存储器中，一个称为基本显示缓存，另一个称为显示属性缓存。通常将这两个存储体统一编址，一个为偶数地址，另一个为奇数地址；也可以将两部分存放在一个缓存中，依靠地址码为

偶数或奇数进行区分。基本显示缓存中存放的是一帧待显示字符的 ASCII 码或其他形式的编码，字符的点阵信息则放在字库 ROM 中。在这种方式下，一个字符编码占缓存的一个字节，因此缓存的最小容量是由屏幕上字符显示的行列规格决定的。显示属性缓存的容量应当与基本显示缓存的容量相同。

如果采用图形方式显示，VRAM 中的内容就是一帧待显示的图形的像点信息，其代码 1 和 0 分别表示图形中的亮点和暗点。这些图形可以是几何图形、任意曲线图形、汉字或字符。这里需要特别说明的是，在图形方式下，字符的点阵是以位图的形式直接存放在显示缓存中的，因此字符可以像素为单位在屏幕的任意位置上显示。在图形方式中，缓存的容量不仅取决于屏幕分辨率的高低，还与显示的颜色种类有关。单色显示时，图形的每个点一般只用一位二进制代码表示，彩色显示时，每个点需要由若干位代码表示，代码的位数被称为颜色深度。颜色深度与颜色数的对应关系为

$$颜色深度=\log_2 颜色数$$

13. 字符显示原理和具体显示过程

字符显示常采用光栅扫描法，它以点阵为基础，将欲显示的字符分解成 $m\times n$ 个点组成的矩阵，并将能显示的所有字符的点阵存入由 ROM 构成的字符发生器(字库)中。字符点阵的大小取决于对显示字符的质量要求和字符块的大小。字符块是指在显示屏幕上每个字符所占的点数，通常称为“字符窗口”，它应包含字符本身所占点阵和字符之间的间隔所占点阵，显然，每个字符窗口所占点阵数越多，显示的字符越清晰，显示质量越高。

一般的字符显示屏幕上可显示 80 列×25 行共 2000 个字符，即有 2000 个字符窗口。在单色字符显示器中，常用的字符窗口为 9×14 点阵，字符本身只占 7×9 点阵，字符 A 在字符窗口中的位置如图 8-6(a)所示。从图中可以看出，每个字符窗口包含 14 个点阵字节，对于任何字符来说，各自的点阵字节是固定不变的，它们事先被存放在只读的字符发生器中，每个字符在字符发生器中占用 14B。例如，字符 A 存放在字符发生器中的 14 个点阵字节(行点阵码)为 10H、28H、44H、82H、82H、82H、FEH、82H、82H、00H、00H、00H、00H、00H，每个点阵字节对应的地址为 12 位，高 8 位为字符 A 的 ASCII 码，低 4 位为字符点阵的行号(0000B～1101B)。对于字符 A 来说，它的点阵字节应存放在字符发生器中从 410H 地址开始的 14 个连续地址中，如图 8-6(b)所示。

由于每个字符或符号的点阵字节是不同的，但又是固定不变的，所以字符发生器一般用 ROM 构成，其容量必须能存放可在屏幕上显示的所有的字符或符号的点阵字节，而且每个字符或符号在字符发生器中的地址码由 12 位二进制数构成。因此，只要知道当前要显示的是什么字符，便可以从字符发生器中找到该字符的点阵字节。

在显示屏幕上，每个字符行一般要显示多个字符，最多可以达到 80 个字符。为了在扫描过程中能及时获得各个字符窗口需显示的字符，应将这些欲显示字符的 ASCII 码预先存入 VRAM 中。字符显示器的 VRAM 分为两部分：一部分用来存放显示字符的 ASCII 码，每个字符占一个字节；另一部分用来存放显示属性。在单色显示器中，显示属性一般包括显示色、底色、是否增辉(加亮)、是否闪烁等。彩色显示器中，显示属性还应表明颜色的类型等。

采用光栅扫描方式显示字符时，并不是对每个字符单独扫描，而是对一行上的所有字符的同一条扫描线上的点阵进行扫描。对于 9×14 的字符窗口，只有扫完了 14 条扫描线，这

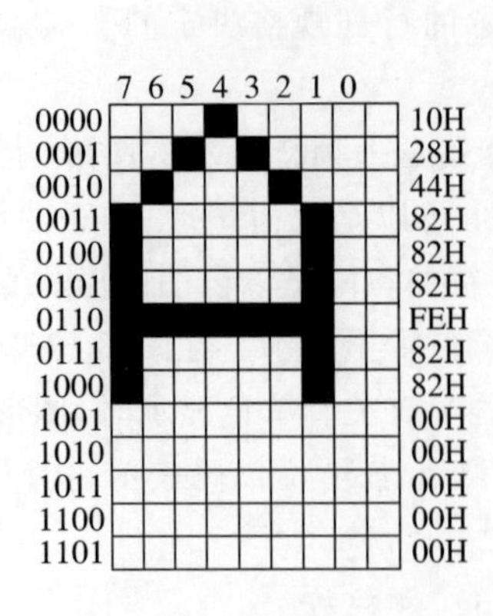

(a) 字符A在字符窗口中的位置

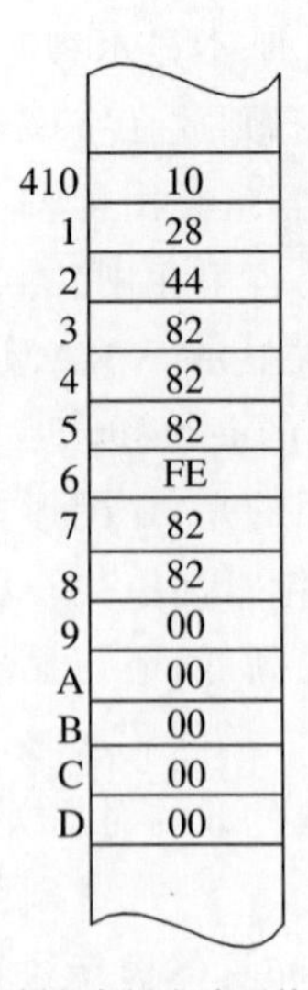

(b) 字库中行点阵码的存放

图8-6　字符A的点阵位置和行点阵的存放

一行上的所有字符才会完整地显示在显示屏上。

例如,要求在屏幕的第0行的第0～5个字符窗口显示“HELLO!”这6个字符,而其他字符窗口均为空白区。于是,VRAM中的内容应为它们的ASCII码,如图8-7所示。

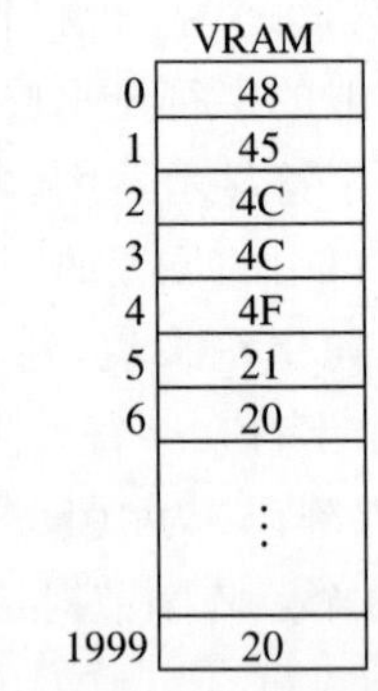

图8-7　VRAM中的内容

显示的具体过程如下:从字符发生器的0480H、0450H、04C0H、04C0H、04F0H、0210H、0200H、…、0200H共80个地址中的第一个点阵字节控制电子束完成第一条扫描线的扫描,然后继续从字符发生器的0481H、0451H、04C1H、04C1H、04F1H、0211H、0201H、…、0201H共80个地址中的第二个点阵字节控制电子束进行第二条扫描线的扫描,上述操作重复14次,即可完成14行的扫描,于是“HELLO!”这6个字符便清晰地显示在屏幕上了。

14. 显示器的同步控制

不论是字符显示,还是图形显示,都要求行、场扫描和视频信号的发送在时间上完全同步,即当电子束扫描到某字符或某像素的位置时,相应的视频信号必须同时输出。为此,在CRT显示器中设置几个计数器,对显示器的主频脉冲进行分频,产生各种时序信号,控制对VRAM的访问、对CRT的水平扫描和垂直扫描,以及视频信号的产生等。

字符方式和图形方式下对计数器的设置是有区别的,下面分别加以讨论。

1) 字符显示的同步控制

以单色字符显示器为例,每帧最多显示25行×80列字符,字符窗口为9×14,其中字符本身占7×9点阵。字符显示器的定时控制电路中设置了点计数器、字计数器(水平地址计数器)、行计数器和排计数器(垂直地址计数器),由它们控制显示器的逐点、逐字、逐行、逐屏幕的刷新显示。为了避免扫描行和字符行这两个概念的混淆,在此把扫描行仍称为行,而把字符行称为排。

(1) 点计数器分频 9∶1

设置点计数器的目的是为了提供下列控制信号：读 VRAM，控制一个字符区间内的横向间隔消隐，对字计数器计数。

每个字符点阵横向 7 个点，间隔 2 个点。点脉冲一方面控制视频信号产生像点，一方面对点计数器计数。每计数 9 个点，完成一次计数循环，分频关系为 9∶1。

每次访问 VRAM，读出一个显示字符的编码。以字符编码为高位地址，以扫描行号为低位地址，访问字符发生器 ROM，从中读出 7 位代码。由点脉冲控制时间，在屏幕的一行扫描线上一次显示 7 个像点(亮或暗)及 2 点间隔。每当点计数器完成一次计数循环后，就访问一次 VRAM，以读取下一次显示字符的编码，同时向下一级的字计数器提供一个计数脉冲。

(2) 字计数器分频$(80+L)$∶1

设置字计数器的目的是为了提供下列控制信号：VRAM 低位地址信息，控制一条水平扫描线内的显示与消隐，向显示头提供水平同步信号，对行计数器计数。

字计数器计数一次，导致一次正程扫描，而一行水平扫描线包含 80 个字符的显示区间。回扫与线性度不好的边缘部分应当消隐，将它们折合成 L 个字符位置，L 的值与显示头制造技术有关。因此，字计数器计数$(80+L)$之后，完成一次计数循环，分频关系为$(80+L)$∶1。每完成一次计数循环，产生一次水平同步信号，启动下一次水平扫描，且使下一级的行计数器计数一次。

访问 VRAM 的地址，取决于该字符在屏幕上的显示位置(行号和列号)。字计数器提供的当前显示位置列号，可以作为产生 VRAM 低位地址的依据。

(3) 行计数器分频(9+5)∶1

设置行计数器的目的是为了提供下列控制信号：访问字符发生器 ROM 的低位地址，控制一排字符中哪些扫描行显示，哪些扫描行消隐，控制光标显示，对排计数器计数。

每完成一次水平扫描，行计数器计数一次。一排字符占 9 行水平扫描线，然后是作为排间间隔的 5 行水平扫描线。所以，行计数器计数 14 次之后，完成一个计数循环，分频关系为 14∶1。每完成一次计数循环，对下一级的排计数器计数，启动新的一排字符显示。

(4) 排计数器分频$(25+M)$∶1

设置排计数器的目的是为了提供下列控制信号：VRAM 高位地址信息，向显示头提供垂直同步信号，控制一场显示过程中的显示段与消隐段。

每显示完一排字符，行计数器完成一次计数循环，则排计数器计数一次，导致一次自上而下的正程扫描，可以显示 25 排字符。回扫和线性度不好的边缘部分应当消隐，折合为 M 排，M 的值与显示头制造技术有关。因此，排计数器计数$(25+M)$次之后，完成一个计数循环，分频关系为$(25+M)$∶1，相应地实现一帧的显示，发出一次垂直同步信号。

读 VRAM 时，排计数器值决定字符的行号，可以作为高位地址的依据。

综上所述，将字符显示的同步控制关系做一简单小结：

(1) 点计数器循环一次，访问 VRAM 一次，以读取显示字符的编码，VRAM 的地址根据排计数器和字计数器值决定。

(2) 每读一次 VRAM，就紧跟着读一次字符发生器 ROM，由 VRAM 读出的字符编码产生 ROM 的高位地址，行计数器值决定 ROM 的低位地址。

(3) 每次从ROM读出显示字符的一行7位行点阵码,由点脉冲控制逐位显示7点。

(4) 由于每条扫描线只能显示一排字符(80列)的一行,所以上述访问过程需要重复9遍(每遍又要多次访问VRAM与ROM,以读取不同字符),才能显示完整的一排字符。

(5) 字计数器循环一次,发一次水平同步信号。

(6) 排计数器循环一次,发一次垂直同步信号。

2) 图形显示的同步控制

以分辨率为640×480像素的图形显示器为例,图形显示器的定时控制电路中设置了点计数器、列计数器和行计数器。

(1) 点计数器分频8∶1

图形以像素为单位,在VRAM中以字节为单位按地址存储,即将一条水平扫描线自左向右,每8个点的代码作为一个字节,存放在一个编址单元中。因此,点脉冲经点计数器8分频之后产生一个脉冲,使列计数器计数,并访问一次VRAM,读出一个字节(8个点)。

(2) 列计数器分频($80+L$)∶1

列计数器又称字节计数器。光栅从左向右扫描一行,正程显示80B共640点。列计数器所附加的L次计数,作为行线逆程回扫时间,逆程回扫应当消隐。

(3) 行计数器分频($480+M$)∶1

行计数器的一次计数循环实现一场显示,其中480次计数,对应于场正程扫描,显示480行,附加M次计数对应于场逆程回扫,逆程回扫应消隐。

行计数值与列计数值决定屏幕当前显示位置(8点一组),相应的VRAM地址为:行号×80+列号。列计数器计数一个循环,输出一个行扫描(水平)同步信号;行计数器计数一个循环,输出一个场扫描(垂直)同步信号。

8.4 相关知识介绍

1. 磁记录方式的性能特点

为了比较各种记录方式的性能,下面通过参数进行分析。

1) 自同步能力

自同步能力是指能否从单个磁道读出的脉冲序列中提取同步信号的能力。能直接提取同步信号称为有自同步能力,否则称为无自同步能力。显然,只有读出的序列是呈周期性的,才可能从规定的位周期中提取出同步信号。自同步能力的强弱可以用最小磁通翻转间隔和最大磁通翻转间隔的比值R衡量。R值越大,自同步能力越强。对于无自同步能力的记录方式,必须设立专门的时钟磁道,称为外同步。例如,NRZ制和NRZ-1制无自同步能力,RZ、PM、FM、MFM、M^2FM制具有自同步能力,其中FM、MFM制的$R=0.5$,M^2FM制的$R=0.4$。

2) 编码效率

编码效率是指位密度与最大磁通翻转密度之比,或者是每次磁层翻转所能记录数据位数的多少。NRZ、NRZ-1、MFM和M^2FM制记录1位二进制信息最多翻转一次,故编码效率为100%,而RZ、PE和FM制记录1位二进制信息最大翻转次数为2,故编码效率为50%。

显然,编码效率越高,记录密度越高。从这个意义上,NRZ 制和 NRZ-1 制可获得高的记录密度,但因为它们不具备自同步能力,需要设置专用的同步磁道产生外同步信号,所以并不能实现高密度的记录。编码效率的提高不仅可提高记录密度,而且可减少噪声抖动,增加抗干扰能力。

3) 读出分辨率

读出分辨率是指磁记录设备对读出信号的分辨能力,也就是指每次磁化翻转可判别信息的能力。

通常,在读出过程中采用峰值鉴别法设置一个检读窗口。如果在窗口范围内检测到峰值,则这一位是 1。当某一位峰值偏离到窗口外时,这个窗口无法检测到,而被邻位窗口所检测,将产生读出误差。若检读窗口大,则允许读出脉冲有较大的抖动。由此可见,检读窗口宽度大的记录方式,对读出信号峰值超前或滞后都能检读出来,说明其具有较高的读出分辨率。

对于 NRZ 制和 NRZ-1 制记录方式,每位数据仅需检读一次,即检读窗口宽度等于 T_0,而 PM、FM、MFM 和 M^2FM 制每位数据需检读两次,因为磁通翻转可能发生在位周期中间,也可能发生在边界上,检读窗口宽度为 $0.5T_0$。

4) 信息的独立性

读出时,如果某位信息出现误码,不会影响到后续其他信息位的正确性,这叫作信息的独立性。反之,称为误码传播。

NRZ 制容易造成误码传播,若漏读 1 位,则以后各位将会出错,1 误为 0,0 误为 1,如图 8-8 所示。

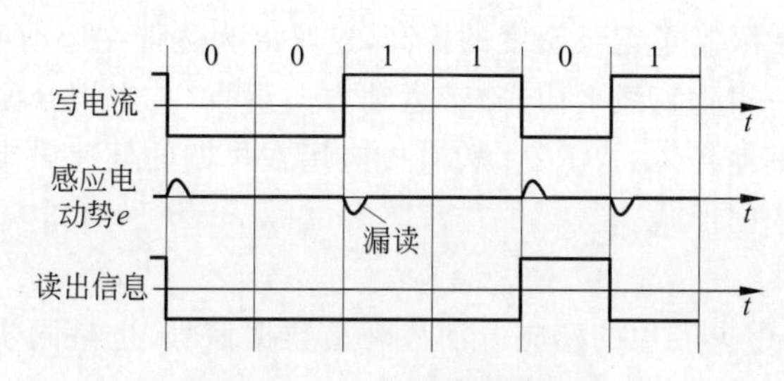

图 8-8　NRZ 制的误码传播

PE 制也会造成误码传播,若漏读一个 1,会波及以后各位,使一连串 1 被误作为 0,直至真正的 0 出现为止,如图 8-9 所示。图中,d 代表数据位的读出波形,c 代表位周期起始处的读出波形。假定图 8-9 中所示的第二位数据漏读,则第三位的 c 将被作为 d 读出,下一次收到的 c 将作为 d 读出,被误作为 0 读出,由此波及以后位,直至出现真正的 0 为止。

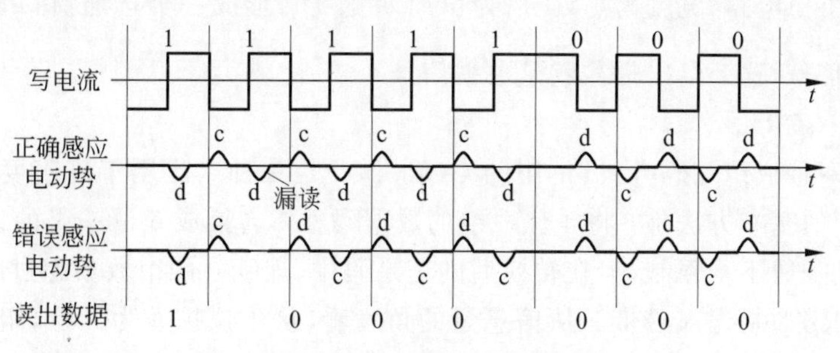

图 8-9　PE 制的误码传播

除上面提到的性能参数外,还有信道带宽、抗干扰能力、编码译码电路的复杂性等因素,都对记录方式的取舍评价产生影响,这里就不一一讨论了。总之,所选择的记录方式应尽量做到以下5点。

(1) 具有较强的自同步能力。

(2) 有较高的编码效率,以提高记录密度。

(3) 有较宽的检读窗口,以提高读出分辨能力。

(4) 有较强的抗干扰能力,以避免误码传播。

(5) 编码、译码电路成本低,容易实现。

2. 几种磁记录方式的读出过程分析

磁介质存储器在读出时,每当磁通的翻转位置经过读磁头的下方时,将产生感应电动势。下面分析几种常见的磁记录方式的读出过程。

1) 不归零-1制(NRZ-1)

读出时,逢0没有读出信号,逢1就有读出的感应电动势。由于NRZ-1制没有自同步能力,需要外加同步信号识别各个位周期,所以NRZ-1制不能直接用于像磁盘这种单道记录方式中,但可用于像磁带这种同时读写多道的设备中。有两种方法产生外同步信号:一种方法是在磁带上专门写入一个同步信号道,每位均为1,即每位均有一次磁通翻转,读出时每位都产生一个同步信号,用以选通数据道的各位;另一种方法是不设专门的同步道,而是让同时读出的各位(称为一个带字)采取奇校验,则每个带字中至少有一个1,可以提取出来作为同步信号。

采取外同步的方法限制了记录密度的提高,这是因为磁带在运动中难免存在扭斜,各位并不总是准确地同在一根垂直线上(与磁带运动方向垂直)。当记录密度较高时,外同步信号就难以准确地选通其他各位。NRZ-1曾直接应用在早期的低速磁带机中,现在它仍是多种记录方式的基础或中间形式。

2) 调相制(PE)

读出时,位周期的中央产生的感应电动势既是数据信号,也是同步信号;位周期交界处可能产生的感应电动势被弃之不用。根据读出信号的相位(感应电动势的正负),可以识别出该位信息是0,还是1。

3) 调频制(FM)

读出时,每个磁化翻转区都将产生一个感应电动势,所以读出信号序列中包含同步信号和数据信号。通过分离电路,将每个位单元起始处的信号分离出来,作为该位的同步信号。它将触发一个单稳电路,宽度为$\frac{2}{3}T$(T为位周期宽度),形成一个选通窗口,用以选通位周期中部的读出信号,这个读出信号就是数据信号。

3. 群码制(GCR)

群码制是一种成组编码方式,常用的GCR(4,5)是一种广泛用于高密度数字磁带机上的记录方式,它的基本方法是:将4位一组的数据码整体转换成5位一组的记录码;在数据码中,连续0的个数不受限制,但在转换后的记录码中,连续0的个数不超过两个;将转换后的记录码按NRZ-1制记入磁带。从信息量的角度看,从4位扩大为5位,组合数增加了一倍,可以只选取其中连续0的个数不超过2的组合,将连续0的个数在2以上的组合丢弃不用。GCR(4,5)变换规则见表8-2。

表 8-2　GCR(4,5)变换规则

数据码	记录码	数据码	记录码
0000	11001	1000	11010
0001	11011	1001	01001
0010	10010	1010	01010
0011	10011	1011	01011
0100	11101	1100	11110
0101	10101	1101	01101
0110	10110	1110	01110
0111	10111	1111	01111

GCR(4,5)也属于游程长度受限码。数据码长度 $m=4$，记录码长度 $n=5$，在记录序列中两个1之间至少存在0的个数 $d=0$，最多存在0的个数 $k=2$，一次变换的最大数据长度与最小数据长度之比值 $r=1$。

4. 1/4英寸的数据流磁带机

磁带存储器有许多种，其中价格最便宜的是1/4英寸的数据流盒式磁带机(Quarter Inch Cartridge,QIC)。数据流磁带机的容量通常为1GB以上，当采用数据压缩技术后，磁带机的容量可以增加1倍。

数据流磁带机是将数据连续地写在磁带上，每个数据块间插入记录间隙，使磁带机在数据块之间不启停，从而简化磁带机的结构。

传统的启停式磁带机采用多位并行读写，读写磁头随磁道增加而增加。数据流磁带机的读写磁头只有一个或两个，采用类似于磁盘的串行读写方式。

以4道数据流磁带机为例，4个磁道的排列次序如图8-10所示。当记录信息时，先从第0道的带头(BOT)开始，记到带尾(EOT)；然后又从第1道的EOT反向记录到BOT；第2道又从BOT到EOT，第3道则从EOT到BOT。读出时也按这个顺序，这种方式称为蛇形记录方式。与一般磁带机相比，这种蛇形记录方式节约了数据读写过程中的倒带时间，使后援时间大大缩短。

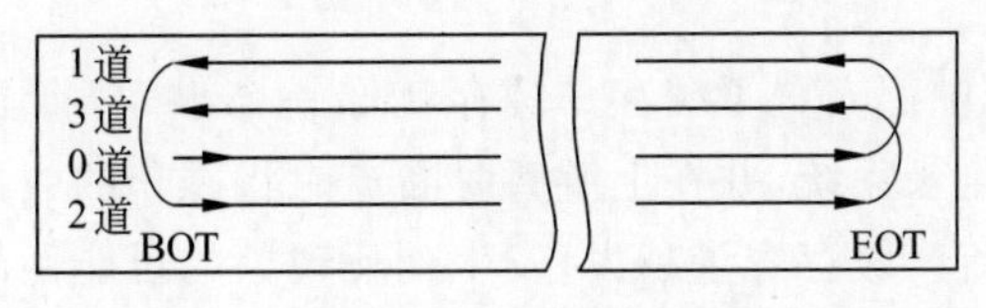

图 8-10　4道1/4英寸磁带蛇形串行记录方式

磁带存储器的发展趋势主要是提高记录密度、数据传输率和可靠性。

5. CD-ROM读盘方式

CD-ROM读盘方式有以下3种。

(1) 恒定线速度(Constant Linear Velocity,CLV)：这是早期光驱使用的读盘方式，多用于8倍速以下的光驱。这种光驱在运行时总是以一定的线速度运转，这样在读取内圈数据的时候，由于半径小，光驱就要加大主轴电动机的马力提高转速，以获得与外圈相同的线速度,即读内圈数据时光驱转速高,读外圈数据时光驱转速低。随着光驱速度的不断提高,电机频繁地改变转速势必会大幅缩短寿命,因此恒定线速度无法适应高倍速光驱。

(2) 恒定角速度(Constant Angular Velocity,CAV):光驱在运行的时候,不论是读取外圈数据,还是读取内圈数据,主轴电动机的转速都恒定不变。这样,电动机就不用来回改变转速,从而提高了光驱的寿命。采用这种技术的光驱读取外圈数据和内圈数据时的传输率不同,读取内圈数据时传输率较低,读取外圈数据时传输率较高。CAV 的优点是读取速度快,但对一些对速度要求不高的盘片的读取精度和纠错度不如 CLV。目前,CAV 方式被大多数的光驱所采用。

(3) 局部恒定角速度(Partial Constant Angular Velocity,P-CAV):这种方式将 CAV 和 CLV 合二为一,先保持盘片转动的角速度不变,因此读取速度会随着激光头往盘片外圈的移动而逐渐加快,到达某一速度后(稳定工作的极限速度),则切换到以线速度恒定的方式读取,此时读取速度固定,而转速会慢慢下降。P-CAV 方式通过智能软件识别盘片,自动在 CAV 和 CLV 技术之间切换,兼顾速度和读取精度,达到最理想的读盘速度。

6. 光盘刻录机的工作原理

光存储盘片的表面有一层薄膜,大功率的激光照射在这层薄膜上时,薄膜上会形成平面和凹坑,光盘读取设备将这些平面和凹坑信息转化为 0 和 1,将光盘上的物理信息转换为数字信息。对于 CD-R 盘片,这种薄膜上的物理变化是一次性的,因此 CD-R 盘片只能写入一次,不能重复写入。而 CD-RW 盘片上的薄膜材质多为银、硒或碲的结晶体,这种薄膜能够呈现出结晶和非结晶两种状态,在激光束的照射下,可以在两种状态之间转换,所以 CD-RW 盘片可以重复写入。

1) 刻录机的缓存

为保证刻录质量,高速刻录时除了对盘片的要求比较高外,缓存大小也十分重要。理论上讲,缓存越大,刻录失败率越低。但限于成本,一般刻录机缓存为 2MB。在刻录开始前,刻录机需要先将一部分数据载入缓存中,刻录过程中不断从缓存中读取数据刻录到盘片上,同时缓存中的数据也在不断补充。一旦数据传送到缓存里的速度低于刻录机的刻录速度,缓存中的数据就会减少,缓存完全清空之后,就会发生缓存欠载问题,导致盘片报废。所以,在没有防刻死技术的刻录机上,缓存大小直接影响刻录的成功。缓存越大,发生缓存欠载问题的可能性越低。

现在,一般的刻录机中都安置了缓存。缓存就像一个水库,将上游数据暂时囤积起来,之后以一定的速度供给刻录系统,并在上游暂时断流时将囤积的数据继续向刻录系统供给,避免刻录系统也随之断流。缓存容量越大,发生刻死现象的可能性越小。

2) 刻录模式

刻录机的刻录模式与光驱的读盘模式差不多。刻录模式主要有以下 4 种:恒定线速度(CLV)、恒定角速度(CAV)、局部恒定角速度(P-CAV)和区域恒定线速度(Z-CLV)。

CLV 模式的刻录速度稳定,激光可以固定的功率刻录盘片,能够保证刻录品质,但不适合高速的刻录机。

CAV 模式的转速不变,读速(传输率)逐渐提高,改变传输率就意味着改变激光功率,所以现在基本不采用该模式进行刻录。

P-CAV 模式是 CAV 和 CLV 的合二为一,可以理解为从转速不变、读速逐渐提高到读速不变、转速逐渐减小。

Z-CLV(Zone-CLV)模式是目前市场上大多数高速刻录机采用的刻录模式，其原理是：将盘片由内圈到外圈分成数个区域，在每个区域用稳定的CLV进行刻录，在区段与区段之间采用CAV模式过渡，逐步提升速度，即从第一段起读速不变，转速逐渐减小；从第二段起读速不变，转速逐渐减小……直至刻录机的标称速度为止。这样做的好处是缩短了刻录时间，并能确保刻录品质，只是在此模式下，每次切换速度时，刻录过程都会有明显的中断。

3）刻录保护技术

刻录机在没有考虑保护技术之前，刻录时经常会出现缓存欠载现象。随着刻录机写入速度的不断提升，单靠旧有技术简单地增加内建缓存已不能有效地解决刻录过程中的刻死问题，而且缓存也不可能无限地增加下去，于是众多新的刻录保护技术应运而生。

比较知名的刻录保护技术有两种：第一种技术是刻录机实时监测着硬件缓存，当因为某种数据供给原因使缓存中数据量减少，低于警戒水平时，暂时中断刻录进程，使系统等待缓存中积累起足够多的数据后再继续进行刻录工作，而继续刻录已不可能完全连接上以前的部分，这就出现了Link区（两次续刻间隔区）的长度问题；第二种技术是检测缓存中的有效数据量，当其低于标准时，暂停刻录过程并存储终点，在此状态等待缓冲区的充盈后，检测上一次刻录终点，进行新的刻录过程。

7. 鼓式宽行打印机

行式打印机有窄行和宽行之分。宽行打印机每行可包含80、120、132或160个字符。其特点是打印速度快，一般每分钟可打印600～1200行，最快的可达到2000行。宽行打印机有鼓式、带式和链式之分。下面仅讨论鼓式宽行打印机，其结构原理图如图8-11所示。

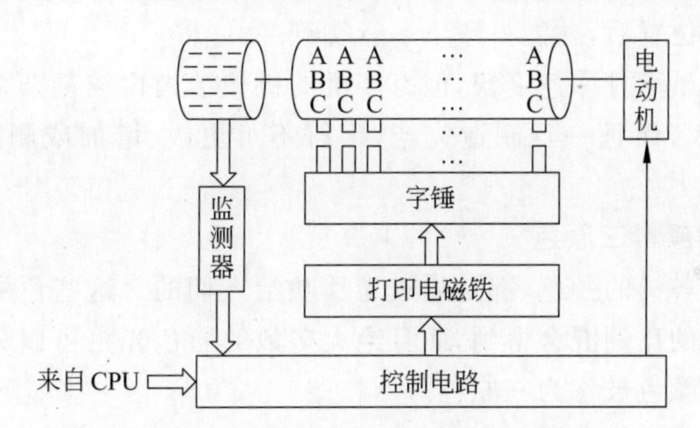

图8-11 鼓式宽行打印机结构原理图

鼓式宽行打印机把可打印的字符铸在一个旋转的字鼓上，字鼓是一个圆柱体，在其表面上沿圆周方向均匀地刻着多种字符，沿轴线方向同一行上是相同的字符。如果鼓式宽行打印机的行宽为80，则字鼓表面每行就刻有80个字符。

字鼓被一个金属罩包围，仅在打印位置上留有一个缝隙。在打印位置下面设置有一排字锤(80个)，每个字锤与字鼓上的一列字符对应，并由相应的打印电磁铁驱动，打印锤平时不与字鼓接触。打印机工作时，字鼓由电动机带动匀速旋转，当被选字符处于字锤之下时，相应字锤被电磁铁驱动击打，实现打印一个字符功能，字轮每旋转一圈，打印完一行字符。

为了能在任何时间都知道字鼓上哪种字符正处于打印位置，通常与字鼓同轴安装有一个编码盘。编码盘与字鼓同步旋转，编码盘上的编码与字鼓上同一行字符的ASCII码对应。例如,若字鼓上这一行是字符A,那么编码盘上同一行编码为41H。需要打印时,首先将一行欲打印字符通过接口置入打印机的控制电路中,接着将这一行中各字符与编码盘上的第一组编码比较,比较相同的电磁铁通电,被吸动的字锤击打,即可实现多个字锤并行打印相同的字符。随着字鼓的旋转,重复上述过程,直到字鼓转完一圈,一行字符被打印完毕。

例如,要求打印的一行字符为COMPUTER ORGANIZATION,其打印过程如下:

次数	打印纸上	备注
1	A A	打印字符A
3	C A A	打印字符C
5	C E A A	打印字符E
7	C E GA A	打印字符G
9	C E GA I A I	打印字符I
13	C M E GA I A I	打印字符M
14	C M E GANI A I N	打印字符N
15	COM E O GANI A ION	打印字符O
16	COMP E O GANI A ION	打印字符P
18	COMP ER ORGANI A ION	打印字符R
20	COMP TER ORGANI ATION	打印字符T
21	COMPUTER ORGANI ATION	打印字符U
26	COMPUTER ORGANIZATION	打印字符Z

当字鼓旋转到字符Z后,就完成了本例要打印的一行字符。但只有当字鼓旋转一圈,所有字符都通过字锤位置后,才能打印下一行字符。

鼓式宽行打印机虽然打印速度快,但打印机的机械结构比较复杂,要求精度高,可打印的字符越多,字鼓越大,而且一旦制造完毕,字符不可更改、增加或删除,无法打印图形和汉字。

8. 色光三原色和颜料三原色

自然界中的各种各样的颜色,都是通过光反映给人们的。这些色彩几乎都可以由选定的3种单色光以适当的比例混合得到,而且绝大多数的彩色光也可以分解成特定的3种单色光。这3种选定的颜色被称为三原色。

三原色分为两类:一类是色光三原色,又称加色法三原色,是将3种加性原色——红、绿、蓝线性叠加后组合而成;另一类为颜料三原色,又称为减色法三原色,是将3种减性原色——青(所有红光被吸收)、黄(所有蓝光被吸收)、品红(所有绿光被吸收)线性叠加后组合而成。

色光三原色是光色混合。光色的混合为加色混合,是光线的增加。两种色光混合,光度为两色之和,合色越多,光度越强,越近于白。科学实验表明,人眼对红、绿、蓝(分别用字母R、G、B表示)3种颜色反应最灵敏,而且它们的配色范围比较广,用这3种颜色可以配出自然界中的大部分颜色,彩色显示器就是应用该原理设计制作的。

颜料三原色的混合,也称为减色混合,是将自然光中特定波长的光吸收,并反射剩下的光而形成的。两色混合后,光度低于两色各自原来的光度,合色越多,被吸收的光线越多,就越近于黑。所以,调配次数越多,纯度越差,越是失去它的单纯性和鲜明性。3种原色颜料的混合，理论上应该为黑色。彩色印刷品是以黄、品红、青3种油墨加黑油墨印刷的，4色彩色印刷机的印刷就是一个典型的例证。在彩色照片的成像中，3层乳剂层分别为：底层为黄色、中层为品红、上层为青色。各品牌彩色喷墨打印机也都是以黄、品红、青加黑墨打印彩色图片的。

电视、电影是通过自身发光合成颜色的，其合成法则被称为“加法原理”，三原色为红、绿、蓝，辅助色为白。印染、涂料则是通过吸收某些光线而形成颜色，因此其法则被称为“减法原理”，三原色为青、品、黄，辅助色为黑。

9. 彩色喷墨打印机的工作原理

自然界中的色彩几乎都可以由选定的3种颜色以适当的比例混合得到，而且绝大多数的颜色也可以分解成特定的3种单色。通常，人们看到的彩色墨盒由几种纯净单一颜色组成，常见的3色墨盒打印机通常就是采用性质比较稳定的青色(C—Cyan)、品红色(M—Magenta)、黄色(Y—Yellow)混合不同的颜色。4色打印机通常加上一种黑色，用于纯黑色的打印。随着技术的发展，出现了6色墨盒，就是在原有的4色(CMYK)上再加上浅蓝绿色和浅红紫色。

假如将墨盒中的原色分别抽取不同的比例，再喷射到近似同一个点上，那么这个近似点便可以根据各原色不同的比例显示出不同的颜色，这就是彩色喷墨打印机原理。根据其喷墨方式的不同，可以分为热泡式喷墨打印机和压电式喷墨打印机两种。墨盒中的墨水经过压电式技术或者热喷式技术后，最终将不同的颜色喷射到一个尽可能小的点上，而大量这样的点便形成了不同的图案和图像，这一过程是一系列的繁杂程序。实际上，打印机喷头快速扫过打印纸时，它上面的无数喷嘴就会喷出无数的小墨滴，从而组成图像中的像素。打印喷头上一般都有48个或48个以上的独立喷嘴，每个喷嘴又能够喷出3种以上不同的颜色。一般来说，喷嘴越多，完成喷墨过程就越快，也就是打印速度越快。这些喷出来不同颜色的小墨滴落于同一点上，形成不同的复色。

在单色喷墨时代，这个点越小，图像越精细。业界通常用DPI表示，意思是在每英寸的范围内喷墨打印机可打印的点数。单色打印时，DPI值越高，打印效果越好。彩色打印时情况比较复杂。通常，打印质量的好坏要受DPI值和色彩调和能力的双重影响。其中，色彩调和能力是一个非常重要的指标，传统的喷墨打印机在打印彩色照片时，若遇到过渡色，就会在3种基本颜色的组合中选取一种接近的组合打印，即使加上黑色，这种组合一般也不能超过16种，对彩色色阶的表达能力是难以令人满意的。

为了解决这个问题，早期的彩色喷墨打印机又采用了调整喷点疏密程度的方法表达色阶。这就造成一些分辨率低的打印品近看时出现很多小斑点。后来，人们想到了更好的办法：一方面通过提高打印密度(分辨率)使打印出的点变小，从而使图变得更精细；另一方面，都在色彩调和方面改进技术，常见的有增加色彩数量、改变喷出墨滴的大小、降低墨盒的基本色彩浓度等几种方法。其中，增加色彩数量最行之有效。例如，6色墨盒，当打印机将6种不同颜色的墨滴喷到同一个点上，颜色组合最多可达64种，如果再结合不同大小的墨滴，便可产生4096种不同的颜色。

10. 彩色激光打印机的色彩合成原理

彩色激光打印机采用青、品红、黄色、黑4色碳粉实现全彩色打印，因此，对于一页彩色内容中的彩色，要经过CMYK调和实现，一页内容的打印要经过CMYK的4色碳粉各一次打印过程,所以目前大多数彩色激光打印机的彩色打印速度一般是黑白打印速度的四分之一。理论上讲,彩色激光打印机要有 4 套与黑白激光打印机完全相同的机构实现彩色打印过程。

最新的彩色激光打印技术是所谓的"一次成像"技术。这一技术的关键是需要把激光发光管做得足够小,在现有一个发光管的位置要放下对应于 4 种颜色的 4 个发光管。目前,这一工艺的代价太高,所以"一次成像"的彩色激光打印机价格昂贵,但这是未来的发展方向。

彩色激光打印机的彩色到底是如何合成的?下面以惠普公司的技术为例进行分析。ImageRet 2400 色彩分层技术是惠普公司采用的技术。若确定打印的基本分辨率为 600DPI,可以算出 600DPI 分辨率的图像,其像素之间的中心间距为 42μm。惠普公司使用直径为 5μm 的 Ultra Precise 超精细碳粉,实际上可以实现 2400DPI 效果。在 2400DPI 的分辨率时,像素之间的中心间距约为 10μm。也就是说,若最后彩色打印的结果是 600DPI 的像素分辨率,那么在一个像素点上,可以使用 16×16 个青、品红、黄、黑的 4 种碳粉颗粒再加上空白来调制该像素点的颜色,由于人眼已无法分辨这些细微的颜色颗粒,所以人眼看到的是混色后的总效果。这种技术到底能提供多少种色彩,计算方法是排列组合中的一个经典的例题:有青、品红、黄、黑、白 5 种颜色的无穷多个小球分装于 5 个坛子中,现在从中随意摸出 16 个小球放入一个空坛子中,一共会摸出多少种可能的结果?计算出的数值就是 ImageRet 2400 技术理论上能实现的色彩数目,按厂家的说法是上百万种。若按现在的纳米材料的加工水平,碳微粒的直径达到 5nm 不成问题。那么,现有的 5μm 的碳粉颗粒还可以沿直径分开 1000 次,人们可以由此大胆地想象激光打印机理论上具有的色彩技术发展远景。当然,颗粒细到一定程度后,对于人眼的识别来说已完全失去继续细下去的意义。

8.5 教材习题解答

8-1 外部设备有哪些主要功能?可以分为哪些大类?各类中有哪些典型设备?

解:外部设备的主要功能有数据的输入、输出、成批存储以及对信息的加工处理等。外部设备可以分为四大类:输入输出设备、辅助存储器、终端设备和过程控制设备。其典型设备有键盘、打印机、磁盘、智能终端、数/模转换器等。

8-2 分别用 RZ、NRZ、NRZ-1、PE、FM、MFM 和 M^2FM 制记录方式记录下述数据序列,画出写电流波形。

(1) 1101101110110

(2) 1010110011000

解:

(1) 写电流波形如图 8-12(a)所示。

(2) 写电流波形如图 8-12(b)所示。

8-3 若对磁介质存储器写入数据序列 10011,请画出不归零-1 制、调相制、调频制和改进的调频制等记录方式的写电流波形。

解:写电流波形如图 8-13 所示。

8-4 主存储器与磁介质存储器在工作速度方面的指标有什么不同?为什么磁盘存储器采用两个以上的指标说明其工作速度?

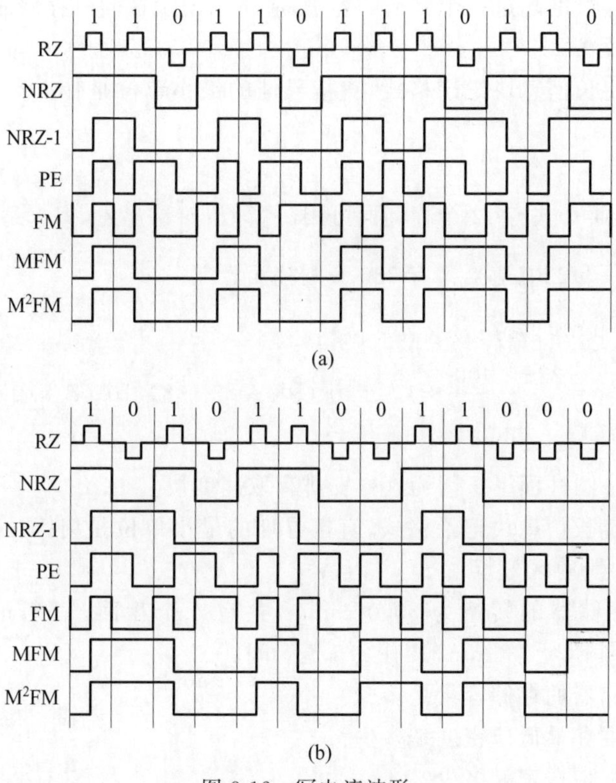

图 8-12　写电流波形

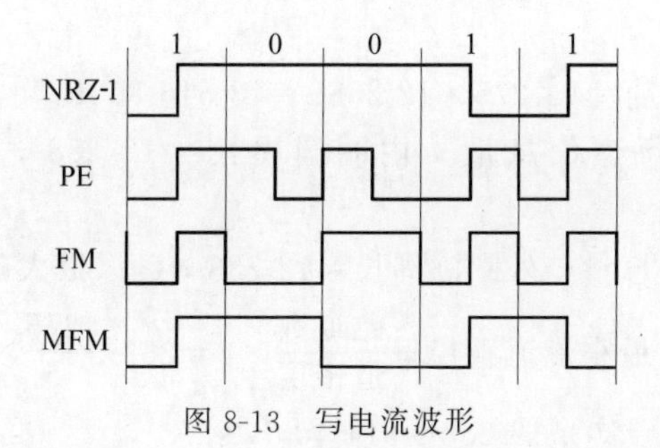

图 8-13　写电流波形

解：主存储器速度指标主要有存取速度和存取周期，而磁介质存储器速度指标为平均存取时间，这是因为磁介质存储器采用顺序存取或直接存取方式。磁盘存储器的平均存取时间至少应包括平均寻道时间和平均等待时间两部分，因为磁盘存储器首先需要将磁头移动到指定的磁道上，然后将记录块旋转到磁头的下方，才能进行读写。

8-5　某磁盘组有 6 片磁盘，每片可有两个记录面，存储区域内径为 22cm，外径为 33cm，道密度为 40 道/cm，位密度为 400b/cm，转速为 2400r/min。问：

(1) 共有多少个存储面可用？

(2) 共有多少个圆柱面？

(3) 整个磁盘组的总存储容量有多少？

(4) 数据传送率是多少？

(5) 如果某文件长度超过一个磁道的容量,应将它记录在同一存储面上,还是记录在同一圆柱面上?为什么?

(6) 如果采用定长信息块记录格式,直接寻址的最小单位是什么?寻址命令中如何表示磁盘地址?

解:

(1) $6\times2=12$(面),共有12个存储面可用。

(2) $40\times\frac{33-22}{2}=220$(道),共有220个圆柱面。

(3) $12\times22\pi\times400\times220=73\times10^6$(位)。

(4) 数据传送率$=\frac{22\pi\times400}{\frac{60}{2400}}\approx1.1\times10^6(\mathrm{b/s})=0.138\times10^6(\mathrm{B/s})$。

(5) 记录在同一圆柱面上。因为这样安排存取速度快。

(6) 如果采用定长信息块记录格式,直接寻址的最小单位是扇区。磁盘地址为驱动器号、圆柱面号、盘面号、扇区号。

8-6 某磁盘存储器的转速为3000 r/min,共有4个盘面,5道/mm,每道记录信息12 288B,最小磁道直径为230mm,共有275道。问:

(1) 该磁盘存储器的存储容量是多少?

(2) 最高位密度和最低位密度是多少?

(3) 磁盘的数据传送率是多少?

(4) 平均等待时间是多少?

解:

(1) 磁盘存储器的容量$=4\times275\times12\ 288\mathrm{B}=13\ 516\ 800\mathrm{B}$。

(2) 最高位密度=每道信息量÷内圈圆周长=12 288÷(π×最小磁道直径)≈17B/mm。

最低位密度=每道信息量÷外圈圆周长=12 288÷(π×最大磁道直径)≈11.5B/mm。

其中最大磁道直径$=$最小磁道直径$+\frac{\text{磁道数}}{\text{道密度}}\times2=230+\frac{275}{5}\times2=230+110=340\mathrm{mm}$

(3) 磁盘数据传输率$=50\times12\ 288=614\ 400\mathrm{B/s}$。

(4) 平均等待时间$=\frac{1}{2r}=\frac{1}{2\times50}=10\mathrm{ms}$。

8-7 假定某磁盘的转速是12 000 r/min,平均寻道时间为6ms,传输速率为50MB/s,有关控制器的开销是1ms,请计算连续读写256个扇区(每一扇区的大小为512B)需要的平均时间(忽略扇区间可能有的间隔)。

解: 磁盘的平均存取时间的计算公式如下:

平均存取时间=平均寻道时间+平均等待时间+控制器开销+读写时间

其中,平均等待时间为旋转半圈的时间,即$1\div(12\ 000\div60)\div2=2.5\mathrm{ms}$,读写总数据为$256\times512=0.125\mathrm{MB}$,读写时间为$0.125\div50\approx2.5\mathrm{ms}$。

所以,平均存取时间$=6+2.5+1+2.5=12\mathrm{ms}$。

8-8 某磁盘组的有效盘面为20个,每个盘面上有800个磁道。每个磁道上的有效记忆容量为13 000B,块间隔235B,旋转速度为3000 r/min。问：

(1) 在该磁盘存储器中,若以1000B为一个记录,这样,一个磁道能存放10个记录。若要存放12万个记录,需要多少个圆柱面(一个记录不允许跨越多个磁道)?

(2) 这个磁盘存储器的平均等待时间是多少?

(3) 数据传送率是多少?

解：

(1) 一个圆柱面可存放200个记录,120 000个记录需要600个圆柱面。

(2) 平均等待时间为旋转半圈的时间,即10ms。

(3) 数据传送率$=\dfrac{13000}{20}\approx 650\text{KB/s}$。

8-9 某磁盘格式化为24个扇区和20条磁道。该盘能按需要选择顺时针或逆时针旋转,旋转一圈的时间为360ms,读一块数据的时间为1ms。该片上有3个文件：文件A从磁道6、扇区1开始占有两块;文件B从磁道2、扇区5开始占有5块;文件C从磁道5、扇区3开始占有3块。

问：该磁盘的平均等待时间为多少?平均寻道时间是多少?若磁头移动和磁盘转动不同时进行,且磁头的初始位置在磁道0、扇区0,按顺序C、B、A读出上述3个文件,总的时间是多少?在相同的初始位置情况下,读出上述3个文件的最短时间是多少?此时文件的读出次序应当怎样排列?

解：平均等待时间为180ms。磁盘分为24个扇区,等待一个扇区的时间为15ms。

平均寻道时间为磁头移动10条磁道的时间,设移动一个磁道的时间为n,则平均寻道时间为$10n$。

按顺序C、B、A读出上述3个文件,总的时间包括：

(1) 总的寻道时间：移动5道时间＋移动3道时间＋移动4道时间＝移动12道时间＝$12n$。

(2) 总的等待时间：$(3+1+9)\times 15=195\text{ms}$。

(3) 总的读出数据时间：$(3+5+2)\times 1=10\text{ms}$。

读出上述3个文件的最短时间包括：

(1) 总的寻道时间：移动2道时间＋移动3道时间＋移动1道时间＝移动6道时间＝6n。

总的等待时间：$(5+7+5)\times 15=255\text{ms}$。

(2) 总的读出数据时间不变。

(3) 此时文件的读出次序为B、C、A。

8-10 什么是光盘?简述光盘的工作原理。

解：相对于利用磁通变化和磁化电流进行读写的磁盘而言,用光学方式读写信息的圆盘称为光盘,以光盘为存储介质的存储器称为光盘存储器。

CD-ROM光盘上有一条从内向外的由凹痕和平坦表面相互交替组成的连续的螺旋形路径,当一束激光照射在盘面上,靠盘面上有无凹痕的不同反射率读出程序和数据。

CD-R光盘的写入是利用聚焦成1μm左右的激光束的热能,使记录介质表面的形状发生永久性变化而完成的,所以只能写入一次,不能抹除和改写。

CD-RW光盘是利用激光照射引起记录介质的可逆性物理变化进行读写的,光盘上有一个相位变化刻录层,所以CD-RW光盘又称为相变光盘。

8-11 键盘属于什么设备?它有哪些类型?如何消除键开关的抖动?简述非编码键盘查询键位置码的过程。

解:键盘是计算机系统不可缺少的输入设备。键盘可分为两大类型:编码键盘和非编码键盘。非编码键盘用较简单的硬件和专门的键盘扫描程序识别按键的位置。消除键开关抖动的方法分硬件和软件两种。硬件的方法是增设去抖电路;软件的方法是在键盘程序中加入延时子程序,以避开抖动时间。键盘扫描程序查询键位置码的过程如下:

(1) 查询是否有键按下。

(2) 查询已按下键的位置。

(3) 按行号和列号求键的位置码。

8-12 针式打印机和字模式打印机有何不同?各有什么优缺点?

解:针式打印机利用若干根打印针组成的点阵构成字符;字模式打印机将各种字符塑压或刻制在印字机构的表面上,印字机构如同印章,可将其上的字符在打印纸上印出。针式打印机以点阵图拼出所需字形,不需要固定字模,它组字非常灵活,可打印各种字符和图形、表格和汉字等,字形轮廓一般不如字模式清晰;字模式打印机打印的字迹清晰,但字模数量有限,组字不灵活,不能打印汉字和图形。

8-13 什么是分辨率?什么是灰度级?它们各有什么作用?

解:分辨率由每帧画面的像素数决定,而像素具有明暗和色彩属性。黑白图像的明暗程度称为灰度,明暗变化的数量称为灰度级,分辨率和灰度级越高,显示的图像越清晰、逼真。

8-14 某字符显示器,采用7×9点阵方式,每行可显示60个字符,缓存容量至少为1260B,并采用7位标准编码,问:

(1) 如改用5×7字符点阵,其缓存容量为多少?(设行距、字距不变——行距为5,字距为1)

(2) 如果最多可显示128种字符,上述两种显示方式各需多大容量的字符发生器ROM?

解:

(1) 因为显示器原来的缓存为1260B,每行可显示60个字符,据此可计算出显示器的字符行数:1260÷60=21(行)。

因为原字符窗口=8×14=(7+1)×(9+5),现字符窗口=6×12=(5+1)×(7+5),所以,现显示器每行可显示80个字符,显示器可显示的字符行数为24行,故缓存的容量为80×24=1920B。

(2) ROM中为行点阵码。

7×9点阵方式:128×9×7=1152×7(b)=1152(B)

5×7点阵方式:128×7×5=896×5(b)=896(B)

注意:*为存储方便,每个行点阵码占用一个字节。*

8-15 某CRT显示器可显示64种ASCII字符,每帧可显示64列×25行,每个字符点阵为7×8,即横向7点,字间间隔1点,纵向8点,排间间隔6点,场频为50Hz,采用逐行扫

描方式。问:

(1) 缓存容量有多大?

(2) 字符发生器(ROM)容量有多大?

(3) 缓存中存放的是字符的ASCII码还是字符的点阵信息?

(4) 缓存地址与屏幕显示位置如何对应?

(5) 设置哪些计数器以控制缓存访问与屏幕扫描之间的同步?它们的分频关系如何?

解:

(1) 缓存容量:64×25=1600B(不考虑显示属性),64×25×2=3200B(考虑显示属性)。

(2) 字符发生器(ROM)容量=64×8=512B。

(3) 缓存中存放的是字符的ASCII码。

(4) 屏幕显示位置自左至右,从上到下,相应地,缓存地址由低到高,每个地址码对应一个字符显示位置。设字符在屏幕上的位置坐标为(X,Y),即行地址为X,列地址为Y,则缓存地址$=X\times 80+Y$(未考虑显示属性)。

(5) 设置4个计数器,以控制缓存访问与屏幕扫描之间的同步。它们的分频关系如下:

- 点计数器:8分频(包括横向7点和字间间隔1点)。
- 字计数器:79分频(包括一行显示64个字符和水平回扫折合的字符数)。
- 行计数器:14分频(包括纵向8点,排间间隔6点)。
- 排计数器:26分频(包括显示25排字符和垂直回扫折合的字符排数)。

8-16 某CRT字符显示器,每帧可显示80列×20行,每个字符是7×9点阵,字符窗口为9×14点阵,场频为50Hz。问:

(1) 缓存采用什么存储器?其中存放的内容是什么?容量应为多大?

(2) 缓存地址如何安排?若要显示243号单元存放的内容,其屏幕上X和Y的坐标应是多少?

(3) 字符点阵存放在何处?如何读出显示?

(4) 计算主振频率以及点计数器、字计数器、行计数器、排计数器的分频频率。

解:

(1) 缓存采用随机存储器,其中存放的内容是字符的ASCII码,容量至少为1600B(不含显示属性)。

(2) 屏幕上最多可显示1600个字符,缓存地址与屏幕显示位置的排号和列号具有对应关系。若要将缓存243号单元存放的内容显示出来,其屏幕上X和Y的坐标均为3(从0开始计),即在屏幕的第4行第4列上有字符显示。

(3) 字符点阵存放在字库中,根据字符的ASCII码逐行读出点阵显示。

(4) 主振频率=50×21×14×98×9≈12.97MHz。

点计数器:9分频。

字计数器:(80+18)分频。

行计数器:14分频。

排计数器:(20+1)分频。

8-17 若用CRT作图形显示器,其分辨率为640×200像素,沿横向每8点的信息存放在缓存中,场频为60Hz。问:

(1) 缓存的基本容量是多少?

(2) 地址如何安排?

(3) 点计数器、字节计数器、行计数器各为多少分频?

(4) 它和字符显示器有哪些不同?

解:

(1) 缓存的基本容量是16 000B(不考虑灰度级)。

(2) 缓存地址为行号×80+列号。

(3) 点计数器:8分频。

字节计数器:(80+L)分频,其中L次计数作为行线逆程回扫折合的字节数。

行计数器:(200+M)分频,其中M次计数作为场逆程回扫折合的行数。

(4) 图形显示器和字符显示器的不同在于:图形显示器需将每个像素的信息都存放在VRAM中,而字符显示器只需将要显示的ASCII码存放在VRAM中,字符的点阵来自字符发生器ROM。

8-18 某字符显示器的分辨率为25行×40列,字符为5×7点阵,横向间隔2点,排间间隔4点,问:缓存VRAM容量至少应多大?应设置哪几级同步计数器?它们的分频关系如何?若要求场频60Hz,则点频应为多少?何时访问一次VRAM?地址如何确定?

解: 缓存VRAM容量至少1000B。

设置4级同步计数器(点计数器、字计数器、行计数器、排计数器),它们的分频分别是:点计数器7分频、字计数器(40+L)分频、行计数器(7+4)分频、排计数器(25+M)分频。其中,L是水平回扫折合的字符数,M是垂直回扫折合的字符排数。假设$L=9$,$M=1$,则有

$$点频=60\times 26\times 11\times 49\times 7\approx 5.89(\text{MHz})$$

每隔1.189μs(字符脉冲频率的倒数)访问一次VRAM,地址由字计数器和排计数器共同提供,其中,字计数器提供低位地址,行计数器提供高位地址。

8-19 某图形显示器的分辨率为800×600像素,若作单色显示且不要求灰度等级,则VRAM容量至少应多大?应设置哪几级同步计数器?它们的分频关系如何?若要求场频为60Hz,则点频应为多少?何时访问一次VRAM?地址如何确定?

解: VRAM容量至少应为60 000B。

设置3级同步计数器(点计数器、字节计数器、行计数器),它们的分频关系分别是:点计数器8分频、字节计数器(100+L)分频、行计数器(600+M)分频。其中,L是行线逆程回扫折合的字节数,M是场逆程回扫折合的行数。假设$L=23$,$M=10$,则有

$$点频=60\times 610\times 123\times 8\approx 36(\text{MHz})$$

每隔0.22μs访问一次VRAM,地址由字节计数器和行计数器共同提供,其中字节计数器提供列号,行计数器提供行号。

8-20 某图形显示器的分辨率为640×480像素,刷新频率为50Hz,且假定水平回扫期和垂直回扫期各占水平扫描周期和垂直扫描周期的20%,试计算图形显示器的行频、水平扫描周期、每个像素的读出时间和视频带宽。若分辨率提高到1024×768像素,刷新频率提高到60Hz,再次计算图形显示器的行频、水平扫描周期、每个像素的读出时间和视频带宽。

解: 对于640×480像素的分辨率,行频为480×50Hz÷80%=30kHz,水平扫描周期为

1÷30kHz≈33μs，每一像素的读出时间为 33μs×80%÷640≈41ns，视频带宽为 640×30kHz÷80%=24MHz。

对于 1024×768 像素的分辨率，行频为 768×60Hz÷80%=57.6kHz，水平扫描周期为 1÷57.6kHz≈17.3μs，每一像素的读出时间为 17.4μs×80%÷1024≈13.6ns，视频带宽为 1024×57.6kHz÷80%=73.73MHz。

8-21 水平扫描频率（行频）的单位为 kHz，垂直扫描频率（场频）的单位为 Hz，两者为何相差 1000 倍？

解：行频又称水平扫描频率，是电子枪每秒在屏幕上扫描过的水平线条数，以 kHz 为单位。场频又称垂直扫描频率，是每秒钟屏幕重复绘制显示画面的次数，以 Hz 为单位。因为每场有近千条水平扫描线，所以行频与场频相差近 1000 倍。

第 9 章 输入输出系统

9.1 基本内容要求

计算机的输入输出系统是整个计算机系统中最具有多样性和复杂性的部分。本章首先讨论主机与外设之间的连接问题，接着重点介绍程序查询方式、程序中断方式、DMA 方式和通道方式 4 种输入输出控制方式。

学习要求

- 了解接口的基本组成。
- 理解输入输出接口和端口概念的不同。
- 了解接口的类型。
- 了解外设的识别与端口寻址。
- 了解各种输入输出信息传送控制方式的特点和适用范围。
- 了解程序查询方式的特点和工作流程。
- 理解程序中断的基本概念。
- 理解程序中断与调用子程序的区别。
- 了解程序中断的基本类型。
- 掌握 CPU 响应中断的 3 个条件。
- 掌握中断隐指令的特点以及中断隐指令完成的 3 个操作。
- 理解进入中断服务程序的方法(向量地址的形成)。
- 了解中断现场的保护和恢复方法。
- 理解中断允许触发器的作用以及开、关中断的时机。
- 掌握中断屏蔽的概念，通过改变中断屏蔽字实现中断升级。
- 掌握 DMA 方式的特点。
- 理解 DMA 方式和程序中断方式的区别。
- 了解 DMA 接口的组成。
- 掌握 DMA 传送方法和 DMA 传送过程。
- 理解通道控制方式与 DMA 方式的区别。
- 了解通道的类型与结构。
- 了解通道工作过程。

9.2 教师授课参考

计算机的输入输出系统的功能是在主机和外设之间进行数据传送以及对外设进行控制操作。随着计算机系统的不断发展，应用范围的不断扩大，外部设备的数量和种类越来越多，它们与主机的联络方式及信息的交换方式也各不相同，因此输入输出系统是计算机系统中最具有多样性和复杂性的部分。

本章涉及的内容很多，是本课程的重点章节，在教学过程中需要花费一定的时间和精力，尤其是程序查询、程序中断、DMA、通道等 I/O 方式的基本概念以及工作原理的讲解是一个难点，教师应该告诉学生这些 I/O 方式各自的特点和应用场合，讲清楚基本原理和基本方法，而不是让学生死记硬背基本概念。

根据教育部发布的《全国硕士研究生入学统一考试计算机科学与技术学科联考计算机学科专业基础考试大纲》对计算机组成原理部分的要求看，本章对应考研大纲中的第七部分——输入输出(I/O)系统中除外部设备一节后的其余内容。

(一) I/O 系统的基本概念
(二) 外部设备
(三) I/O 接口(I/O 控制器)
1. I/O 接口的功能和基本结构
2. I/O 端口及其编址
(四) I/O 方式
1. 程序查询方式
2. 程序中断方式
中断的基本概念；中断响应过程；中断处理过程；多重中断和中断屏蔽的概念。
3. DMA 方式
DMA 控制器的组成；DMA 传送过程。

考试的试题既可以以选择题形式出现，也可以以综合应用题形式出现，灵活运用基本原理和基本方法，对实际问题进行分析、计算将会是考查的热点。

9.3 误点疑点解惑

1. 接口和接口中的寄存器

输入输出接口是主机和外设之间的交接界面，通过接口可以实现主机和外设之间的信息交换。接口中要分别传送数据信息、控制信息和状态信息。控制信息是指 CPU 向设备发出的命令信号。状态信息是指外设和接口向主机报告的信息。在许多接口电路中，将数据信息、控制信息和状态信息都看作广义的数据信息，其中控制信息视为输出数据，状态信息视为输入数据，均通过数据线与主机进行交换。

接口电路与主机一侧连接的数据线有多根，并行传送多位数据，与设备一侧连接的数据线的数量取决于外设的类型，若是串行外设，则只有一根数据线；若是并行外设，则有多根数据线。

在接口电路中设置有能供CPU直接访问的寄存器,这些寄存器被称为端口,不同的端口被赋予不同的地址。通常,一个接口中包含有数据端口、命令端口和状态端口。存放数据信息的寄存器称为数据端口。存放控制命令的寄存器称为命令端口。存放状态信息的寄存器称为状态端口。CPU通过输入指令可以从有关端口中读取信息,通过输出指令可以把信息写入有关端口。有的端口只能写或只能读,有的端口既可以读,又可以写。例如,对状态端口只能读,在80x86中用输入指令(IN AL,状态口地址)可将外设的状态标志送到CPU中;对命令端口只能写,在80x86中用输出指令(OUT 控制口地址,AL)可将CPU的各种控制命令发送给外设。为了节省硬件,在某些接口电路中,状态信息和控制信息可以共用一个寄存器,通常称之为设备的控制/状态寄存器。

2. 程序查询方式传送举例

采用程序查询方式进行输入输出时,主机与外设之间处于串行工作状态。也就是说,外设工作时,主机什么也不能干,只是不停地查询该外设的工作状态,直到查询到外设已传送完一个数据时,则用很短的时间将这个数据取走。显然,采用这种工作方式,CPU只能与低速的外设交换信息。

下面以计算机早期使用的一种输入设备——光电输入机为例,说明程序查询方式的操作过程。假定某光电输入机以1KB/s的速度运行,即每输入一个字节需要1ms的时间。现有一批数据已记录在穿孔纸带上,等待输入到主存的一片区域中。

CPU首先要将本次输入的字节数和主存首地址置入相应的寄存器,并启动光电输入机工作,然后不断查询光电输入机的工作状态,直到光电输入机走完一排孔,即输入完一个字节,则用很短的时间将该字节写入主存中,并修改计数值和主存地址。重复上述过程,直至整个数据块输入完毕,操作过程可用流程图描述,假设查询过程(图9-1中虚线框内)需要两条指令,指令周期为1μs,而光电输入机要1ms才能准备好一个数据,所以,在整个数据块输入过程中,CPU约有99%以上的时间处于查询等待状态,而不能进行任何其他操作。显然,对于CPU来说,这是一种效率很低的输入方式。但这种方式控制简单,只需要很简单的硬件支持,有几个相关的寄存器和计数器就足够了。

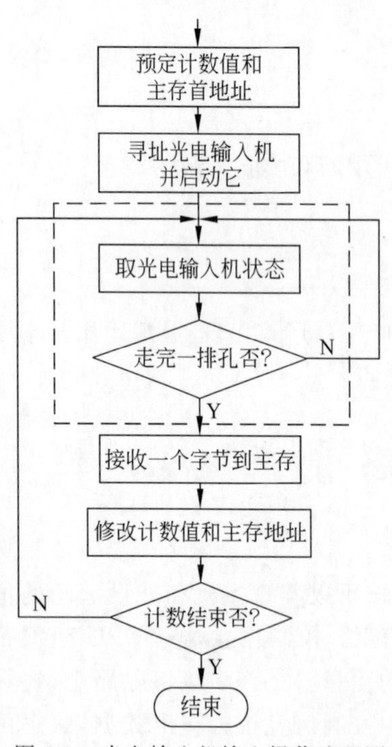

图9-1 光电输入机输入操作流程图

3. 中断系统的功能

现代计算机无论是巨型机、大型机、小型机,还是微型机,都具有中断处理能力。纵观各类计算机的中断系统,其功能可概括为以下5个方面。

(1) 实现主机和外设的并行工作。采用中断方式在主机和外设之间相互交换信息,以完成输入输出功能。主机和外设并行工作,大大提高了计算机的工作效率。

(2) 及时发现和处理机器中的软、硬件故障。计算机工作时,当运行程序发生故障或硬件发生故障时,机器中断系统可以中断正在处理的程序而自动进入故障处理程序,避免了某些偶然事故引起的计算故障或停机,提高了机器的可靠性。

(3) 进行实时处理。实时处理是指在某个事件或现象出现的实际时间内及时进行处理,而不是积压起来再进行批处理。例如,某个计算机过程控制系统,在生产过程中采集到随机出现的压力过大、温度过高等信息后,应及时输入计算机,并以最快速度立即响应,而不允许延迟。

(4) 实现人机对话。某些程序执行后,需要操作人员由控制台、打字机或某种终端设备提供信息,进行控制。可利用中断系统提供人工干预的途径,以实现人机对话功能。

(5) 实现多道程序的并行执行。在多用户计算机系统中,可通过中断系统实现多道程序之间的调度。多道程序运行时,对每道程序分配一个固定的时间片,利用时钟定时发中断请求,进行程序切换。

4. 程序中断方式不适合高速外设数据传送的原因

采用程序中断方式进行数据传送可以提高主机效率,但这种方式并不适合高速外设和主存储器之间的数据传送。若用于高速外设中,会使主机处于频繁的中断和返回过程中,从而加重了与中断有关的额外负担(即保护旧现场,恢复新现场),降低了主机的性能,还有发生丢失数据的可能。例如,磁盘平均速度为 100 000B/s,即用 10μs 传送一个字节;若 CPU 的指令周期为 2μs,中断服务程序为 10 条指令,交换一次数据需要 CPU 花费 20μs。其结果显然是:第一个数据还没有取走,第二个数据便将第一个数据冲掉,致使数据丢失。所以,对高速外设用程序中断方式是不适合的。

5. 中断响应阶段完成的任务

中断源发出中断请求后,CPU 中止现行程序的执行,转去为某个中断源服务的过程称为中断响应。中断响应阶段是中断全过程中至关重要的一个阶段,同时,由于不同计算机的中断系统具有一定的差异,不同计算机的中断响应阶段完成的任务也有所不同,所以这部分将成为教学中的一个难点。

CPU 响应中断要满足 3 个条件:①中断源有中断请求;②CPU 允许接受中断请求;③一条指令执行完毕。条件①是显而易见的,无须多说,而条件②、③则需要仔细讨论。CPU 内部有一个中断允许触发器(注意,并非每个中断源都有一个),以此确定 CPU 的现行程序是否可以被中断。当中断允许触发器为 1 时,CPU 处于中断开放状态,允许中断;当中断允许触发器为 0 时,CPU 处于中断关闭状态,禁止中断。中断允许触发器由开中断指令置位,由关中断指令或硬件自动使其复位。CPU 响应中断的时间是在一条指令(这条指令不能是停机指令)执行完毕,且没有优先权更高的请求(如电源失效或 DMA 请求)时,随后 CPU 进入中断周期。之所以必须等到一条指令执行完毕,是因为响应中断意味着处理机将从一个程序(现行程序)切换到另一个程序(中断服务程序),而程序是由一条条的指令组成的,如果不在指令执行完毕时进行程序的切换,中断返回时将无法保证原来的程序能继续执行。

为了使得切换前后的程序都能正确运行,在中断响应阶段需要将 CPU 的关键性硬件状态保存起来。这些状态主要有两类:一类是表示程序进程的程序状态字(PSW)和标志进程轨迹的程序计数器(PC,即断点);另一类是一些工作寄存器(如通用寄存器等),它们保存着程序执行的现行值,称为中断现场。PSW 和 PC 的内容必须在程序被中止时就加以保护,以便在恢复时程序能正确沿断点继续执行,否则 PC 和 PSW 的内容在中断响应时将被中断服务程序的入口地址和中断服务程序的状态字冲掉,所以往往在中断周期中由硬件完成它们的保存。而工作寄存器的内容在中断响应时不会被破坏,因此可以在中断服务程序里由软件把它转移到其他安全的地方。

在中断周期,CPU 执行一条中断隐指令。中断隐指令由硬件在中断响应时产生,它并不是指令系统中的一条真正的指令,本身没有操作码,也不会在程序中出现。中断隐指令主要完成3个操作:①保存断点;②关闭中断允许触发器;③找出中断服务程序的入口地址。

在中断周期中必须关闭中断允许触发器的原因是,保证用软件保护现行程序的中断现场期间不允许被新的、更高级的中断请求打断。并不是所有的计算机都一定在中断隐指令中由硬件关闭中断允许触发器,也有些计算机的这一操作是在中断服务程序中的保护现场之前由关中断指令实现的。

在公共请求线的中断系统中,CPU 响应中断后,必须识别出发出中断请求的中断源,才能找到中断服务程序的入口地址。最简单的方法是采用软件查询的方法,软件查询中断源是与中断判优结合在一起的。中断周期中给出的是公共服务程序的入口地址,公共服务程序是一段查询程序,当查询到中断请求的发出者,也就是找到了中断源时,程序可以立即转入对应的中断服务程序中,为相应的中断源服务。查询程序根据查询顺序先后确定优先级,改变查询的先后次序就可以改变优先级。这种方法节省了硬件开销,但增加了查询时间。另一种识别中断源的方法是串行优先链,在 CPU 接收到中断请求信号 INTR 之后,回复一个中断响应信号 INTA,通过硬件排队电路查出优先级最高的中断源,CPU 再找出该中断源的中断服务程序入口地址。这种方法具有很高的响应速度,其缺点是中断源的优先级被硬件排队电路固定死,使中断系统不够灵活。

6. 中断服务程序入口地址的获取方式

向量中断或非向量中断获取中断服务程序入口地址的方式是不同的。向量方式通过硬件方式确定中断源,产生对应于中断源的向量地址,可以快速直接转向对应的中断服务程序;非向量中断则是通过软件方式确定中断源,再分支进入相应的中断服务程序。

现代计算机基本上都具有向量中断功能,其具体实现方法有多种。例如,在80x86系统中,由中断类型码×4,形成向量地址;在 Z-80 系统中,中断源可以送出一种复位指令 RST n,再转换成向量地址。又如,在具有多根请求线的系统中,可由请求线编码产生各中断源的向量地址。再如,在菊花链结构中,经硬件查询找到批准的中断源,该中断源通过总线向 CPU 送出其向量地址。在有些系统中,CPU 内有一个中断向量寄存器,存放向量地址的高位部分,中断源产生向量地址的低位部分,两者拼接形成完整的向量地址。

CPU 在响应非向量中断时只产生一个固定的地址,由此读取中断查询程序的入口地址,进而转向查询程序,通过软件查询,确定被优先批准的中断源,然后分支进入相应的中断服务程序。在 DTS-130 机中,CPU 响应中断时,从主存的1号单元中读出查询程序的入口地址,然后转向查询程序,通过执行查询程序,按优先顺序逐个查询各中断源。若某中断源提出请求,则转向相应的中断服务程序;若未提出请求,则继续往下询问。查询程序是为所有中断请求服务的,又称为中断总服务程序,它的任务仅是判定优先级别最高的中断源,从而转向实质性处理的服务程序。查询程序本身可以存放在任何主存空间,但它的入口地址被写入一个固定的单元,各个中断服务程序的入口地址则被写进查询程序中。查询方式可以是软件查询,也可以先通过硬件取回被批准中断源的设备码,再通过软件判别。

7. 程序中断方式中容易混淆的几个问题

1）中断系统中的相关触发器的设置

中断系统是计算机实现中断功能的软、硬件总称。一般在CPU中配置中断机构，在外设接口中配置中断控制器，在软件上设计相应的中断服务程序。

通常，每个中断源都有自己的中断请求触发器和中断屏蔽触发器，多个中断源的这两个触发器可以组成多位的中断请求寄存器和中断屏蔽寄存器；而CPU中只有一个中断允许触发器，由它控制是否允许中断。

2）禁止中断与屏蔽中断

禁止中断与屏蔽中断是两个完全不相关的概念，但学生在学习的过程中很容易将两者混为一谈。

禁止中断是指CPU中的中断允许触发器被置0，此时中断关闭（关中断），所有中断源的中断请求都不能得到响应。与禁止中断对应的是允许中断，即中断允许触发器被置1，此时中断允许（开中断），来自中断源的中断请求可以得到响应。适时的开、关中断，将使CPU能正确进行程序切换。例如，为了保证多重中断时保护和恢复现场工作的完整性，在保护和恢复现场之前必须关中断，在保护和恢复现场之后必须开中断。

屏蔽中断是指某个中断源的中断屏蔽触发器被置1，此时对应的中断源不能请求中断服务。与屏蔽中断对应的是开放中断，即中断屏蔽触发器被置0，此时对应的中断源可以请求中断服务。各个中断源的中断屏蔽位组合起来形成一个中断屏蔽码，利用修改屏蔽码可以将某些中断源的中断请求暂时屏蔽起来，以此改变CPU为中断源服务的先后次序，达到在有多个中断源同时请求中断时，先为较低级中断源服务，然后再为较高级中断源服务的目的。

综上所述，禁止中断是对全部中断源的中断请求均加以禁止，而屏蔽中断只是将部分中断源的中断请求加以屏蔽。

3）中断响应次序和中断处理次序

中断响应次序和中断处理次序是两个不同的概念。中断响应次序是由硬件排队电路决定的，一旦排队电路设计完成，将无法改变。但是，中断处理次序是可以由中断屏蔽码改变的，所以把中断屏蔽码看成软排队器。正常情况下，中断处理次序就等于中断响应次序，但如果由程序员改变了中断屏蔽码，中断处理次序就不同于中断响应次序了。

8. DMA控制器的控制过程

采用程序查询或程序中断方式，外设与主机交换信息是完全在CPU的控制下进行的，输入输出操作给CPU增加了很大的额外开销。采用DMA方式，是在主存与外设之间建立一条“直接数据通路”，在不需要CPU干预，也不需要软件介入的情况下，在两者之间进行的高速数据传送方式。需要提醒学生注意的是，并不是真正在主存与外设间建立一条物理的直接数据通路，而是利用系统总线在主存与外设间建立一条逻辑的直接数据通路。另外，有些学生在答题中可能会将“主存和外设之间”误回答为“主机和外设之间”“CPU和外设之间”，所以，一定要强调在传送的过程中是不需要CPU干预的。

正常情况下，CPU拥有对系统总线的控制权。采用DMA方式时，CPU要放弃对系统总线的控制权，而将其赋予DMA控制器。具体操作过程如下：

当某个外设端口向DMA控制器发出DMA请求信号（DREQ）时，由DMA控制器向

CPU发出总线请求信号(HRQ),CPU接收到这一请求后,将在正在执行的指令的当前机器周期结束时响应这一请求,并向DMA控制器回送一个总线响应信号(HLDA),表示CPU从现在开始放弃对系统总线的使用权,于是DMA控制器进入主控状态,向发出请求的外设端口回送DMA响应信号(DACK),并在主存和外设端口之间建立一条直接传送数据的通路,完成输入输出操作功能,其控制过程如图9-2所示。

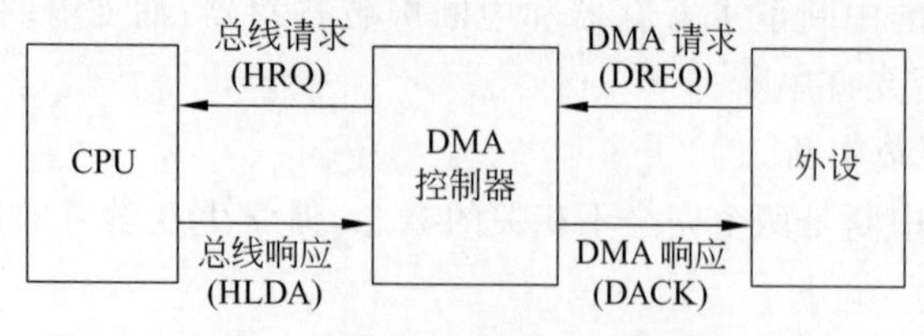

图9-2 DMA控制器的控制过程

DMA控制器是一个特殊的接口,当CPU获得系统总线控制权时,它处于从属状态,接收CPU对它的控制(如DMA传送前的预处理);当CPU放弃对系统总线的控制权时,它处于主控状态,接管对系统总线的控制权,完成整个数据传送过程的控制;待数据传送完毕,CPU将收回对系统总线的控制权,DMA控制器重新回到从属状态。通常将获得总线控制权的设备称为主设备,将与之进行信息交换的对象称为从设备,所以DMA控制器有时是主设备,有时是从设备。

9. 单字传送与成组连续传送

每提出一次DMA请求,将占用多少个总线周期?是单字传送,还是成组连续传送?合理安排CPU访存与DMA传送中的访存,是计算机系统设计时应该考虑的问题。采用DMA方式是为了实现一次批量传送,如从磁盘中读出一个文件,但具体实施上有两类方案。

1) 单字传送

每次DMA请求获得批准后,CPU让出一个周期的总线控制权,由DMA控制器控制系统总线,以DMA方式传送一个字节或一个字。然后,DMA控制器将系统总线控制权交回CPU,重新判断下一个周期的总线控制权归属。这种方式称为单字传送方式,也就是周期窃取方式。每次DMA请求从CPU控制中挪用一个总线周期(DMA周期),用于DMA传送。

当主存工作速度高出外设较多时,采用单字传送方式可以提高主存利用率,对CPU程序执行的影响较小。因此,高速主机系统常采用这种方式,这是因为在DMA传送数据尚未准备好(例如,尚未从磁盘中读到新的数据)时,CPU可用系统总线访问主存。根据主存读写周期与磁盘的数据传送率,可以算出主存操作时间的分配情况:有多少时间需用于DMA传送(被挪用),有多少时间可用于CPU访存,这在一定程度上反映了系统的处理效率。由于访存冲突,每次DMA传送会对CPU正常执行程序带来一定的影响,但由于主存速度较高,因而影响并不大。

2) 成组连续传送

每次DMA请求获得批准后,DMA控制器掌管总线控制权,连续占用若干个总线周期,进行成组连续的批量数据传送,直到批量传送结束,才将总线控制权交还CPU。在传送期间，CPU 处于保持状态，停止访问主存，因此也就无法继续执行程序。

当外设的数据传送率接近主存工作速度时，常采用成组连续传送方式。这种方式可以减少系统总线控制权的交换次数，有利于提高输入输出速度。由于系统必须优先满足 DMA 高速传送，如果 DMA 传送的速度接近主存速度，则每个总线周期结束时将总线控制权交回 CPU 就没有多大意义了。对单用户个人计算机，一旦启动调用磁盘，CPU 就等待这次调用结束才恢复执行程序，因此也可等到批量传送结束才收回总线控制权。对于高速计算机，常用多道程序工作方式，且主存速度超出外设速度很多，如果采用成组连续传送方式，就会影响主机的利用率。

10. 周期挪用法的特点和数据传送过程

周期挪用法是一种对 CPU 工作影响最小的 DMA 传送方法。基本做法是：CPU 在工作中，一旦查询到有 DMA 控制器产生的总线请求信号时，则暂停本身的操作，将一个周期让给 DMA 控制器，由它控制通过总线传送一个字节或一个字，然后 CPU 继续进行自己的操作，等待下一个总线请求的到来，重复上述过程，直到总线请求信号发完为止。可以看出，这种方式基本不影响 CPU 的工作，只是在需要时将一个周期挪用给 DMA 控制器，或者说，DMA 控制器在需要时从 CPU 窃取一个周期。利用周期挪用法进行 DMA 传送的过程如图 9-3 所示。

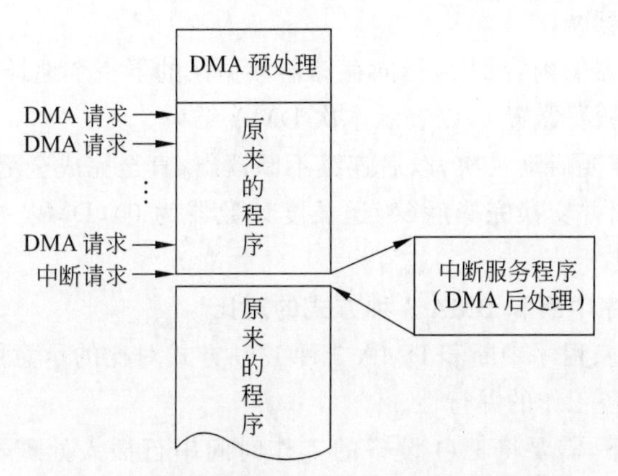

图 9-3　利用周期挪用法进行 DMA 传送的过程

由于从 CPU 窃取周期的目的是为了完成与主存的信息交换，所以这里所说的周期当然是指存取周期。在许多计算机中，为了简化时序控制，往往令存取周期就等于机器周期；在微型计算机中，主存是连接在系统总线上的，因此存取周期也就是总线周期。此时，存取周期与机器周期、总线周期等概念的含义相同，但要注意这一切都是有前提的。

周期挪用相当于根据需要在 CPU 正常的工作期间插入一个存储周期，用于 DMA 传送。当 CPU 的访存速度高出外设较多时，采用周期挪用法对 CPU 的影响很小。

下面以数据输入为例，讨论周期挪用法的数据传送过程。

(1) 由主程序启动设备，从设备读入一个字到 DMA 控制器的数据缓冲寄存器中。此时设备控制器完成信号将 DMA 控制器中的 DMA 请求触发器置 1，表示设备已完成一个数据传送工作。DMA 控制器向 CPU 发出总线请求，申请存取周期。

(2) CPU 响应总线请求，并在 CPU 的一个存储周期结束后放弃对系统总线的控制权，

DMA控制器立即占用下一个存取周期(DMA周期)进行操作,此时CPU现场冻结。图9-4为DMA运动轨迹。在DMA周期中,DMA控制器获得总线的控制权,执行以下3个操作。

① 将存储器数据区首地址送主存地址计数器。

② 将输入数据送数据缓冲寄存器。

③ 发送写存储器命令。

当DMA周期结束后,以清除信号送DMA控制器。

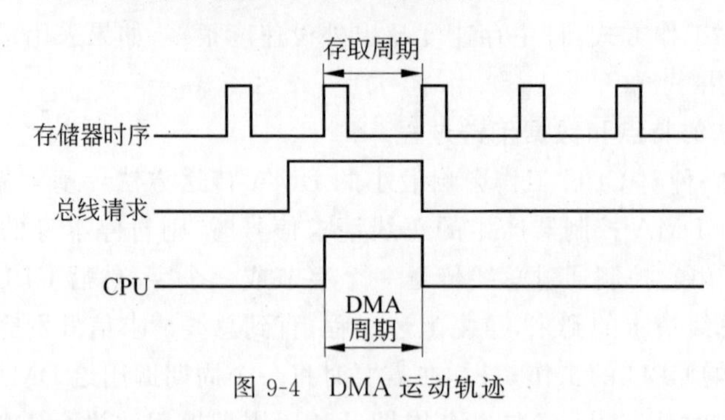

图9-4 DMA运动轨迹

(3) 清除信号在DMA控制器中执行以下3个操作。

① 传送长度计数器减1。

② 主存地址计数器的内容加1,指向存储器数据区的下一个地址。

③ 将DMA请求触发器置0,以表示本次DMA结束。

(4) 高速设备只需要启动一次,以后连续不断读出,直至完成全部数据的传送。

(5) 数据全部读出并交换完毕后(传送长度计数器为0),DMA控制器发中断请求,请求CPU进行结束处理。

11. 程序查询、程序中断和DMA 3种方式的对比

图9-5是程序查询、程序中断和DMA 3种I/O方式对比的示意图,从图中可以直观地看出处理器和I/O设备工作的并行性。

在程序查询方式下,需要将I/O设备的工作时间串行插入处理器执行程序的时间中。由于I/O设备速度相对很慢,处理器将花费大量的时间等待I/O设备(如等待打印机完成一行字符的打印,在等待期间,处理器无法响应其他工作)。

在程序中断方式下,只有在需要I/O操作时发出I/O设备的启动命令,然后处理器就可以继续执行程序的其他部分。当I/O设备就绪后,发出中断请求信号,通知处理器对I/O设备进行一次响应(如在打印机打印一行字符期间,处理器依然能够响应其他工作)。中断处理时,插入处理器的执行时间内的是执行中断服务程序的时间,这一时间远小于I/O设备完成工作所需的时间。

在DMA方式下,插入处理器执行程序时间中的仅是一个存取周期(对于周期挪用法而言)占用的时间。对于大量数据的传送来说,虽然需要插入多个存取周期,但显然对处理器的干扰很小。同时,由于每次传送能够由硬件在一个存取周期内完成,从而实现了I/O数据的高速传递。

12. 3种不同类型通道的比较

通道有3种不同的类型:字节多路通道、选择通道和数组多路通道。

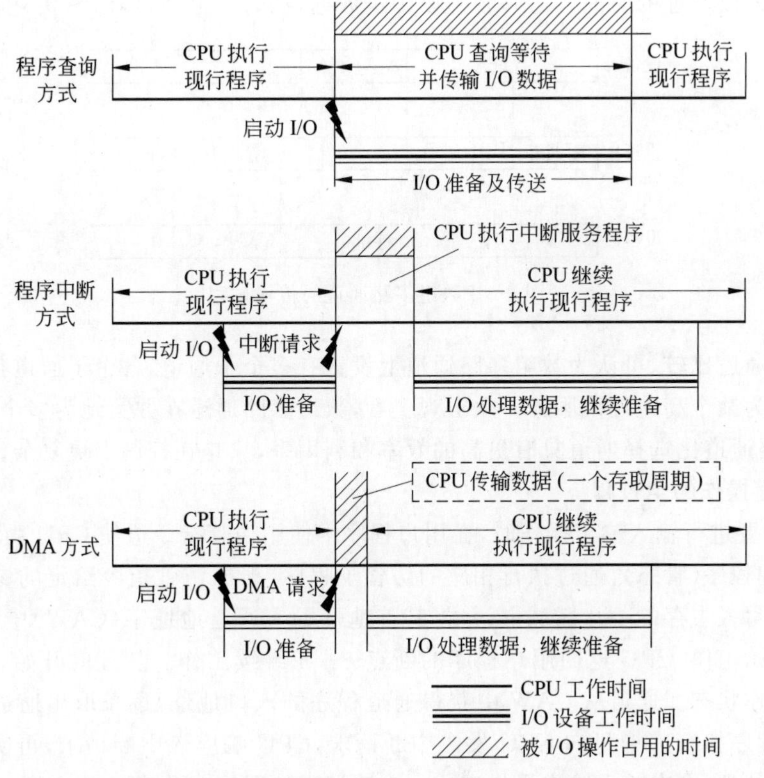

图 9-5　程序查询、程序中断和 DMA 3 种 I/O 方式对比的示意图

字节多路通道适用于连接大量字符类低速设备，通道的数据宽度(每次传送的数据量)为单字节，以字节交叉方式轮流为多台外部设备服务。选择通道和数组多路通道都适用于连接高速外设，但前者的数据宽度是不定长的数据块，后者的数据宽度是定长的数据块。3种类型通道的简要比较见表 9-1。

表 9-1　3 种类型通道的简要比较

性　　能	通道类型		
	字节多路通道	选择通道	数组多路通道
数据宽度	单字节	不定长块	定长块
适用范围	大量低速设备	优先级高的高速设备	大量高速设备
工作方式	字节交叉	独占通道	成组交叉
共享性	分时共享	独占	分时共享
选择设备次数	多次	一次	多次

选择通道和数组多路通道对高速外设服务方式是完全不同的，一条选择通道在物理上可连接多个外设，但是在逻辑上，一条选择通道只能连接一台外设，这就是说，选择通道任何时候只能为一台外设所独占，或者说，不管一条选择通道上连接多少台外设，任何时候只能在一台外设与主存之间建立数据传送的通路，只有等这台设备从寻址到一个数据块传送结束，才有可能为别的外设服务。而一条数组多路通道无论物理上，还是逻辑上，都可以连接多台外设，数组多路通道是以数据块交叉的方式同时为多台高速外设服务。具体地说，就是

利用为某台外设寻址的时间为另一台外设传送数据,从时序上看,可用图 9-6 描述。

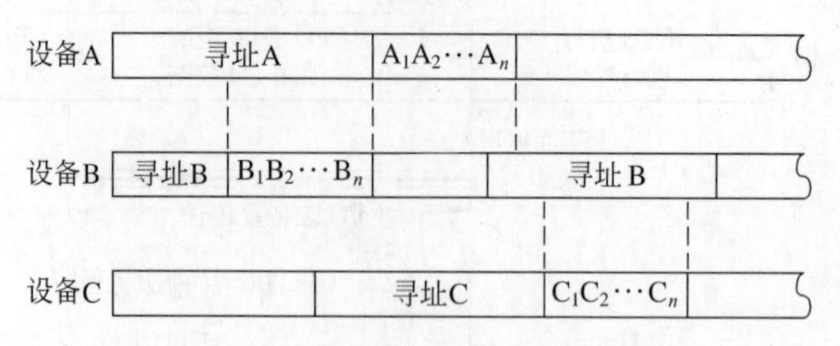

图 9-6 数组多路通道的传输过程

与选择通道比较,可认为数组多路通道上设置有多个子通道,各个子通道独立执行自己的通道程序为某个高速外设服务。从宏观上看,数组多路通道在并行地为多个外设服务,显然,数组多路通道比选择通道具有更高的效率和利用率,只是在控制上更复杂。

13. 通道操作的全过程

CPU 需要进行输入输出操作时,在用户程序中使用访管指令迫使 CPU 由用户程序(目态)进入管理程序(管态),通过执行相应的访管子程序,根据访管指令给定的参数编写程序(通道程序)写入主存的一片区域中,并将其首地址置入通道地址字(CAW)中,然后便可启动该通道开始工作,CPU 返回用户程序的断点 $k+n$ 继续工作。从此时开始,CPU 与通道处于并行工作状态。通道从 CAW 中获得通道程序的入口地址,逐条取出通道指令并执行它,待通道程序执行完毕可向 CPU 发出中断请求,CPU 响应该中断请求,再次进入管理程序进行结束处理,本次输入输出操作完成。上述过程如图 9-7 所示。

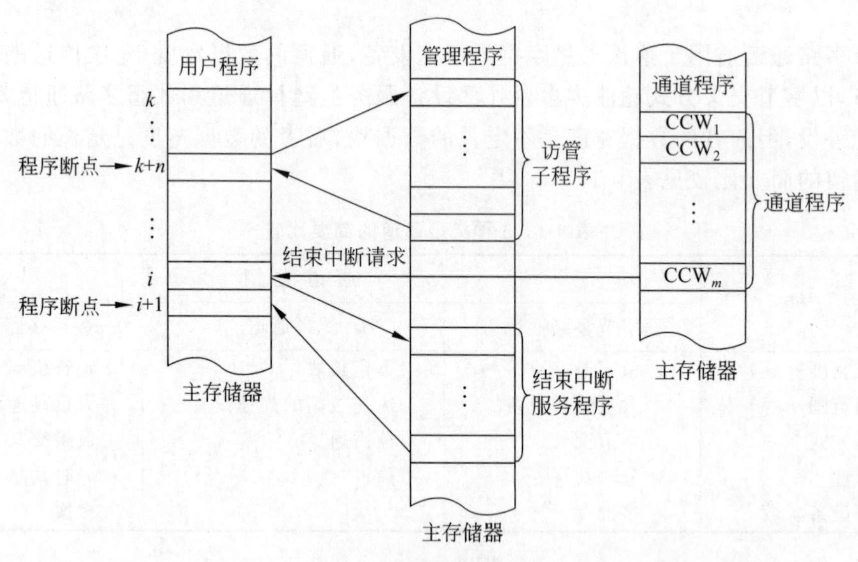

图 9-7 通道操作全过程

从图 9-7 中可以看出,整个输入输出操作的过程是在通道控制下完成的,而通道的控制是通过执行通道程序实现的。

在通道操作过程中,CPU 只需要进行两次干预:第一次是在访管指令的要求下执行访管子程序,编写好通道程序并写入主存的一片区域中,再将通道程序在主存中的首地址置入

CAW中，并启动该通道开始执行通道程序；第二次是待通道程序执行完毕，输入输出操作完成后，响应通道的中断请求进入结束中断服务程序，完成对本次输入输出操作的结束处理过程。

9.4 相关知识介绍

1. 输入输出系统的特点

在计算机系统中，通常把处理机与主存储器之外的部分统称为输入输出系统。输入输出系统是计算机系统中最具多样性和复杂性的部分。

输入输出系统的特点集中反映在异步性、实时性和与设备无关性这3项基本要求上，它们对输入输出系统的组织产生决定性的影响。

1）异步性

输入输出设备的工作很大程度上独立于处理机之外，通常不使用统一的中央时钟，各个设备按照自己的时钟工作，但又要在某些时刻接受处理机的控制。

2）实时性

对于一般外部设备，处理机必须按照不同设备要求的传送方式和传输速率不失时机地为设备提供服务，包括从设备接收数据，向设备发送数据及对设备的控制等。如果错过了服务的时机，就可能丢失数据或造成外设工作的错误。

用于实时控制的计算机系统对时间性的要求更强，如果处理机提供的服务不及时，很可能造成巨大的损失，甚至造成人身伤害。

对于计算机系统本身的硬件或软件错误，如电源故障、数据校验错、页面失效、非法指令以及地址越界等，CPU也必须及时处理。

3）与设备无关性

计算机系统为了能够适应各种外设的不同要求，规定了一些独立于具体设备的标准接口，如串行接口、并行接口、SCSI接口和USB接口等。各种外设必须根据自己的特点和要求，选择其中一种标准接口与计算机连接。凡是连接到同一种标准接口上的不同类型的设备，它们之间的差异必须由设备本身的控制器通过硬件和软件进行填补。这样，处理机本身就无须了解各种外设特定的具体工作细节，可以采用统一的硬件和软件对品种繁多的设备进行管理。

2. 主机和外设的连接方式

主机和外设的连接方式大致分为3类：辐射型连接、总线型连接和结合型连接，如图9-8所示。

1）辐射型连接（星形）

图9-8(a)中，主机和每个外设间都有各自独立的数据通路，形成以主机为中心向各个设备辐射的星形连接。这种连接方式具有控制简单的优点，但结构复杂、连线多，缺乏灵活性，尤其当外设数量较多时，连接起来可能很麻烦，因而现在已被淘汰。

2）总线型连接

图9-8(b)中，主机通过系统总线与外设连接，各外设经三态门挂接在总线上，故称为总线型连接。这种连接方式具有结构简单，易于扩展等优点，而且各外设之间也有可能通过同

一组总线直接通信。其缺点是所有外设都通过同一组总线分时工作,由于信息吞吐量有限,将影响交换速度。这种结构广泛用于微型机与小型机中。

3)结合型连接

图 9-8(c)所示的连接方式可看成前述两种方式的结合型。主机通过“通道”管理外设的输入输出操作。主机与通道间采用辐射型连接,而通道和外设间则采用总线型连接。

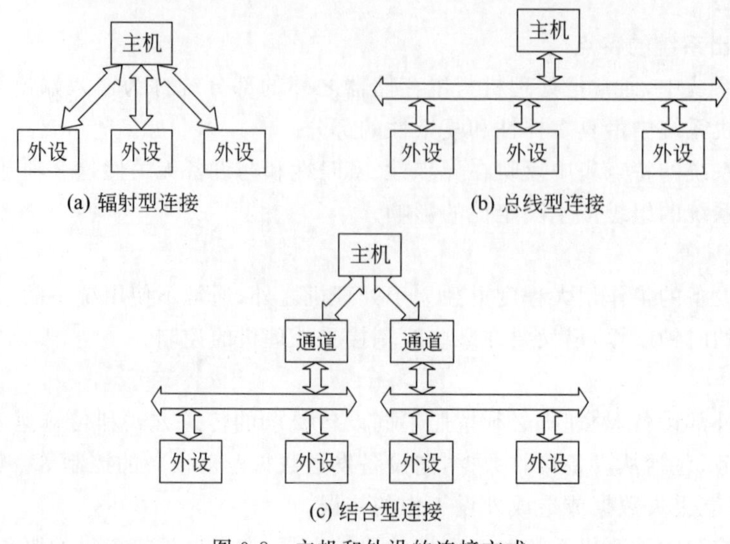

图 9-8 主机和外设的连接方式

3. 中断系统的软硬件功能分配

中断的全过程可以大致分为中断请求、中断判优、中断响应、中断处理和中断返回 5 个阶段,这 5 个阶段又可细分出许多功能。其中,有的功能必须用硬件实现,有的功能必须用软件实现,大部分功能既可以用硬件实现,也可以用软件实现。因此,设计一台计算机的中断系统时,如何适当地分配中断系统的软件和硬件功能,是设计好中断系统最关键的问题。中断系统中,软件与硬件的功能分配主要考虑两个因素。

(1) 中断响应时间。一个中断源发出中断请求到处理机响应这个中断源的中断请求,并开始执行这个中断源的中断服务程序所用的这段时间称为中断响应时间。在中断系统中,中断响应时间是一个非常重要的指标。特别是在实时计算机系统中,中断响应时间是整个计算机系统的一个关键性指标。

(2) 灵活性。一般情况下,用硬件实现速度快,但灵活性差;用软件实现灵活性好,但速度慢。

上述两个要求实际上是互相矛盾的。如果要减少中断响应时间,那么中断处理过程中那些既能用硬件实现,也能用软件实现的功能,要尽量用硬件实现,但是这样做必然失去了灵活性。相反,如果用软件实现的功能多了,灵活性虽然高了,但中断响应时间必然增加。

细化之后的中断全过程如图 9-9 所示。不同计算机系统的中断全过程中的各种功能完成的顺序可能有所不同。例如,“转向中断服务程序入口”这一功能可以插在从“保存断点”之后到第一次“开中断”(保护现场后)之间的任何一个地方。

在图 9-9 所示的全部功能中,只有“保护断点”和“转向中断服务程序入口”这两个功能

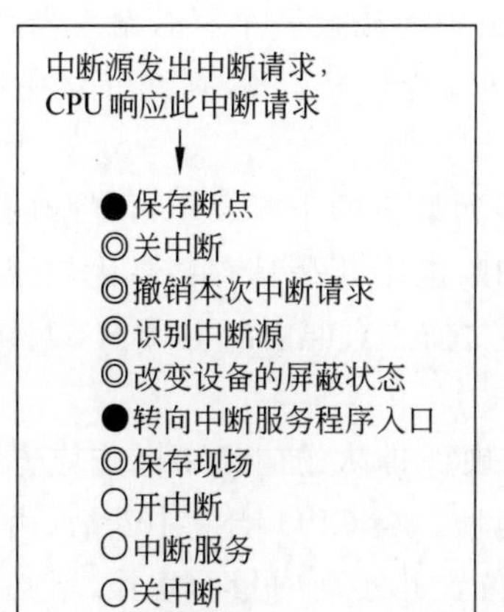

中断源发出中断请求，
CPU响应此中断请求
●保存断点
◎关中断
◎撤销本次中断请求
◎识别中断源
◎改变设备的屏蔽状态
●转向中断服务程序入口
◎保存现场
○开中断
○中断服务
○关中断
◎恢复现场
◎恢复屏蔽状态
◎开中断
○中断返回
注：● 表示本行的功能一般用硬件实现
○表示本行的功能一般用软件实现
◎表示本行的功能可以用硬件实现
也可以用软件实现。

图 9-9　细化之后的中断全过程

必须用硬件实现(通过中断隐指令)。这是因为中断响应发生在现行程序的什么地方是不确定的，一般不能由程序员安排。另外，第一次"关中断"一般也用硬件实现。同样，也只有"中断服务"和"中断返回"这两个功能必须用软件实现。其中"中断返回"需要执行一条中断返回指令。至于"中断服务"，当然要用软件实现，否则也就不能称为程序中断方式了。

通常，希望中断响应时间尽可能短，如果中断响应时间过长，在实时控制系统中，很可能失去控制的时机或丢失控制信号；在数据采集或数据传输系统中，有可能丢失数据。影响中断响应时间的因素主要有 4 个。

(1) 最长指令执行时间。在一条指令执行期间，不允许被中断。由于中断源的中断请求是随机发出的，可能发生在一条指令执行过程中的任何时刻，考虑最坏情况，就是最长指令执行时间。

(2) 在一条指令执行完成后，处理其他更紧迫的任务所用的时间。例如，处理 DMA 请求等。

(3) 从第一次"关中断"到第一次"开中断"经历的时间。在整个中断响应时间中，这段时间往往是最主要的。如果这些要做的事情都用硬件完成，中断响应时间就可以缩短很多。相反，如果其中的大部分功能都用软件实现，则中断响应时间就会很长。

(4) 多个中断源同时请求中断时，通过软件找到相关中断源的中断服务程序入口地址所经历的时间。

上述 4 部分时间中，第(3)部分是中断系统设计中需要考虑的主要问题。

4. 可屏蔽中断和不可屏蔽中断

主教材已经讨论了多种中断类型，除此以外，在许多系统中还可将中断分为可屏蔽中断和不可屏蔽中断两种。例如，在 80x86 系统中就有可屏蔽中断(INTR)和不可屏蔽中断(NMI)两种。

可屏蔽中断是指可不响应或暂不响应或有条件响应的中断。当中断源产生中断时，用程序方法可以有选择地封锁部分中断，使之不发出中断请求，而允许其余部分中断发出中断请求。具体实现方法是：在硬件上为每个可屏蔽中断源设一个屏蔽触发器，用程序方法将该触发器置1，则相应中断源不能发出中断请求；若将其置0，则允许该中断源发出中断请求。

不可屏蔽中断是指必须立即响应、不能回避和禁止的中断。不可屏蔽的中断源产生的中断必须立即响应，即它们具有高的优先级，如断电中断是具有最高优先级的不可屏蔽中断，对断电中断的处理安排在DMA和所有中断之前。自愿中断也属于不可屏蔽中断。

5. 向量中断与向量地址的产生

为了提高CPU响应中断的速度，往往采用硬件排队的向量中断响应方法。在向量中断中，每个中断源都给出一个中断向量和向量地址。当CPU响应中断后，由中断机构自动将向量地址通知CPU，由向量地址指明向量的位置并实现向量的切换，不必通过软件查询中断源，这种响应称为向量中断响应。由于CPU每次只能为一个中断请求服务，因此同样也存在着优先级排队问题。此时，将各级设备向量地址形成电路和优先级排队电路集合在一起，组成向量中断优先权编码器。下面以8级中断为例，说明硬件排队向量中断的基本概念。假定8级中断请求为$I_0 \sim I_7$，并规定0级优先级最高，1级次之，7级最低。表9-2为8级中断屏蔽码和向量地址，其中屏蔽码中的0表示允许中断，1表示屏蔽中断。

表9-2 8级中断屏蔽码和向量地址

中断请求	屏蔽码								向量地址VA		
	0	1	2	3	4	5	6	7	VA_0	VA_1	VA_2
I_0	1	1	1	1	1	1	1	1	0	0	0
I_1	0	1	1	1	1	1	1	1	0	0	1
I_2	0	0	1	1	1	1	1	1	0	1	0
I_3	0	0	0	1	1	1	1	1	0	1	1
I_4	0	0	0	0	1	1	1	1	1	0	0
I_5	0	0	0	0	0	1	1	1	1	0	1
I_6	0	0	0	0	0	0	1	1	1	1	0
I_7	0	0	0	0	0	0	0	1	1	1	1

图9-10为向量地址形成电路。第一列为屏蔽寄存器MASK的各位；第二列为中断请求寄存器INTR的各位，$D_0 \sim D_7$为各设备的完成信号；第三列“与门”的输出是各级中断请求信号的输出，并将其加入并行排队器；第四列是并行优先权排队电路；第五列由3个“或门”组成8-3编码器，输出为向量地址VA_0、VA_1和VA_2。图9-10中，虚线框内称为向量中断优先权编码器。所有中断向量的集合组成一张向量表，向量表建立在主存中。向量地址可用主存地址MAR表示，这时形成的VA_0、VA_1和VA_2 3位变量嵌入在MAR中。如果向量表是连续表，而且存放在主存从0号单元开始的区域，则VA_0、VA_1和VA_2就作为MAR的低位MAR_2、MAR_1和MAR_0；若向量表在主存中是分散分布，则向量地址嵌入主存地址的中间部分。

例9-1 若处理机给出的屏蔽码为11000011，在某一时刻t，D_1、D_3、D_4这3个设备的完成信号同时到达，此时向量地址应该是什么？

解：因为各设备的向量地址又是中断源的优先级，D_1、D_3、D_4这3个设备的优先级应该

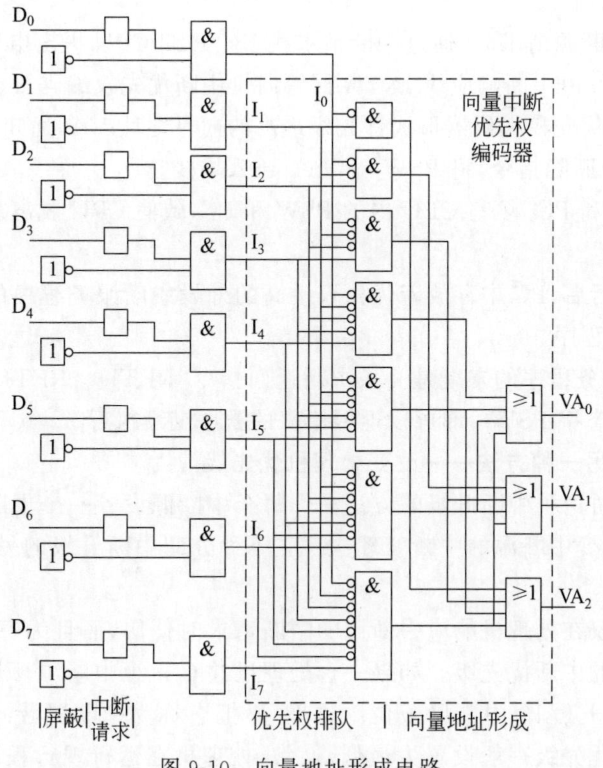

图 9-10 向量地址形成电路

是 $D_1>D_3>D_4$。屏蔽码为 11000011，它屏蔽了 D_0、D_1、D_6、D_7 设备的中断请求，但对 D_2、D_3、D_4、D_5 设备是开放的。对于 D_1、D_3、D_4 设备来说，D_1 设备中断请求应被屏蔽，D_3、D_4 设备既满足了外设工作已完成的条件，而且设备未被屏蔽，所以可有中断请求参与排队，又因 D_3 设备的优先级大于 D_4 设备，所以经排队线路应产生 D_3 设备的向量地址 011。

6. 向量中断的执行过程

图 9-11 为向量中断的执行过程。它表示优先级为 6 级的中断源打断优先级为 7 级的程序的执行过程。

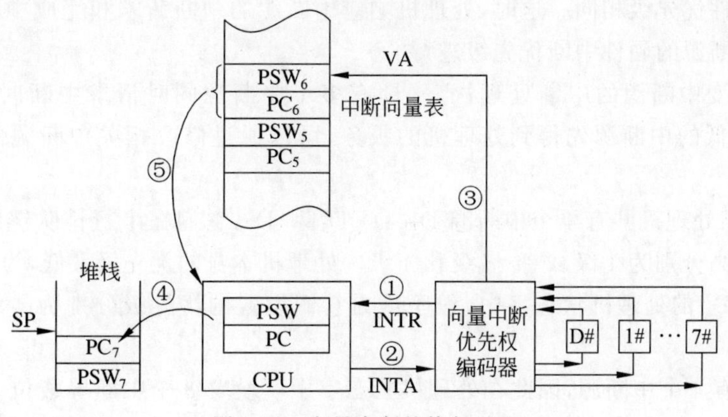

图 9-11 向量中断的执行过程

向量中断过程如下：

① 当设备有中断源请求时,通过中断请求线 INTR 向 CPU 提出申请。

② CPU 响应后,由中断响应线 INTA 回答向量中断优先权编码器。

③ 由向量中断优先权编码器形成优先级最高的向量地址 VA,通知 CPU。

④ CPU 执行中断隐指令,将 PSW_7 和 PC_7 压入堆栈。

⑤ 并用 PSW_6 和 PC_6 填写 CPU 内的 PSW 和 PC,致使 CPU 脱离现行程序,转去执行中断服务程序。

中断隐指令执行后,PC 中存放着优先权最高的外设中断服务程序的入口地址,从而使 CPU 运行中断服务程序。

返回时,中断服务程序的末尾是一条中断返回指令(RETI)。RETI 指令从堆栈中取出断点 PC_7 和程序状态字 PSW_7,即可以返回原来的程序继续执行。

7. 中断升级的另一种方法——改变处理机优先级

主教材中已经讨论了中断升级的方法——每个中断源设置一个中断屏蔽位,通过改变中断屏蔽码,可以改变中断源的中断处理次序。下面介绍中断升级的另一种方法——改变处理机优先级。

中断优先级不仅在处理机响应中断源的中断请求时使用,而且为每个中断源的中断服务程序也赋予同样的中断优先级。如果一台处理机共有 n 个中断源,则在处理机的状态字中需要设置$\lceil \log_2(n+1) \rceil$个中断屏蔽位。这里,不把它称为中断屏蔽码,而称为中断优先级。处理机本身的优先级一般设置为最低,通常,处理机在运行现行程序时,其优先级为 0 级。另外,要为每个中断源分别建立处理机状态字,通常把它们存放在主存的一个固定区域中。这些中断源的处理机状态字中同样也有一个中断优先级字段,而且每个中断优先级一般都可由程序员通过软件进行修改。

处理机在响应某个中断源的中断请求后,就把属于这个中断源的处理机状态字作为当前处理机的状态字,这时处理机的优先级也就改变成为程序员为这个中断源设置的中断优先级。这时,只有中断优先级高于当前处理机优先级的中断源,才能中断当前的中断服务程序。

正常工作的情况下,在各个中断源的处理机状态字中设置的中断优先级应该与这个中断源本身的硬件优先级相同。这时,处理机响应中断源的中断请求和完成中断服务的过程将严格按照中断源的硬件中断优先级进行。

如果要改变中断源的中断处理次序,即有多个中断源同时请求中断时,让某些硬件中断优先级较低的中断源先得到处理机的服务,可以通过修改相关中断源的处理机状态字实现。

例 9-2 某处理机共有 4 个中断源 D_1、D_2、D_3 和 D_4,它们在串行排队链中的硬件中断优先级从低到高分别为 1 级、2 级、3 级和 4 级。处理机本身的优先级最低,为 0 级。在中断源 D_1、D_2、D_3、D_4 的处理机状态字中,程序员为它们设置的优先级分别为 4 级、3 级、2 级、1 级。

解：因为有 4 个中断源,因此在处理机状态字中要设置 3 个中断屏蔽位。其中,000 为处理机本身的优先级,001～100 分别表示 4 个中断源的中断优先级。如果当处理机正在执行现行程序时,4 个中断源同时请求中断服务,图 9-12 给出处理机实际响应中断源的中断请求和完成中断服务的过程。

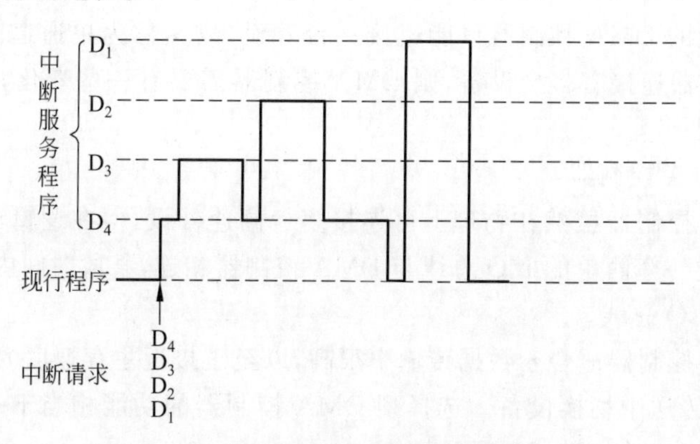

图 9-12 采用处理机优先级进行中断升级

当处理机运行现行程序时,处理机的优先级最低,为 0 级。4 个中断源同时请求中断,通过硬件排队器选择其中硬件中断优先级最高的中断源 D_4,处理机实现响应它的中断请求,并且处理机的优先级改变为 1 级。这时,由于 D_1、D_2、D_3 3 个中断源仍然在请求中断,而且它们的硬件中断优先级都比当前处理机的优先级高,因此,处理机要响应其中硬件优先级最高的中断源 D_3 的中断请求,并且把处理机的优先级改变为 2 级。这时还剩下 D_1 和 D_2 两个中断源在请求中断,它们的硬件中断优先级都不高于当前处理机的优先级,因此,中断源 D_3 的中断服务程序能够一直执行完成。当处理机从中断源 D_3 的中断服务程序返回到中断源 D_4 的中断服务程序中时,处理机的中断优先级又变成 1 级。这时还没有得到处理机响应的两个中断源 D_1 和 D_2 中,只有中断源 D_2 的硬件优先级高于当前处理机的中断优先级。因此,处理机将立即响应中断源 D_2 的中断请求,又把处理机的优先级改变为 3 级。由于剩下的中断源 D_1 的硬件优先级低于当前处理机的优先级,处理机将把中断源 D_2 的中断服务程序全部执行完毕,才返回到中断源 D_4 的中断服务程序中。这时,最后一个没有被处理机响应的中断源 D_1 的硬件中断优先级与当前处理机的优先级相同,要等待处理机把中断源 D_4 的中断服务程序全部执行完成,并返回到现行程序之后,中断源 D_1 的中断请求才能得到处理机的响应。由于中断源 D_1 是最后一个被处理机响应并得到服务的中断源,因此,它的中断服务程序能够一直执行完成。在中断源 D_1 的中断服务程序全部执行完成,处理机返回执行现行程序时,全部中断源的中断请求也就处理完成了。

从图 9-12 中看到,虽然 4 个中断源 D_1、D_2、D_3、D_4 的硬件中断优先级是从低到高顺序排列的,并且 4 个中断源同时请求中断,但是,通过改变各个中断源所属的处理机状态字内的中断优先级,使得处理机实际完成中断处理的顺序变成 D_3、D_2、D_4、D_1。当然,还可以根据需要,任意改变中断处理的次序。

改变处理机优先级的方法与每个中断源都设置一个屏蔽位的方法相比,两者都能由程序员通过软件改变中断源的中断处理次序,因此,它们都具有灵活性好的特点。它们的差别有两个:第一,两者使用的概念不同,前者使用的是中断屏蔽码,后者使用的是中断优先级;第二,前者要为每个中断源设置一个中断屏蔽位,所需要的位数比较多,而后者表示优先级使用的位数要少得多。当然,前者使用起来要比后者方便些。例如,前者可以任意屏蔽掉一个或几个中断源,而后者只能屏蔽掉比某个中断优先级低的中断源。

8. 连接多台外设的 DMA 控制器

主教材中讨论的 DMA 控制器只能连接一台外设,故又称为单通道 DMA 控制器。如果一个 DMA 控制器连接着多台设备,则 DMA 控制器需要有一些变化,可能采用选择型,也可能采用多路型。

1) 选择型 DMA 控制器

选择型 DMA 控制器虽然在物理上可连接多台高速外设,但在逻辑上只允许连接一台外设。各外设通过一个简单的 I/O 总线与 DMA 控制器相连,某段时间内,只有被选中的一台设备使用局部 I/O 总线。

选择型 DMA 控制器适合于数据传输率很高,以至于接近主存速度的设备,在这种情况下,不允许在批量传送中切换设备。选择型 DMA 控制器的功能相当于一个数据块传送的切换开关,以数据块为单位进行选择与切换。

2) 多路型 DMA 控制器

多路型 DMA 控制器不仅在物理上可连接多台外设,而且在逻辑上也允许多台外设同时工作,各外设采用字节或字交叉方式进行数据传送。这种类型由一个 DMA 控制器和多个接口组成,有多少接口,就可连接多少台设备。

多路型 DMA 控制器适合于连接多个数据传输率不很高的外设,实用的多路型 DMA 控制器往往兼有选择型 DMA 控制器的功能。如果采用单字传送方式,就是典型的多路型;如果采用成组连续传送,让各设备以数据块为单位,则是选择型。

9. 通道中的数据传送过程

一个字节多路通路是分时为多台低速和中速外设服务的,有 p 台设备同时连接到一个字节多路通道上时,它们的数据传送过程如图 9-13(a)所示。

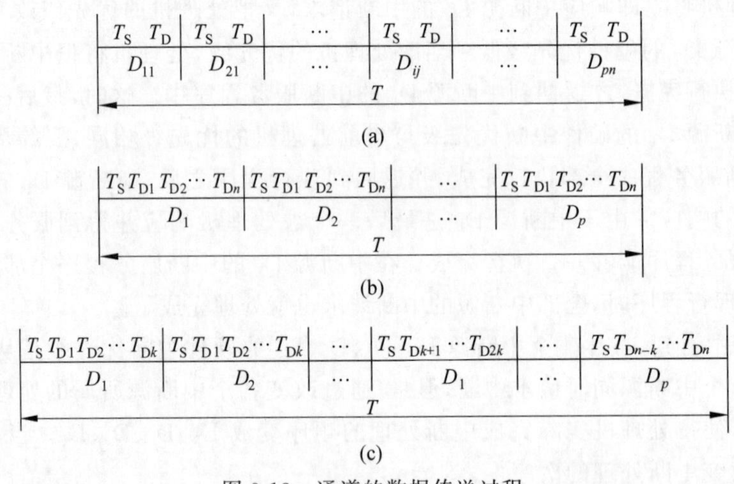

图 9-13　通道的数据传送过程

在图 9-13(a)中,每个参数的含义如下。

T_S:设备选择时间。从通道需要设备发出数据传送请求开始,到通道实际为这台设备传送数据所需要的时间。

T_D:传送一个字节所用的时间,实际上就是通道执行一条通道指令,即数据传送指令所用的时间。

p：在一个通道上连接的设备台数，且这些设备同时都在工作。

n：每个设备传送的字节个数。这里，假设每台设备传送的字节数都相同，都是 n 个字节。

D_{ij}：连接在通道上的第 i 台设备传送的第 j 个数据，其中 $i=1,2,\cdots,p;j=1,2,\cdots,n$。

T：通道完成全部数据传送工作所需要的时间。

在字节多路通道中，通道每连接一台外设，只传送一个字节，然后又与另一台设备相连接，因此，T_S 和 T_D 是间隔进行的。

当一个字节多路通道上连接有 p 台设备，每台设备都传送 n 个字节时，需要的时间为

$$T_{\text{byte}}=(T_S+T_D)\cdot p\cdot n$$

选择通道一段时间内只能单独为一台高速外设服务，当这台设备的数据传送工作全部完成后，通道才能为另一台设备服务。选择通道的数据传送过程如图 9-13(b)所示，图中除与字节多路通路相同的参数外，还有如下参数。

T_{Di}：通道传送第 i 个数据所用的时间，其中 $i=1,2,\cdots,n$。

D_i：通道正在为第 i 台设备服务，$i=1,2,\cdots,p$。

在选择通道中，通道每连接一台外设，就把这个设备的 n 个字节全部传送完成，然后再与另一台设备相连接，因此，在一个 T_S 之后，有连续 n 个数据传送时间 T_D。

当一个选择通道连接 p 台设备，每台设备都传送 n 个字节时，需要的时间为

$$T_{\text{select}}=\left(\frac{T_S}{n}+T_D\right)\cdot p\cdot n$$

数组多路通道在一段时间内只能为一台高速设备传送数据，但同时可以有多台高速设备在寻址，包括定位和找扇区。数组多路通道的数据传送过程如图 9-13(c)所示，图中所用参数与前两种类型相同，另外还有如下参数。

k：一个数据块中的字节个数。一般情况下，$k<n$。

数据多路通道每连接一台高速设备，一般传送一个数据块，传送完成后，又与另一台高速设备连接，再传送一个数据块，因此，在一个 T_S 之后，有连续 k 个数据传送时间 T_D。

当一台数组多路通道连接 p 台设备，每台设备都传送 n 个字节时，需要的时间为

$$T_{\text{block}}=\left(\frac{T_S}{k}+T_D\right)\cdot p\cdot n$$

10. 通道的流量分析

通道流量是指通道在数据传送期内，单位时间里传送的字节数。它能达到的最大流量称为通道极限流量。

假设通道选择一次设备的时间为 T_S，每传送一个字节的时间为 T_D，通道工作时的极限流量分别如下。

(1) 字节多路通道：

$$f_{\max\cdot\text{byte}}=\frac{p\cdot n}{(T_S+T_D)\cdot p\cdot n}=\frac{1}{T_S+T_D}$$

每选择一台设备只传送一个字节。

(2) 选择通道：

$$f_{\max\cdot\text{select}}=\frac{p\cdot n}{\left(\frac{T_S}{n}+T_D\right)\cdot p\cdot n}=\frac{1}{\frac{T_S}{n}+T_D}=\frac{n}{T_S+nT_D}$$

每选择一台设备,就把 n 个字节全部传送完。

(3) 数组多路通道:

$$f_{\text{max}\cdot\text{block}}=\frac{p\cdot n}{\left(\frac{T_S}{k}+T_D\right)\cdot p\cdot n}=\frac{1}{\frac{T_S}{k}+T_D}=\frac{k}{T_S+kT_D}$$

每选择一台设备,就传送定长 k 个字节。

若通道上接 p 台设备,则通道要求的实际流量分别如下。

(1) 字节多路通道:

$$f_{\text{byte}}=\sum_{i=1}^{p}f_i$$

即所接 p 台设备的速率之和。

(2) 选择通道:

$$f_{\text{select}}=\max_{i=1}^{p}f_i$$

(3) 数组多路通道:

$$f_{\text{block}}=\max_{i=1}^{p}f_i$$

即所接 p 台设备中速率最高者。

为使通道所接外部设备在满负荷工作时仍不丢失信息,应使通道的实际最大流量不超过通道的极限流量。

如果在 I/O 系统中有多个通道,各个通道是并行工作的,则 I/O 系统的极限流量应当是各通道或各子通道工作时的极限流量之和。

例 9-3 一个字节多路通道连接 D_1、D_2、D_3、D_4、D_5 共 5 台设备,这些设备分别每 10μs、30μs、30μs、50μs 和 75μs 向通道发出一次数据传送的服务请求,请回答下列问题:

(1) 计算这个字节多路通道的实际流量和工作周期。

(2) 如果设计字节多路通道的最大流量正好等于通道实际流量,并假设对数据传输率高的设备,通道响应它的数据传送请求的优先级也高。5 台设备在 0 时刻同时向通道发出第一次传送数据的请求,并在以后的时间里按照各自的数据传输率连续工作。画出通道分时为每台设备服务的时间关系图,并计算这个字节多路通道处理完各台设备的第一次数据传送请求的时刻。

(3) 从时间关系图上可以发现什么问题?如何解决这个问题?

解:这个字节多路通道的时间流量为

$$f_{\text{byte}}=\left(\frac{1}{10}+\frac{1}{30}+\frac{1}{30}+\frac{1}{50}+\frac{1}{75}\right)\text{MB/s}=0.2\text{MB/s}$$

通道的工作周期为

$$T=\frac{1}{f_{\text{byte}}}=5\mu\text{s}$$

包括设备选择时间 T_S 和传送一个字节的时间 T_D。

字节多路通道响应设备请求和为设备服务的时间关系图如图 9-14 所示,向上的箭头表示设备的数据传送请求,有阴影的长方形表示通道响应设备的请求并为设备服务所用的工作周期。

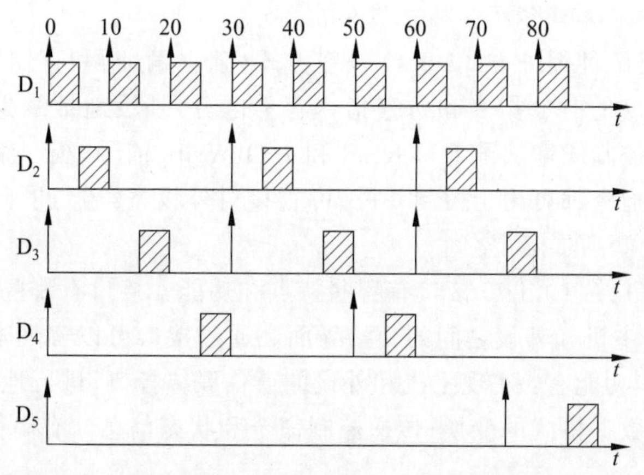

图 9-14　字节多路通道响应设备请求和为设备服务的时间关系图

在图 9-14 中，5 台设备在 0 时刻同时向字节多路通道发出第一次传送时间的请求，通道处理完各设备第一次请求的时间分别如下：

处理完设备 D_1 的第一次请求的时刻为 $5\mu s$；

处理完设备 D_2 的第一次请求的时刻为 $10\mu s$；

处理完设备 D_3 的第一次请求的时刻为 $20\mu s$；

处理完设备 D_4 的第一次请求的时刻为 $30\mu s$；

设备 D_5 的第一次请求没有得到通道的响应，直到第 $85\mu s$ 通道才开始响应设备 D_5 的服务请求，这时，设备已经发出了两个传送数据的服务请求，因此第一次传送的数据有可能丢失。

当字节多路通道的最大流量与连接在这个通道上的所有设备的数据流量之和非常接近时，虽然能够保证在宏观上通道不丢失设备的信息，但不能保证在某个局部时刻不丢失信息。由于高速设备在频繁地发出要求传送数据的请求时，总是被优先得到响应和处理，这就可能使低速设备的信息一时得不到处理而丢失，如本例中的设备 D_5。为了保证本例中的字节多路通道能正常工作，可以采取以下措施解决。

(1) 增加通道的最大流量，保证连接在通道上的所有设备的数据传送请求能够及时得到通道的响应。

(2) 动态改变设备的优先级。例如，在图 9-14 中，只要在 $30\sim70\mu s$ 之间临时提高设备 D_5 的优先级，就可使设备 D_5 的第一次传送请求及时得到通道的响应，其他设备的数据传送请求也能正常得到通道的响应。

(3) 增加一定数量的数据缓冲器，特别是对优先级比较低的设备。例如，在图 9-14 中，只要为设备 D_5 增加一个数据缓冲器，它的第一次数据传送请求可在 $85\mu s$ 处得到通道的响应，第二次数据传送请求可在 $145\mu s$ 处得到通道的响应，所有设备的数据都不会丢失。

9.5　教材习题解答

9-1　什么是计算机的输入输出系统？输入输出设备有哪些编址方式？有什么特点？

解：计算机的输入输出系统包括输入输出接口和输入输出信息传送控制方式等，它们是整个计算机系统中最具有多样性和复杂性的部分。

输入输出设备有两种编址方式：I/O映射方式(独立编址)和存储器映射方式(统一编址)。独立编址的优点是I/O指令和访存指令容易区分,外设地址线少,译码简单,主存空间不会减少;缺点是控制线增加了I/O Read和I/O Write信号;统一编址的优点是总线结构简单,全部访存类指令都可用于控制外设,可直接对外设寄存器进行各种运算,占用主存一部分地址,缩小了可用的主存空间。

9-2 什么是I/O接口？I/O接口有哪些特点和功能？接口有哪些类型？

解：I/O接口是主机和外设之间的交接界面。通过接口可以实现主机和外设之间的信息交换。接口的基本功能有：实现主机和外设的通信联络控制;进行地址译码和设备选择;实现数据缓冲;完成数据格式的变换;传递控制命令和状态信息。有串行接口和并行接口两种类型。

9-3 并行接口和串行接口实质上的区别是什么？其界面如何划分？各有什么特点？

解：这里说的数据传送方式指的是外设和接口一侧的传送方式,而在主机和接口一侧,数据总是并行传送的。在并行接口中,外设和接口间的传送宽度是一个字节(或字)的所有位,一次传输的信息量大,但数据线的数目将随着传送数据宽度的增加而增加。在串行接口中,外设和接口间的数据是一位一位串行传送的,一次传输的信息量小,但只需一根数据线。在远程终端和计算机网络等设备离主机较远的场合下,用串行接口比较经济划算。

9-4 程序查询方式、程序中断方式、DMA方式各自适用什么范围？下面这些结论正确吗？为什么？

(1) 程序中断方式能提高CPU利用率,所以设置中断方式后,就没有再应用程序查询方式的必要了。

(2) DMA方式能处理高速外部设备与主存间的数据传送,高速工作性能往往能覆盖低速工作要求,所以DMA方式可以完全取代程序中断方式。

解：程序查询方式、程序中断方式、DMA方式各自适用的范围见前述。

(1) 不正确。程序查询方式接口简单,可用于外设与主机速度相差不大,且外设数量很少的情况。

(2) 不正确。DMA方式用于高速外部设备与主存间的数据传送,但DMA结束时仍需程序中断方式进行后续处理。

9-5 什么是程序查询I/O传送方式？试举例说明其工作原理,它有哪些优缺点？

解：程序查询方式是主机与外设间进行信息交换的最简单方式。程序查询方式的核心问题在于需要不断地查询I/O设备是否准备就绪。

CPU利用程序查询方式从硬盘上读取一个数据的过程是：CPU首先启动键盘工作,然后测试键盘状态,若键盘数据未准备就绪,则输入缓冲寄存器的内容不可以使用,继续查询;若键盘数据已准备就绪,则执行输入指令取走该数据。这种方式的优点是控制简单,节省硬件,缺点是系统效率低。

9-6 图9-5(主教材P294)是以程序查询方式实现与多台设备进行数据交换的流程图,试分析这种处理方式存在的问题以及改进措施。

解：若有多个外设需要用查询方式工作时,CPU巡回检测各个外设,逐个进行查询,发现哪个外设准备就绪,就对该外设实施数据传送,然后再对下一外设查询,依次循环。在整个查询过程中，CPU不能做别的事。如果某一外设刚好在查询过自己之后才处于就绪状态，那么它就必须等CPU查询完其他外设后再次查询自己时，才能等到CPU为它服务，这对于实时性要求较高的外设来说，就可能丢失数据。改进的措施可以采用增加缓冲寄存器的方法。

9-7 如果采用程序查询方式从磁盘上输入一组数据，设主机执行指令的平均速度为100万条指令每秒，试问从磁盘上读出相邻两个数据的最短允许时间间隔是多少？若改为中断式输入，这个间隔是更短些，还是更长些？由此可得出什么结论？

解：指令的平均执行时间为1μs，若采用程序查询方式，每传送一个数据至少需要5条指令，则从磁盘上读出相邻两个数据的最短允许时间间隔为5μs。若改为中断式输入，这个间隔不会缩短，只会延长。由此可知，中断方式并不适合磁盘这类高速外设使用。

9-8 在程序查询方式的输入输出系统中，假设不考虑处理时间，每个查询操作需要100个时钟周期，CPU的时钟频率为50MHz。现有鼠标和硬盘两个设备，而且CPU必须每秒对鼠标进行30次查询，硬盘以32位字长为单位传输数据，即每32位被CPU查询一次，传输率为2MB/s。求CPU对这两个设备查询所花费的时间比率，由此可得出什么结论？

解：CPU每秒对鼠标进行30次查询，所需的时钟周期数为$100\times30=3000$，由于CPU的时钟频率为50MHz，故对鼠标的查询占用CPU的时间比率为

$$\frac{3000}{50\times10^6}\times100\%=0.006\%$$

对于硬盘，每32位被CPU查询一次，每秒查询次数为$2\text{MB}\div4\text{B}=512\times1024$，则每秒查询的时钟周期数为

$$100\times512\times1024=52.4\times10^6$$

对磁盘的查询占用CPU的时间比率为

$$\frac{52.4\times10^6}{50\times10^6}\times100\%\approx105\%$$

以上结果表明，对鼠标的查询基本不影响CPU的性能，而即使CPU将全部时间都用于对磁盘的查询，也不能满足磁盘传输的要求，所以CPU一般不采用程序查询方式与磁盘交换信息。

9-9 什么是中断？外部设备如何才能产生中断？

解：程序中断是指计算机执行现行程序的过程中，出现某些急需处理的异常情况和特殊请求，CPU暂时中止现行程序，而转去对随机发生的更紧迫的事件进行处理，处理完毕后，CPU将自动返回原来的程序继续执行。

外部设备(中断源)准备就绪后，会主动向CPU发出中断请求。通常由外设的完成信号将相应的中断请求触发器置成1状态，表示该中断源向CPU提出中断请求。

9-10 中断为什么要判优？有哪些具体的判优方法？各有什么优缺点？

解：当多个中断源同时发出中断请求时，CPU在任何瞬间只能响应一个中断源的请求，所以需要把全部中断源按中断的性质和处理的轻重缓急安排优先级，以保证响应优先级别最高的中断请求。中断判优的方法可分为软件判优法和硬件判优法。前者简单，可以灵活地修改中断源的优先级别，但查询、判优完全是靠程序实现的，不但占用CPU时间，而且判优速度慢。后者可节省CPU时间，速度快，但是需要硬件判优电路，成本较高。

9-11 CPU响应中断应具备哪些条件？

解:

(1) CPU 接收到中断请求信号。

(2) CPU 允许中断。

(3) 一条指令执行完毕。

9-12 什么叫中断隐指令?中断隐指令有哪些功能?中断隐指令如何实现?

解:CPU 响应中断之后,经过某些操作,转去执行中断服务程序。这些操作是由硬件直接实现的,称为中断隐指令。中断隐指令并不是指令系统中的一条真正的指令,它没有操作码,所以中断隐指令是一种不允许、也不可能为用户使用的特殊指令。其完成的操作主要有以下 3 个。

(1) 保存断点。

(2) 暂不允许中断。

(3) 引出中断服务程序。

9-13 什么是中断向量?中断向量如何形成?向量中断和非向量中断有何差异?

解:中断向量是指向量中断在中断事件提出中断请求时,通过硬件向主机提供的中断向量地址。中断向量由中断源的有关硬件电路形成。

向量中断和非向量中断的区别在于:前者指中断服务程序的入口地址是由中断事件自己提供的中断;后者是指中断事件不能直接提供中断服务程序入口地址的中断。

9-14 在程序中断处理中,要做到现行程序向中断服务程序过渡和中断服务程序执行完毕返回现行程序,必须进行哪些关键性操作?一般采用什么方法实现这些操作?

解:最关键的操作有保存断点,适时开、关中断,保护和恢复现场等,其中部分工作由硬件完成,部分工作由软件完成。

9-15 假定某计算机的中断处理方式是将断点存入 00000Q 单元,并从 77777Q 单元取出指令(即中断服务程序的第一条指令)执行。试排出完成此功能的中断周期微操作序列,并判断中断服务程序的第一条指令是何指令(假定主存容量为 2^{15} 个单元)?

解:中断周期微操作序列为:

```
00000Q→MAR
(PC) →MDR
WRITE
0→EINT
77777Q→PC
```

中断服务程序的第一条指令必须是一条无条件转移指令,否则 PC+1 将会变为 00000Q,断点被当成指令。

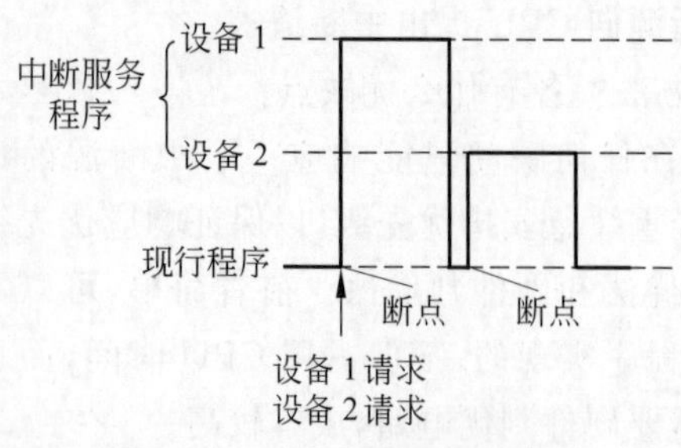

图 9-15 中断处理过程示意图

9-16 假设有两个设备,其优先级为设备 1>设备 2,若它们同时提出中断请求,试说明中断处理过程,画出其中断处理过程示意图,并标出断点。

解:中断处理过程示意图如图 9-15 所示。

9-17 设某计算机有 4 个中断源,优先顺序按 1→2→3→4 降序排列,若 1、2、3、4 中断源的服务程序中对应的屏蔽字分别为 1110、0100、0110、

1111,试写出这4个中断源的中断处理次序(按降序排列)。若4个中断源同时有中断请求,请画出CPU执行程序的轨迹。

解:根据各中断屏蔽字,可以确定中断处理次序(按降序排列)为4→1→3→2,若4个中断源同时有中断请求,CPU执行程序的轨迹如图9-16所示。

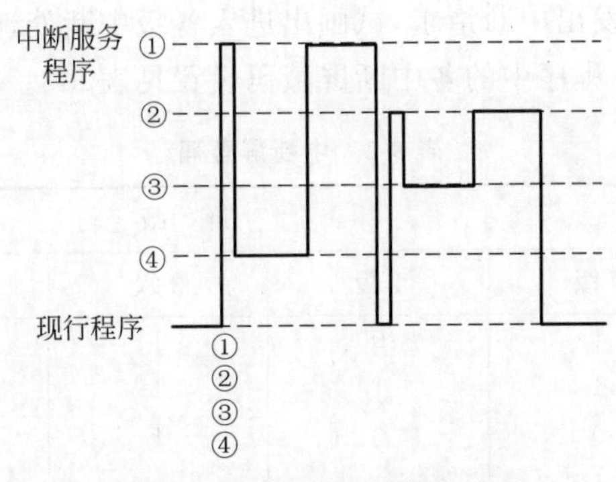

图9-16 CPU执行程序的轨迹

9-18 现有A、B、C、D 4个中断源,其优先级由高向低按A、B、C、D顺序排列。若中断服务程序的执行时间为20μs,请根据图9-17所示时间轴给出的中断源请求中断的时刻,画出CPU执行程序的轨迹。

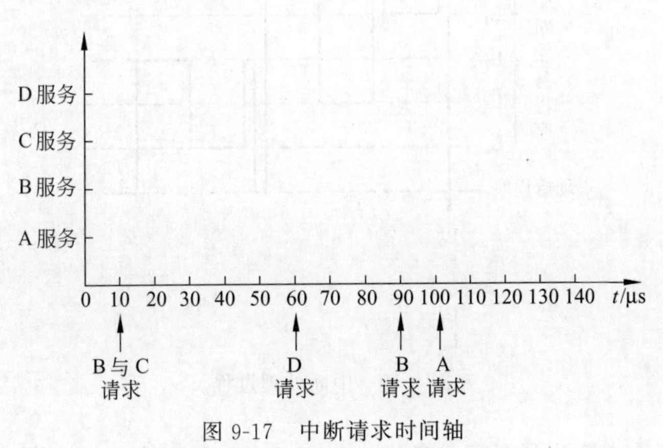

图9-17 中断请求时间轴

解:CPU执行程序的轨迹如图9-18所示。

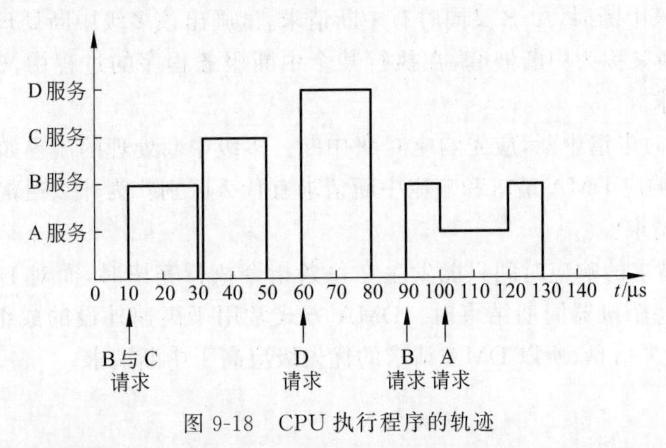

图9-18 CPU执行程序的轨迹

9-19 设某计算机有5级中断：L_0、L_1、L_2、L_3、L_4，其中断响应优先次序为：L_0 最高，L_1 次之，……，L_4 最低。现在要求将中断处理次序改为 $L_1 \to L_3 \to L_0 \to L_4 \to L_2$，试问：

(1) 各级中断服务程序中的各中断屏蔽码应如何设置(设每级对应一位，当该位为“0”，表示中断允许；当该位为“1”，表示中断屏蔽)？

(2) 若这5级同时都发出中断请求，试画出进入各级中断处理过程示意图。

解：(1)各级中断服务程序中的各中断屏蔽码设置见表9-3。

表9-3 中断屏蔽码

程序级别	屏蔽码				
	0级	1级	2级	3级	4级
第0级	1	0	1	0	1
第1级	1	1	1	1	1
第2级	0	0	1	0	0
第3级	1	0	1	1	1
第4级	0	0	1	0	1

(2) 5级中断同时发出中断请求，各级中断处理过程如图9-19所示。

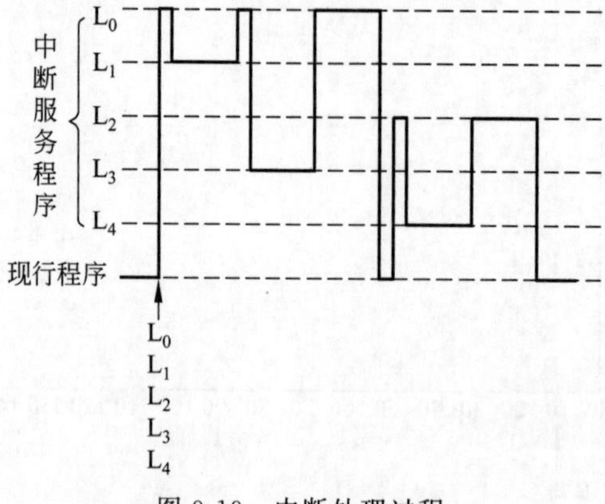

图9-19 中断处理过程

9-20 实现多重中断应具备何种条件？如有A、B、C、D这4级中断，A的优先级最高，B次之，C再次之，D最低。如果在程序执行过程中，C和D同时申请中断，该先响应哪级中断？如正在处理该中断时，A、B又同时有中断请求，试画出该多级中断处理的流程。

解：多重中断又称为中断嵌套，在执行某个中断服务程序的过程中，CPU可去响应级别更高的中断请求。

若C和D同时申请中断，应先响应C级中断。多级中断处理的流程如图9-20所示。

9-21 CPU响应DMA请求和响应中断请求有什么区别？为什么通常使DMA请求的优先级高于中断请求？

解：对中断请求的响应时间只能发生在每条指令执行完毕时，而对DMA请求的响应时间可以发生在每个机器周期结束时。DMA方式常用于高速外设的成组数据传送，如果不及时处理，将丢失信息，所以DMA请求的优先级应高于中断请求。

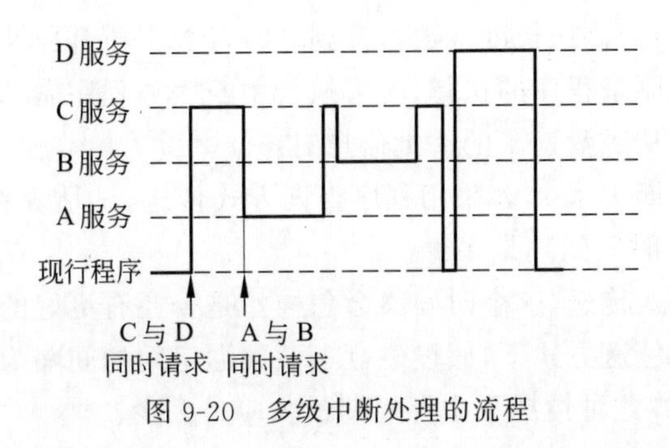

图 9-20 多级中断处理的流程

9-22 什么是 DMA 传送方式？试比较常用的 3 种 DMA 传送方式的优缺点？

解：DMA 传送方式是在外设和主存之间开辟一条“直接数据通道”，在不需要 CPU 干预，也不需要软件介入的情况下，在两者之间进行的高速数据传送方式。常用的 DMA 传送方式有 CPU 停止访问主存法、存储器分时法和周期挪用法。

CPU 停止访问主存法适用于高速外设的成组传送，可以减少系统总线控制权的交换次数，有利于提高输入输出的速度。

存储器分时法无须申请和归还总线，可在 CPU 不知不觉中进行 DMA 传送；但这种方法需要主存在原来的存取周期内为两个部件服务，如果要维持 CPU 的访存速度不变，就要求主存的工作速度提高一倍。另外，由于大多数外设的速度都不能与 CPU 相匹配，所以供 DMA 使用的时间片可能成为空操作，将会造成一些不必要的浪费。

周期挪用法是前两种方法的折中。

9-23 实现 DMA 传送需要哪些硬件支持？

解：DMA 传送需要 DMA 控制器的支持。DMA 控制器由以下 6 部分组成。

(1) 主存地址计数器：用来存放待交换数据的主存地址。

(2) 传送长度计数器：用来记录传送数据块的长度。

(3) 数据缓冲寄存器：用来暂存每次传送的数据。

(4) DMA 请求触发器：每当外设准备好数据后给出一个控制信号，使 DMA 请求触发器置位。

(5) 控制/状态逻辑：用于指定传送方向，修改传送参数，并对 DMA 请求信号和 CPU 响应信号进行协调和同步。

(6) 中断机构：当一个数据块传送完毕后触发中断机构，向 CPU 提出中断请求，CPU 将进行 DMA 传送的结尾处理。

9-24 简述 DMA 传送的工作过程。

解：DMA 传送的工作过程如下。

(1) DMA 预处理：在 DMA 传送之前必须做准备工作，即初始化。CPU 首先执行几条 I/O 指令，用于测试外设的状态、向 DMA 控制器的有关寄存器置初值、设置传送方向、启动该外部设备等。在这些工作完成之后，CPU 继续执行原来的程序，由外设向 DMA 控制器发 DMA 请求，再由 DMA 控制器向 CPU 发总线请求。

(2) 数据传送：DMA 的数据传送可以以单字节(或字)为基本单位，也可以以数据块为基本单位。

(3) DMA 后处理：当传送长度计数器计到 0 时，DMA 操作结束，DMA 控制器向 CPU 发中断请求，CPU 停止原来程序的执行，转去执行中断服务程序做 DMA 结束处理工作。

9-25 在主存接收从磁盘送来的一批信息时：

(1) 假定主存的周期为 1μs，若采用程序查询方式传送，试估算在磁盘上相邻两数据字间必须具有的最短允许时间间隔是多少？

(2) 若改为中断方式传送，这个时间又会怎样？是否还有更好的传送方式？

(3) 在采用更好的传送方式下，假设磁盘上两数据字间的间隔为 1μs，主存又要被 CPU 占用一半周期时间，计算这种情况下主存周期最少应是多少？

解：

(1) 由程序查询方式的流程图可见，程序查询方式至少需要 5 条指令，才能完成一个数据的传送。假定执行每条指令的时间为 1μs，则两个数据字之间的最短时间间隔为 5μs。

(2) 采用中断方式传送，这个时间并不会缩短，因为程序切换时有许多辅助操作要执行。更好的传送方式是 DMA 方式。

(3) 在 DMA 方式下，假设磁盘上两数据字间的间隔为 1μs，主存又要被 CPU 占用一半周期时间，需要采用存储器分时法，此时主存周期最少应是原来的一半，即 0.5μs。

9-26 磁盘机采用 DMA 方式与主机通信，若主存周期为 1μs，能否满足传送速率为 1MB/s 的磁盘机的要求？此时 CPU 处于什么状态？若要求主存有一半时间允许 CPU 访问，该如何处理？

解：刚好能满足磁盘机的要求，但此时 CPU 只能采用停止访问主存法。若要求主存有一半时间允许 CPU 访问，则主存的存取周期必须提高到 0.5μs。

9-27 假定一个字长为 32 位的 CPU 的主频为 500MHz，硬盘的传输速率为 4MB/s。

(1) 采用中断方式进行数据传送，每次中断传输 4 字块数据。每次中断的开销(包括中断响应和中断处理的时间)是 500 个时钟周期，CPU 用于磁盘数据传送的时间占整个 CPU 时间的百分比是多少？

(2) 采用 DMA 方式进行数据传送，每次 DMA 传输的数据量为 8KB。如果 CPU 在 DMA 预处理时花了 1000 个时钟周期，在 DMA 后处理时花了 500 个时钟周期，CPU 用于磁盘数据传送的时间占整个 CPU 时间的百分比为多少？

解：

(1) 每次中断传输一个 4 字块(16B)，则 CPU 每秒应该至少执行 4MB÷16B＝250×1024 次中断，即每秒用于中断的时钟周期数为 250×1024 次×500＝125×10^6，故 CPU 用于磁盘数据传送的时间占整个 CPU 时间的百分比为 $125\times10^6\div(500\times10^6)\times100\%=0.25\times100\%=25\%$。

(2) 每传送 8KB 数据，需要花费的时间约为 8KB÷4MB/s＝2ms，CPU 每秒至少有 0.5×10^3 次 DMA 传送，即每秒用于 DMA 上的时钟周期数为 $0.5\times10^3\times(1000+500)=750\times10^3$，故 CPU 用于磁盘数据传送的时间占整个 CPU 时间的百分比为 $750\times10^3\div(500\times10^6)\times100\%=1.5\times10^{-3}\times100\%=0.15\%$。

9-28 通道有哪些基本类型？各有何特点？

解：通道可分为 3 种基本类型：字节多路通道、选择通道和数组多路通道。

字节多路通道是一种简单的共享通道，用于连接与管理多台低速设备，以字节交叉方式传送信息。

选择通道也可以连接多个设备，但这些设备不能同时工作，在一段时间内通道只能选择一台设备进行数据传送，此时该设备可以独占整个通道。选择通道主要用于连接高速外设，以成组方式高速传送。

数组多路通道是把字节多路通道和选择通道的特点结合起来的一种通道结构。它的基本思想是：当某设备进行数据传送时，通道只为该设备服务；当设备在执行辅助操作时，通道暂时断开与这个设备的连接，挂起该设备的通道程序，为其他设备服务。

9-29 已知一个 32 位大型计算机系统具有两个选择通道和一个多路通道。每个选择通道连接两台磁盘机和两台磁带机，多路通道连接两台打印机、两台卡片输入机和 10 台 CRT 显示终端。假设这些设备的传输速率分别为

磁盘机　　800KB/s
磁带机　　200KB/s
打印机　　6.6KB/s
卡片输入机　　1.2KB/s
CRT 显示终端　　1KB/s

求该计算机系统的最大 I/O 传输速率。

解：由于两个选择通道连接的设备相同，只计算其中一个通道的通道传输率即可。因为磁盘机的传输率大于磁带机，所以此类型通道的通道传输率为

$$\text{选择通道传输率} = \max\{800, 200\} = 800\text{KB/s}$$

字节多路通道的最大传输率是通道上所有设备的数据传输率之和，即

$$\text{字节多路通道传输率} = 6.6 \times 2 + 1.2 \times 2 + 1 \times 10 = 25.6\text{KB/s}$$

$$\begin{aligned}\text{计算机系统最大 I/O 数据传输率} &= 2 \times \text{选择通道传输率} + \text{字节多路通道传输率}\\ &= 800 \times 2 + 25.6\\ &= 1625.6(\text{KB/s})\end{aligned}$$

9-30 某计算机 I/O 系统中，接有 1 个字节多路通道和 1 个选择通道。字节多路通道包括 3 个子通道。其中，0 号子通道上接有两台打印机(传输率为 5KB/s)；1 号子通道上接有 3 台卡片输入机(传输率为 1.5KB/s)；2 号子通道上接 8 台显示器(传输率为 1KB/s)。选择通道上接两台磁盘机(传输率为 800KB/s)、5 台磁带机(传输率为 250KB/s)，求 I/O 系统的实际最大流量。若 I/O 系统的极限容量为 822KB/s，问能否满足所连接设备流量的要求？

解：

$$\text{字节多路通道传输率} = 5 \times 2 + 1.5 \times 3 + 1 \times 8 = 22.5\text{KB/s}$$

$$\text{选择通道传输率} = \max\{800, 500\} = 800\text{KB/s}$$

$$\begin{aligned}\text{计算机系统最大 I/O 数据传输率} &= \text{选择通道传输率} + \text{字节多路通道传输率}\\ &= 800 + 22.5\\ &= 822.5(\text{KB/s})\end{aligned}$$

不能满足所连接设备流量的要求。

9-31 试概括通道控制方式和 DMA 方式的异同点。

解：DMA 和通道控制方式最基本的相同点是：从 CPU 中接管外设与主存交换数据过

程的控制权,使外设能与主机并行工作。它们之间主要的不同之处有以下3点。

(1) DMA与通道的工作原理不同。DMA通过专门设计的硬件控制逻辑控制数据交换的过程;而通道则是一个具有特殊功能的处理器,它具有自己的指令和程序,通过执行通道程序控制数据交换的过程。

(2) DMA与通道的功能不同。通道是在DMA的基础上发展起来的,因此通道要比DMA的功能更强。

(3) DMA与通道控制的外设类型不同。DMA只能控制速度较快、类型单一的外设;而通道则可以支持多种类型的外设。

9-32 什么是通道指令?通道指令的结构如何?它与CPU指令有何区别?它们的执行过程相同吗?

解:通道指令也就是通道命令字(CCW),用它编制通道程序,并由管理程序存放在主存的任何地方。通道指令的格式因计算机而异,通常有命令码、数据地址、传送字节计数和标志码几部分。通道指令与CPU指令不同,通道指令不由CPU执行,它不出现在指令系统中。通道指令和CPU指令都存放在主存中,但通道指令由通道执行,CPU指令由CPU执行,两者的执行过程是不同的。

9-33 简述通道操作的基本过程。

解:通道完成一次数据传输的主要过程分为3步:

(1) 在用户程序中使用访管指令进入管理程序,由CPU通过管理程序组织一个通道程序,并启动通道。

(2) 通道执行CPU为它组织的通道程序,完成指定的数据输入输出工作。

(3) 通道程序结束后向CPU发中断请求。CPU响应这个中断请求后,第二次进入操作系统,调用管理程序对中断请求进行处理。

9-34 在通道控制方式下,I/O操作由通道控制,以达到CPU和I/O设备的并行操作,试问:

(1) 当通道正在进行I/O操作时,CPU能否响应其他中断请求?

(2) 若CPU能响应其他中断请求,是否会影响正在进行的I/O操作?

解:

(1) 当通道正在进行I/O操作时,CPU可以响应其他的中断请求。

(2) 若CPU能响应其他中断请求,则不会影响正在进行的I/O操作,因为I/O操作是由通道控制的,与CPU没有关系。

参 考 文 献

[1] 蒋本珊.计算机组成原理[M].4 版.北京：清华大学出版社，2019.

[2] 蒋本珊.计算机组成原理学习指导与习题解析[M].4 版.北京：清华大学出版社，2019.

图书资源支持

感谢您一直以来对清华版图书的支持和爱护。为了配合本书的使用，本书提供配套的资源，有需求的读者请扫描下方的“书圈”微信公众号二维码，在图书专区下载，也可以拨打电话或发送电子邮件咨询。

如果您在使用本书的过程中遇到了什么问题，或者有相关图书出版计划，也请您发邮件告诉我们，以便我们更好地为您服务。

我们的联系方式：

地　　址：北京市海淀区双清路学研大厦 A 座 701

邮　　编：100084

电　　话：010-83470236　010-83470237

资源下载：http://www.tup.com.cn

客服邮箱：2301891038@qq.com

QQ：2301891038（请写明您的单位和姓名）

资源下载、样书申请

书圈

扫一扫，获取最新目录

课 程 直 播

用微信扫一扫右边的二维码，即可关注清华大学出版社公众号“书圈”。